くりこみ群の方法

現代物理学叢書

くりこみ群の方法

江沢　洋・渡辺敬二
鈴木増雄・田崎晴明 著

岩波書店

現代物理学叢書について

小社は先年，物理学の全体像を把握し次世代への展望を拓くことを意図し，第一級の物理学者の絶大な協力のもとに，岩波講座「現代の物理学」(全21巻)を2度にわたって刊行いたしました．幸い，多くの読者の厚いご支持をいただき，その後も数多くの巻についてさらに再刊を望む声が寄せられています．そこで，このご要望にお応えするための新しいシリーズとして，「現代物理学叢書」を刊行いたします．このシリーズには，読者のご要望に応じながら，岩波講座「現代の物理学」の各巻を順次できるかぎり収めてまいります．装丁は新たにしましたが，内容は基本的に岩波講座の第2次刊行のものと同一です．本シリーズによって貴重な書物群が末永く読みつがれることを願ってやみません．

●執筆分担

第1章〜第2章，補章Ⅰ　鈴木増雄
第3章〜第4章，補章Ⅱ　田崎晴明
第5章〜第7章，補章Ⅲ　江沢 洋・渡辺敬二

まえがき

くりこみ群は理論物理学に1つの視点を与える．それは，動く視点であって，宇宙空間から地球に近づく眼に似ている．まず海や陸の分布が見え，ついで陸地なら建物や人の営みが見えて，さらに近づけば人体の中に入ることにもなろう．近づいては拡大することをくりかえすと，細胞から細胞核，DNA，原子，原子核，…が独特の力学をもって見えてくるだろう．

自然の基本的な存在である場は，くりこみ群の方法で近づいては拡大し近づいては拡大することをくりかえすと，漸近的に不変な特質を見せはじめる．実験では，はじめ電子の陽子による散乱で発見された．陽子の構造にズーム・インすることは入射電子のエネルギーを上げることで実現され，そこでクォークが見えてきた．

くりこみは，はじめ場の量子論の発散の困難を回避する手段として考案されたが，たとえば発散積分を含んだ陽子の電荷の表式を観測値におきかえるというとき，陽子が構造をもつことから，どの距離まで迫って測った観測値を用いるかに応じて理論がズーム・インのパラメタを含むことになる．これを変化させて理論の応答を調べるのが，くりこみ群の方法である．

反対に対象から離れて視野を次々に広げてゆくとき見えてくる特質もある．たとえば磁性体の相転移点近傍におけるスピンの揺らぎの相関がそれで，相互

の距離 L を大きくしてゆくとき L の何乗で小さくなるかが重要な鍵になる．スピンの配列は，近くでは個々のスピンを見ることになるが，離れて見ればいくつものスピンが渾然一体となって，それらの和があたかも1つのスピンであるかのように見える．さらに離れて見れば一体となるスピンの数は増す．たくさんのスピンを1つに括ることも，くりこみである．こうして，相関関数にズーム・アウトのくりこみ変換という視点が生まれる．

いくつかの問題でくりこみ群の方法が劇的な成功を収めたために，この方法はすでに完成しているという印象が生まれている．しかし，くりこみ群の哲学は，まだ汲み尽くされていない．模索は続いている．

本書では，くりこみ群が理論物理学の視点であることを強調したい．くりこみ群を単なる計算の手段のように扱う解説が少なくない中で，それを本書の特徴としたい．第1章と第2章で視点の設定をする．

第3章では，格子上のスカラー場 φ が自身と φ^4 型の相互作用をする模型を例にとって，ズーム・アウトの視点からくりこみ群の基本的な方法と臨界現象の解析への応用を述べる．ここでは，φ の2点相関関数の $L\to\infty$ での振舞い $L^{-(d-2+\eta)}$ や，温度 T が臨界点 T_c に上から近づくときの相関距離の振舞い $(T-T_c)^{-\nu}$ 等を規定する臨界指数 $\eta, \nu, \cdots$ の計算法を示すが，近似の正当性と計算の背後にある方法論を明確にすることに最も注意を払った．φ^4 模型を選んだのは，くりこみ群の理解が最も進んでいる系だからである．これを理解すれば，より困難な問題にくりこみ群の方法を拡張するための土壌が得られると信ずる．

続く第4章では，はじめ時空連続体を格子でおきかえて，その上に場を定義し，次にその連続体極限を調べるという格子場の方法で場の量子論を展開する．格子間隔を0にする極限をとることはズーム・アウトに通じるので，前章の解析が役立ち，伝統的な摂動的くりこみ理論とは全く異なった視点からの研究が可能になる．強結合の場の量子論や摂動論的にはくりこみ不可能とされる場の模型なども自然に視野に入ってくるので，今後，場の量子論のもつ可能性を探索してゆくために，これは重要な視点となるであろう．このような場の量子論へのアプローチを具体的な計算にもとづいて丁寧に解説した例は，他にないと思う．臨界現象と場の量子論の関連を議論した文献は多いが，計算上の形式的な類似が指摘されているだけである．

第5章では，時空は始めから連続体とし，場の量子論の摂動論におけるくりこみの説明からはじめて，くりこみ点をズーム・インのパラメタとする立場からくりこみ群を導入する．そして，くりこみ群の無限小変換を表わす方程式をたて，散乱の高エネルギー極限や漸近的自由性を論ずる．摂動論の積分は多くが発散するので，くりこみが済むまでは時空の次元を4より少し低くする次元正則化法で発散を抑えておく．用いる例は，ここでも主にφ^4模型であるが，これは漸近的自由性をもたず，格子時空からの連続体極限は自由場に帰するらしいといわれている．そこで，漸近的自由性をもち，整合的な理論を与えると期待されている非可換ゲージのYang-Mills模型にも触れる．なお，この章では演算子積展開についても述べるべきであったが，割愛した．巻末の参考書[16]等を参照されたい．

第6章では，くりこみ群を運動量空間でのズーム・インであることが一層よく見える形に定式化するため，前章の次元正則化をいわゆるPauli-Villarsの正則化にかえ，これを分解して運動量空間を階層化する．また，くりこみの計算からあいまいさを除くZimmermannらの処方を述べ，これを階層化した運動量空間に適用したとき生ずる部分くりこみの概念を説明する．これは，次の章で触れるように，くりこんだ摂動級数の収束を期待させる有望な方法である．

続く第7章では，前章の方法を2次元時空において自身と相互作用する多成分Fermi場であるGross-Neveu模型に適用して，くりこみ群の方程式を導く．ここでは摂動論による計算に止めるほかないが，その計算は誤差の評価を含め厳密に基礎づけられているので，場の量子論への構成的アプローチの重要な一里塚をなす．くりこみ群の方程式がそこで果たしている役割からいっても注目すべきものである．最後に，この模型では場の相関関数に対する部分くりこみ摂動級数が収束すること，他方で普通のくりこみをした摂動級数は発散するが，そのBorel和は定義され，両者が一致することを述べる．しかし，この部分の詳しい説明は他日を期すほかない．

本書は，書名の示すとおり，くりこみ群の方法を論じたもので，それも基本的な側面に限られることになった．応用については，本講座の他の巻に述べられる．基礎と応用の両面にわたる参考書を巻末に掲げる．

第1,2章は鈴木が執筆し，江沢が1-2節c項を，田崎が2-4節を加えた．第3,4章を書いた田崎は，原隆氏の議論と助言に心から感謝する．第5,6,7章は渡辺と江沢の執筆であるが，中村徹氏は2人の議論に始めから参加し，共著者同様の寄与をされた．質問に懇切に答えて下さったJoel Feldmanとともに，ここに記して感謝する．

1993年9月

著　　者

目次

1 スケーリング

自然法則の背後にある変換に対する不変性の1つであるスケール不変性について説明する．変数の適当な極限で成立する漸近的法則として成り立つスケーリングが実際の物理系では多く使われる．スケーリングは，幾何学的には，フラクタルという概念と関連している．

1-1 自然法則の不変性

われわれが認識する自然法則とはそもそも何であろうか．それは，一口に言えば，自然現象の中に潜む不変性または方向性を表現したものが多い．たとえば，Einstein の相対性理論は，時空の変換に対する自然法則の不変性として捉えられる．すなわち，Lorentz 変換に対する不変性である．Newton の第2法則は，Galilei 変換によって特徴づけられる．熱力学の第2法則や進化の理論は，方向性を表わしている．またエネルギー保存則などは，その形態が変わっても総量が不変であることを表わしている．また，Newton の第2法則と第3法則は，運動量保存則とエネルギー保存則を基礎方程式と見直して，それから導くことも可能である．その他，電荷の保存則など，自然界にはいろいろな保存則がある．すべて不変性を表わしている．

1-2 スケーリングと漸近的法則

a) スケーリング

前節で議論したように，不変性を捉えた法則には，非常に一般的に成立する法則と，ある極限において成立する法則がある．後者を漸近的法則と呼ぶ．高エネルギーの極限でのみ成り立つ法則や，光速 c に比べて小さな速度に対して成立する Newton 力学など，いろいろな漸近的法則がある．ここでは，スケーリング則という漸近的法則を議論する．一般に，2 つの物理変数 x, y の関数として表わされる物理量 $f(x, y)$ が，$x\to 0$，$y\to 0$（または，同じことであるが $x\to\infty$，$y\to\infty$）の極限で，尺度（スケール）の変換（スケール因子を b として）

$$\begin{cases} x \to x' = b^{\alpha}x \\ y \to y' = b^{\beta}y \end{cases} \tag{1.1}$$

に対して不変になっているとき，すなわち

$$f(b^{\alpha}x, b^{\beta}y) = f(x, y) \tag{1.2}$$

という同次性が成り立つとき，**スケーリング則**(scaling relations)が成立するという．もっと一般化して

$$f(b^{\alpha}x, b^{\beta}y) = b^{\gamma}f(x, y) \tag{1.3}$$

の場合をスケーリング則と呼ぶことも多い．ここで，α, β, γ は適当な指数である．(1.3)の $f(x, y)$ は

$$g(x, y) = f(x, y)/x^{\gamma/\alpha} \tag{1.4}$$

と変換した新しい物理変数 $g(x, y)$ を考えれば(1.2)の同次性の式に帰着されるので，(1.3)の場合も(1.2)の場合と同様に，スケーリング則と呼ぶのである．(1.2)の簡単な数学的な例としては，たとえば

$$f(x, y) = \frac{y^{\alpha}}{x^{\beta}+y^{\alpha}} = \frac{(y^{\alpha}/x^{\beta})}{1+(y^{\alpha}/x^{\beta})} \tag{1.5}$$

をあげることができる．物理的な例では，後で詳しく述べるように，1 次元

Ising 模型の磁化の強さ m が，温度 T の熱平衡状態で

$$m = \frac{x}{\sqrt{x^2+y^2}} \tag{1.6}$$

の形に表わされる(2-4 節“補遺”を参照)．ただし

$$\begin{cases} x = \sinh h; \quad h = \mu_B H/k_B T \\ y = \exp(-2K); \quad K = J/k_B T \end{cases} \tag{1.7}$$

であり，H は外磁場の強さ，J は相互作用の強さを表わす．明らかに，この例では，状態方程式は，変数 x, y の全領域でスケーリング則を満たしている．

b) 漸近的スケーリング則

前項で説明したスケーリング則は，現実の物理系では変数 x, y が小さい極限 $x \to 0$，$y \to 0$ でのみ成立することが多い．これを漸近的スケーリング則という．普通，単にスケーリング則といえば，この漸近的スケーリング則を指す．また，変数の選び方によって，完全なスケーリング則を示したり，漸近的スケーリング則を示したりする．たとえば，前項の 1 次元 Ising 模型の例では，物理的な変数 h と y(これは相関距離の逆数に相当する)をとれば，磁化 m は，$h \to 0$，$y \to 0$ の極限でのみ(1.6)と同形のスケーリング則を示す．これは，漸近的スケーリング則の最も簡単な物理的な例である．実は，この系は，$T=0$ が相転移温度になっている．すなわち，この系は，相転移点の近傍で h と y に関してスケーリング則の性質をもっている．このことは，後で説明するように，もっと一般の系でも成立する．これが，相転移に伴う漸近的法則としてのスケーリング則である．

一般に，(1.3)の形の関数方程式の解は，

$$f(x, y) = x^{\gamma/\alpha} f^{(\mathrm{sc})}(y^\alpha/x^\beta) \tag{1.8}$$

という同次式(の拡張されたもの)で表わされる．

このようなスケーリング則の成立する系の最も大きな特徴は，ある 1 点 $x = x_0$ で $f(x_0, y)$ の y 依存性がわかれば，十分小さな y の値と $0 < x < x_0$ のすべての x に対して $f(x, y)$ がわかってしまうということである．すなわち，

$$f(x_0, y) = x_0{}^{\gamma/\alpha} f^{(\mathrm{sc})}(y^\alpha/x_0{}^\beta) \tag{1.9}$$

を用いて，関数 $f(x, y)$ は

$$f(x, y) = \left(\frac{x}{x_0}\right)^{\gamma/\alpha} f\left(x_0, \left(\frac{x_0}{x}\right)^{\beta} y^{\alpha}\right) \tag{1.10}$$

と表わされる．

このことは，物理的には，$x=0$ から少し離れた点 x_0，すなわち，相転移点から離れた温度での状態方程式がわかれば，相転移点近傍，すなわち $x=0$ の近くの関数形が漸近的に求められることを意味している．これは，非常に重要な性質であり，この本の中心的なテーマの1つである．$x\to\infty$，$y\to\infty$ の極限の場合もまったく同様である．

c）高エネルギー物理からの例

漸近的スケーリング則は高エネルギー物理にも見られる．その典型的な例として核子の構造関数をとりあげよう．4元運動量を $q=(E, \boldsymbol{q})$ のように書けば，電子（質量 m，電荷 $-e$）と陽子の図1-1のような非弾性散乱の微分断面積は，一般に2つの構造関数 F_1, F_2 を用いて

$$\frac{d^2\sigma}{dtd\nu} = 4\pi\left(\frac{e^2}{4\pi\varepsilon_0}\right)^2 \frac{1}{t^2}\frac{E'}{E}\left\{\frac{1}{\nu}F_2(t,\nu) - \frac{t}{4EE'}F_{\mathrm{G}}(t,\nu)\right\} \tag{1.11}$$

の形に書ける*．ただし，図1-1で P で括った粒子は問題にせず，それらの変数は全運動量 P のみを残して積分して消してしまい，電子のみ観測するとしてのことである．ここで

$$F_{\mathrm{G}}(t,\nu) = 2F_1(t,\nu) - \frac{1}{\nu}F_2(t,\nu) \tag{1.12}$$

とおいた．2種の構造関数が現われるのは陽子が電荷分布として，また磁気モーメントの分布として電子に作用することによる．

電子の変数は Lorentz 不変な**

$$t = (q-q')^2, \qquad \nu = p\cdot(q-q') \tag{1.13}$$

とした．特に，衝突前に陽子（質量 M）が静止していた座標系（実験室系）では

---

* $\hbar=c=1$ の単位系を用いる．$\hbar=$(Planck 定数)$/2\pi$，$c=$(光速)．

** Minkowski 内積を $p\cdot q=E_{\mathrm{p}}E-\boldsymbol{p}\cdot\boldsymbol{q}$ とする．

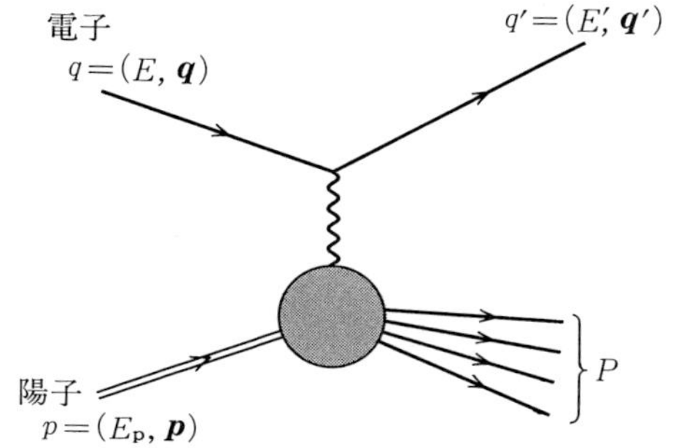

図 1-1 電子と陽子の非弾性散乱の Feynman 図．光子(波線)を媒介にする相互作用は陽子側の粒子生成の相互作用より格段に弱いので，前者は既知として(摂動の最低次で扱って)実験を解析し後者(灰色の丸)を調べることができる．

$$\nu = (E-E')M$$

は電子のエネルギー損失をあたえ，これから問題にする高エネルギーの極限では

$$t = 2m^2-2(EE'-\boldsymbol{q}\cdot\boldsymbol{q}') \underset{E,E'\to\infty}{\sim} -4EE'\sin^2\frac{\theta}{2}$$

となる．θ は電子の散乱角である．よって $dtd\nu \sim MEE'dEd\Omega/\pi$.

衝突後に電子以外のすべての粒子がもつ 4 元運動量を P とし $P^2=W^2$ とおけば，$q-q'=P-p$ から

$$t = W^2+M^2-2p\cdot P, \qquad \nu = p\cdot P-M^2$$

でもあり

$$x = -\frac{t}{2\nu} = 1-\frac{1}{2}\frac{W^2-M^2}{p\cdot P-M^2} \tag{1.14}$$

は衝突の弾性度を表わす．すなわち，弾性散乱($W=M$)のとき 1 であり，高エネルギーで ν は大きいが電子の散乱角 θ が小さくて t が小さい場合には $x\sim 0$ となる．このとき $W^2\sim 2\nu$ である．

1969 年に Bjorken は

$$\text{弾性度}\ x = -\frac{t}{2\nu}\ \text{を一定に保ちつつ}\quad t, \nu \to \infty \qquad (1.15)$$

とする極限で構造関数 $F_1(t, \nu)$, $F_2(t, \nu)$ が t と ν に別々に依存することをやめて比 x のみに依存するようになると予想した*. この漸近的スケーリングの予想は1966年に完成したスタンフォードの線形加速器を用いて実証され, **Bjorken スケーリング**とよばれるようになった. 散乱における電子の運動量変化 $\boldsymbol{q}-\boldsymbol{q}'$ が相手の内部運動の運動量をはるかに越える非弾性散乱を**深部非弾性散乱**(deep inelastic scattering)という. 同様のスケーリングは中性子の構造関数でも見いだされ, この核子の構造の研究は Feynman のパートン模型を経て核子がクォークからなることの証拠をつかむ**. Callan と Gross の見いだした $F_G=0$ はクォークのスピンが1/2であることを意味していた***. やがてスケーリングの破れも見えてくるのだが(図1-2), いま, そこまでは立ち入らないことにする. むしろ, くりこみ群との関連の概略****を見よう.

後に第5章で詳しく説明するが, 核子の構造がくりこみ可能な相互作用によるならば, 構造関数はくりこみ群の方程式を満たす. たとえば, Weinberg-'t Hooft の方程式

$$\left[\mu\frac{\partial}{\partial\mu}+\beta(g)\frac{\partial}{\partial g}-m\frac{\partial}{\partial m}-n\gamma(g)\right]\Gamma(\{p_i\}, g, m, \mu) = 0 \qquad (1.16)$$

である. Γ は図1-1の Feynman グラフの灰色部分を表わす関数で, その外線の運動量を $\{p_i\}_{i=1,\cdots,n}$ とした. くりこみは"くりこみ点" $p_i{}^2=\mu^2$ において質量を m に, 結合定数を g に合わせることで行なわれるが, 本来, 裸の質量や結合定数が与えられたものとすれば, くりこみ点 μ を変えても m や g が変わ

* J. D. Bjorken: Phys. Rev. **179**(1969)1547. 実験で確かめられてからの公表.

** 深部非弾性散乱についてはノーベル賞(1990)の受賞講演が参考になる. R. E. Taylor: The early years, Rev. Mod. Phys. **63**(1991)573; H. W. Kendall: Experiments on the proton and the observation of scaling, *ibid*. 597; J. I. Friedman: Comparisons with the quark model, *ibid*. 615.

*** C. Callan and D. Gross: Phys. Rev. Lett. **21**(1968)311. x あるいは q^2 が小さいとき破れる.

**** 正確な扱いには演算子の積の展開の手法を必要とする. 参照: D. Gross: in *Methods in Field Theory, Les Houches, Session 28*(North Holland, 1976).

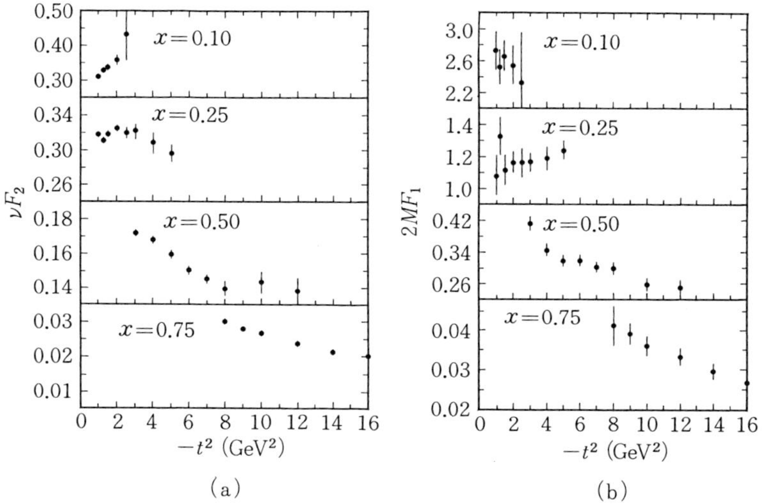

図 1-2 陽子の構造関数の t^2 依存性．いろいろの x について示す．(H. W. Kendall: Rev. Mod. Phys. **63** (1991)597 による)

りこそすれ Γ 全体としては変化しないはずであって，そのことを(1.16)は表現している．μ を変えたときの g の変化率が β である，等々．

(5.148)の後に説明するが，(1.16)から運動量 $\{p_i\}$ を一斉に κ 倍したときの Γ の応答をきめる方程式

$$\left[\kappa\frac{\partial}{\partial\kappa}-\beta(g)\frac{\partial}{\partial g}-D_\Gamma+n\gamma(g)\right]\Gamma(\{\kappa p_i\},g,\mu)=0 \tag{1.17}$$

が導かれる．ただし，$\kappa\to\infty$ での漸近的な振舞いを調べるので，この極限では質量は無視できると考えて(1.17)では落としてある．D_Γ は Γ の質量次元 $[\Gamma]=[(\text{質量})^{D_\Gamma}]$ を表わす．

未知関数を，変数がわかりやすいように $\Phi(\kappa,g)$ と書こう．(1.17)を，$\Phi(1,g)$ が与えられた $\Gamma(\{p_i\},g,\mu)$ になるという“初期”条件の下で解く．それには，第1に，特性方程式，すなわち

$$\frac{d\kappa}{\kappa}=\frac{dg}{-\beta(g)}=\frac{d\Phi}{D_\Gamma-n\gamma(g)} \tag{1.18}$$

から得られる連立常微分方程式を解く．まず左辺と中辺の組から

$$\log \kappa = -\int_{g_0}^{g} \frac{1}{\beta(x)} dx \tag{1.19}$$

ただし，g_0 は積分定数である．これが $g_0=\bar{g}(\kappa, g)$ のように解けたとしよう．明らかに

$$\bar{g}(1, g) = g \tag{1.20}$$

であり，また，(1.19)を微分すれば

$$\frac{1}{\kappa} = \frac{\partial \bar{g}(g, \kappa)}{\partial \kappa} \tag{1.21}$$

となる．次に，(1.18)の中辺と右辺の組を解けば，$\boldsymbol{\Phi}_0$ を積分定数として

$$\boldsymbol{\Phi} = \boldsymbol{\Phi}_0 \exp\left[-\int_{g_0}^{g} \frac{D_\Gamma - \gamma(y)}{\beta(y)} dy\right]$$

を得る．後の便宜のため，ここで右辺の積分変数を $y=\bar{g}(g, z)$ によって z に変える．(1.21)を用いて

$$\boldsymbol{\Phi} = \boldsymbol{\Phi}_0 \exp\left[-\int_{\kappa}^{1} \frac{D_\Gamma - n\gamma(\bar{g}(g, z))}{z} dz\right] \tag{1.22}$$

偏微分方程式(1.17)の一般解は(1.19), (1.22)の積分定数 $g_0, \boldsymbol{\Phi}_0$ を任意関数で関係づけることによって得られる．上記の初期条件は，この関係を

$$\boldsymbol{\Phi}_0 = \Gamma(\{p_i\}, g_0, \mu)$$

にとれば満足される．すなわち

$$\boldsymbol{\Phi} = \Gamma(\{p_i\}, \bar{g}(g, \kappa), \mu) \exp\left[\int_{1}^{\kappa} \frac{D_\Gamma - n\gamma(\bar{g}(g, z))}{z} dz\right]$$

これが(1.17)の解である：

$$\Gamma(\{\kappa p_i\}, g, \mu) = \kappa^{D_\Gamma} \Gamma(\{p_i\}, \bar{g}(g, \kappa), \mu) \exp\left[-\int_{1}^{\kappa} \frac{n\gamma(\bar{g}(g, z))}{z} dz\right] \tag{1.23}$$

こうして，Γ においてすべての運動量を一様に定数倍した効果は，結合定数 g の有効値 $\bar{g}(g, z)$ に変え，指数因子をかけることに吸収されることがわかった．これも後で説明するが，量子場の相互作用には漸近的自由性と呼ばれる特

質

$$\bar{g}(g, \kappa) \to 0 \qquad (\kappa \to \infty \text{ のとき})$$

をもつものがある．核子の構造をきめる相互作用がこの種のものであれば，運動量を大きくスケールすることは，運動量は動かさずに自由場への極限をとることに等しい．これが実際に深部非弾性散乱の Bjorken 極限で起こっている．高エネルギーでは核子の構造関数は関係する運動量を一様に定数倍しても変わらず，それらの比にしか依存しない．漸近的自由性は Feynman がパートン模型の形で述べたことに一致する．

d）スケーリング則とフラクタル

温度変数として，相転移点からのずれ $(T-T_c)$ を用いることにすると，これは，相関距離(第 2-1 節 e 項参照) ξ と $\xi \sim (T-T_c)^{-\nu}$ によって互いに関連しており，この特徴的な長さを単位にした長さを用いると不変になる．これがスケーリング則の物理的な特徴である．特に，相転移点では，$\xi \to \infty$ となるので，特徴的なスケールがなくなることになる．すなわち，自己相似な特徴を示すことになる．パーコレーションのような幾何学的な表現を用いると，相転移点での臨界的な振舞いは，フラクタル次元によって表わされることが多い．

そこで，まず，フラクタルとは何かを簡単に説明する．一口に言えば，それは半端な次元で特徴づけられる自己相似な図形を表わす．実際は，漸近的に自己相似な場合もフラクタルと呼ぶ．それでは，半端な次元，すなわちフラクタル次元は，どのように定義されるのだろうか．それは，通常の整数次元(1 次元，2 次元，3 次元など)の拡張として次のように定義される．今，長さのスケールを $1/b$ にして測定したとき，長さ，面積，体積などの幾何学的な量が a 倍になる場合，

$$b^D = a \tag{1.24}$$

によって，フラクタル次元 D を定義する．すなわち，D は

$$D = \log a / \log b \tag{1.25}$$

によって与えられる．したがって，こうして定義された次元 D は整数とは限らない．

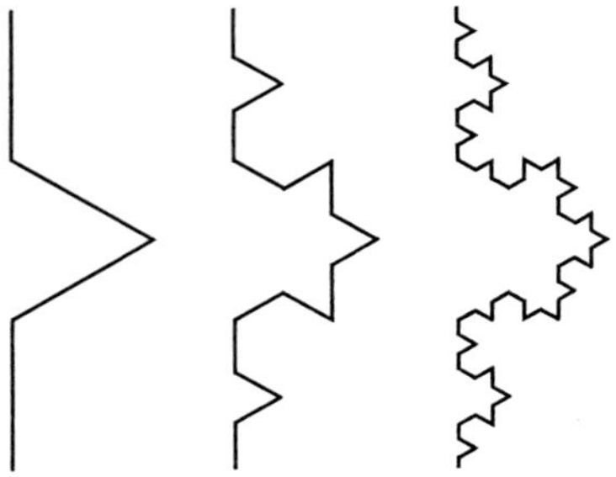

図 1-3 Koch 曲線.

たとえば，図 1-3 の Koch 曲線について考えると，1/3 のスケールでこの曲線の長さを測ると 4 倍の長さになるので，(1.25)の定義から

$$D = \log 4/\log 3 = 1.26\cdots \tag{1.26}$$

という半端な次元になる．図 1-3 の操作で極限として得られる Koch 曲線は，いたるところ微分不可能な連続曲線であり，特徴的な長さをもたない自己相似な曲線である．逆に，図 1-3 の途中の曲線は，いわば，この Koch 曲線をそれぞれのスケール以下の微細構造は無視した，すなわち粗視化した図形に他ならない．

さて，以上のフラクタルの関係を式で表現すれば，長さのスケールを L としたとき，対応する図形の幾何学的な量 V が

$$V = L^D \tag{1.27}$$

と表わされることになる．

もっと一般に(1.8)におけるスケーリング関数がベキ乗の形をとるときには，関数 $f(x,y)$ は，

$$f(x,y) = Ax^m y^n \tag{1.28}$$

となり，次元解析による相似則に帰着する．これは，たとえば，風洞実験から，巨視的スケールの流体現象を相似則により推測できるメカニズムの説明を与える．一般には，(1.28)のような単純な比例関係ではなく，(1.5)や(1.6)のように飽和現象も含む非線形な関係になる．

上の相似則は，n 個の変数 $x_1, x_2, \cdots, x_n$ に容易に拡張できる．すなわち，

(1.28)に対しては，直ちに

$$f_n(x_1, \cdots, x_n) = A_n x_1{}^{m_1} x_2{}^{m_2} \cdots x_n{}^{m_n} \tag{1.29}$$

となり，(1.3)のスケーリング則は，次のように**多重スケーリング則**に拡張される：

$$f(b^{\alpha_1}x_1, b^{\alpha_2}x_2, \cdots, b^{\alpha_n}x_n) = b^{\omega}f(x_1, x_2, \cdots, x_n) \tag{1.30}$$

ここで，b はスケール因子を表わし，$\{\alpha_j\}$ および ω はその系に特有な指数である．これに対応して，幾何学的には多重フラクタル構造が現われる．

後で詳しく議論するように，この本の主題である“くりこみ群”の理論は，上に説明したフラクタル構造と密接な関係にある．簡単に言えば，1つの操作の繰り返しによって作られる幾何学的な構造がフラクタルであり，代数的な構造がくりこみ群である．

2
くりこみ群の考え方

この章では，相転移・臨界現象を中心にして，くりこみ群の基本的な考え方を説明する．まず，平均場近似で求めた状態方程式のスケーリング則を説明し，Kadanoff のセル解析によるスケーリング則の導出を行なう．さらに，これをミクロに導出する方法として Wilson のくりこみ群の考え方を現象論的に説明し，最後にその一般論を解説する．

2-1 臨界現象とスケール不変性

a) 臨界現象とは何か

前章では，数学的に，すなわち形式的にスケーリングについて議論したが，この章では，物理的な現象である臨界現象を通して，スケーリングとくりこみ群の考え方を説明する．場の量子論におけるくりこみ群については，第5章以降で議論される．

まず，臨界現象とは何か，また，その特徴について述べる．一般に，協力的な力と熱的なゆらぎとの競合によって相転移が起こり，その境目として相転移点 T_c が現われる．この点は，2つの効果がつり合ったところである．この相

転移点 T_c より上では，体系の状態は無秩序相になり，T_c より下では，強磁性とか超伝導状態のような秩序相になる．無秩序相では対称性が高く，秩序相では対称性が低い．このような相の変化が**相転移**である．したがって，相転移は，自発的な対称性の破れによって特徴づけられる．外場が加われば，T_c より上の温度でも，対称性の破れた状態になるが，これはいわば強制された対称性の破れであり，これに対して，外場がなくとも対称性が破れる場合に，これを**自発的対称性の破れ**という．

以下では，秩序を特徴づけるパラメタ，たとえば，強磁性体における自発磁化の強さ，強誘電体における分極の強さ，超伝導体における超伝導成分などのような秩序パラメタが連続的に変化する連続転移，すなわち 2 次転移について議論する．相転移・臨界現象を理論的に扱った P. Weiss の平均場近似(1907)はその後の協力現象，特に相転移研究の王道となった．ちなみに，A. Einstein は，彼を P. Langevin とともにノーベル物理学賞に推薦したことがあると言われている．

b) Weiss の平均場近似

Weiss の平均場近似とは，無限に大きな系の協力的な効果すなわち秩序をつくろうとする力を，着目する 1 個の粒子やスピンに働く平均的な力(場)によって置き換え，それを首尾一貫するように決める近似法である．これを強磁性を例にして説明する．磁性体における磁化の強さのような秩序パラメタの期待値を m とする．この秩序パラメタを誘起するような外場(たとえば外から与えた磁場)を H とおき，1 個の自由度(すなわち，磁性体では，それはスピンが格子を組んだものであり，1 個のスピン)に対して統計力学の処方箋にしたがって，m を H の関数として求めると $m=m(H)$ は，対称性より，一般に H の奇関数となる．それ故，$m(H)$ を，H に関して展開して，H の 3 次までとると，

$$m(H) = a(T)H-b(T)H^3 \tag{2.1}$$

となる．ここで，係数 $a(T)$ と $b(T)$ は温度 T の関数である．十分大きな H に対して，物理的に $m(H)$ は飽和して一定の値になるという条件から，$b(T)$

>0 となる．しかも，$a(T), b(T)$ は温度 T の解析関数である．以上は，1 個の自由度について考えたのであるが，相転移は無限個の自由度に対して起こる現象であり，したがって，何らかの方法で，上のような着目している 1 個の自由度(スピンなど)以外の無限個の自由度の効果をとり入れなければならない．その 1 つの典型的な方法として，Weiss は次のような近似法を提唱した．スピン格子の並進対称性を考慮して，着目している自由度が m という秩序パラメタの値をもてば，隣りも平均として同じ値をもち，その結果，着目している自由度(スピンなど)は，隣りから m に比例する力，すなわち km の力を受けるものと近似する．これと外場 H の和が(2.1)の H として働くと考えると，秩序パラメタ m は，

$$m = a(T)(km+H) - b(T)(km+H)^3 \tag{2.2}$$

と書けることになる．m も H も小さいとして，1 次までの近似，すなわち線形近似では，

$$m = \frac{a(T)}{1-ka(T)}H \equiv \chi_0(T)H \tag{2.3}$$

と表わせる．ここに，$\chi_0(T)$ は，外場 H に対する線形応答を表わす．磁性体では，それは磁化率となる．(2.3)より，明らかに，$ka(T_c)=1$ で定まる温度 T_c で応答関数 $\chi_0(T)$ が発散し，系は不安定になり，新しい秩序相に移る．すなわち，T_c はこの近似での相転移温度を表わす．$a(T)$ が温度 T とともに単調に変化すると仮定すると，T_c の近傍で

$$1-ka(T) = A(T-T_c)$$

とおける．ただし，定数 A は，$T > T_c$ では，$m=0$ が安定な解(無秩序相)であるという条件より $A>0$ である．こうして応答関数 $\chi_0(T)$ は，相転移点の近傍で

$$\chi_0(T) \simeq \frac{a(T_c)}{A(T-T_c)} \propto \frac{1}{T-T_c} \tag{2.4}$$

という **Curie-Weiss の異常性**を示すことになる．同様にして，外場 H を 0 にして，(2.2)で 3 次まで考えると

$$(1-ka(T))m+k^3b(T)m^3=0$$

となり，$m=0$ というトリビアルな解の他に，$T<T_c$ では，

$$m_s = \pm\left\{\frac{A(T_c-T)}{k^3b(T)}\right\}^{1/2} \sim \pm(T_c-T)^{1/2} \tag{2.5}$$

という解が現われる．この解は，自発的に対称性の破れた解に対応している．明らかに，m_s は，T が T_c に近づくと連続的に 0 に近づき，連続転移，すなわち自由エネルギーの 1 階微分は連続で 2 階微分が不連続になるという 2 次相転移を表わしている．以上で，よく知られた古典的な Weiss 近似の説明は終わった．

c）Weiss の平均場近似とスケーリング則

Weiss の平均場近似の結果を，現代的な立場で見直してみると，教訓的なことが隠されている．状態方程式(2.2)を，T_c で効くところだけ残して整理してみると，T_c のごく近傍で

$$A(T-T_c)m+k^3b(T_c)m^3 = b(T_c)h \tag{2.6}$$

となる．ただし，h は H を無次元化した変数である．$t=(T-T_c)/T_c$ とおいて，さらに変形すると，

$$\left(\frac{m}{\sqrt{t}}\right)+c_1\left(\frac{m}{\sqrt{t}}\right)^3 = c_2\left(\frac{h}{t^{3/2}}\right) \tag{2.7}$$

の形となり，この解は，

$$m = \sqrt{t}\,f^{(\mathrm{sc})}\left(\frac{h}{t^{3/2}}\right) \tag{2.8}$$

のような同次形，すなわち，スケーリング則を満たすことがわかる．1907 年に Weiss によって提唱されたもっとも簡単な古典的な近似解ですら，上のようなスケール不変性という基本的な漸近的法則を満たしていることが，1960 年代の半ばまで，60 年間も誰も気づかなかったのは不思議なくらいである．もっとも，科学的発見は，わかってしまえば，みな Columbus の卵かもしれない．

d) 1次元 Ising 模型のスケーリング

ここで，ハミルトニアンで定義される1次元 Ising 模型を考える．

$$\mathcal{H} = -J\sum_{j=1}^{N}\sigma_j\sigma_{j+1} - \mu_{\mathrm{B}}H\sum_{j=1}^{N}\sigma_j \tag{2.9}$$

すなわち，1次元格子上に，対角成分 $\frac{1}{2}\sigma_j = \pm\frac{1}{2}$ だけをとり得るスピンが並んでおり，その間に $-J$ の相互作用が働いている．この系は磁性体のモデルとしては現実的ではないが，協力現象を扱うのには簡単で便利なモデルとしてよく使われる．さて，この系の磁化の強さ $m=\langle\sigma_j\rangle$ は，転送行列と呼ばれる代数的方法*を用いて解くと，(1.6)で示した関数形になり，$h\to 0$，$T\to 0$ では

$$m \sim \frac{h}{\sqrt{h^2+\kappa^2}} = \frac{h/\kappa}{\sqrt{(h/\kappa)^2+1}} \equiv f_1^{(\mathrm{sc})}\left(\frac{h}{\kappa}\right) \tag{2.10}$$

のようなスケーリング則を満たす．ただし，$\kappa=\exp(-2K)$ である．この逆数

$$\xi = \frac{1}{\kappa} = \exp(2K) = \exp\left(\frac{2J}{k_{\mathrm{B}}T}\right) \tag{2.11}$$

は，この1次元スピン系の相関距離を表わしている．

e) 相関関数と相関距離

一般に，相関距離 ξ は，R だけ離れた2つのスピン σ_0 と σ_R の相関関数 $C(R) \equiv\langle\sigma_0\sigma_R\rangle$ が，相転移点のごく近傍において距離 $R(\lesssim\xi)$ の大きいところで，

$$C(R) \sim \frac{1}{R^{d-2+\eta}}\exp\left(-\frac{R}{\xi}\right) \tag{2.12}$$

のような漸近形をもつものとして定義される．ただし，d は系の次元，η は古典近似からのずれを表わす Fisher の指数である．実は，相関関数が漸近的に(2.12)の振舞いをすると仮定すること自体がスケーリングの本質を表わしている．なぜなら，磁化率 $\chi_0(T)$ などの応答関数などはみな，(2.12)の形から，積分などによって容易に現象論的に求められるからである．したがって，1964年に Fisher が相関関数の漸近形を(2.12)の形に導入したとき**に臨界現象の

---

* 鈴木増雄『統計力学』(本講座 4)を参照．
** M. E. Fisher: J. Math. Phys. 5(1964)944.

スケーリング則の理論が芽生えたと言っても過言ではない．

f） 相関関数の漸近形とスケーリング則

もっと具体的に，スケール不変性から，相転移点での物理量の異常性を特徴づける臨界指数の間のスケーリング関係式を導いてみよう．

まず，応答関数 $\chi_0(T)$ は系全体にかけられた外場に対する応答として定義されるから，相関関数の積分として与えられる．したがって，

$$\chi_0(T) = K_d \int_0^\infty C(R) R^{d-1} dR \tag{2.13}$$

となる．ただし，K_d は，d 次元単位球面の面積を表わし，ガンマ関数 $\Gamma(x)$ を用いて

$$K_d = \frac{2\pi^{d/2}}{\Gamma(d/2)} \tag{2.14}$$

で与えられる．特に，$K_1=2$，$K_2=2\pi$，$K_3=4\pi$，$K_4=2\pi^2$ である．さて，(2.12)の相関関数の漸近形を用いて，(2.13)の積分を評価すると

$$\begin{aligned}\chi_0(T) &\sim \int_0^\infty R^{1-\eta} \exp\left(-\frac{R}{\xi}\right) dR \\ &= \xi^{2-\eta} \int_0^\infty x^{1-\eta} e^{-x} dx \sim \frac{1}{(T-T_c)^\gamma}\end{aligned} \tag{2.15}$$

となる*．したがって，$\chi_0(T)$ の臨界指数 γ は，相関距離 ξ の異常性を一般に

$$\xi \sim \frac{1}{(T-T_c)^\nu} \tag{2.16}$$

と仮定すると，

$$\gamma = \nu(2-\eta) \tag{2.17}$$

で与えられることになる．これは，最も典型的なスケーリング関係式である．平均場近似では，$\gamma=1$，$\nu=1/2$，$\eta=0$ であるから，(2.17)は満たされている．また，よく知られているように，2 次元 Ising 模型では，$\gamma=7/4$，$\nu=1$，$\eta=1/4$

* (2.15)で積分区間を 0 から ξ までとしても，数因子が異なるだけで，結果は同じである．

であり，やはり，(2.17)のスケーリング関係式は満たされている．その他，現在知られている結果は，厳密に，または近似の精度の範囲ですべて(2.17)の関係を満たしている．

g) 状態方程式のスケーリング則と臨界指数のスケーリング関係式

その他の臨界指数についても同様にして，状態方程式が一般に次のスケーリング形

$$m = t^{\beta} f\left(\frac{h}{t^{\Delta}}\right) \tag{2.18}$$

をとると仮定すれば，これより，秩序パラメタの臨界指数は，(2.18)で $h=0$ とおいて，β によって与えられることがわかる．すなわち，$T<T_c$ で

$$m_s \sim |t|^{\beta} \tag{2.19}$$

となる．また，$T>T_c$ では m は h に比例し，その比例定数が応答関数 $\chi_0(T)$ を与えるはずであるから，

$$\chi_0(T) \sim t^{\beta}\cdot\frac{1}{t^{\Delta}} \sim t^{\beta-\Delta} \sim t^{-\gamma} \tag{2.20}$$

となり，応答関数 $\chi_0(T)$ の臨界指数 γ は，次のスケーリング関係式

$$\gamma = \Delta - \beta \tag{2.21}$$

で与えられる．さらに，$t=0$ における秩序パラメタ，すなわち臨界秩序パラメタ m_c は，(2.18)で $t\to 0$ の極限をとって，

$$m_c \sim \lim_{t\to 0} t^{\beta}\times\left(\frac{h}{t^{\Delta}}\right)^{\beta/\Delta} \sim h^{\beta/\Delta} \sim h^{1/\delta} \tag{2.22}$$

となり，m_c の臨界指数 δ は，次のスケーリング関係式

$$\delta = \frac{\Delta}{\beta} \tag{2.23}$$

で与えられる．平均場近似では，(2.18)より $\Delta=3/2$ であり，また(2.5)より $\beta=1/2$ であるから，$\delta=3$ となり，これは，(2.6)で $T=T_c$ とおいても直接確かめられる．よく知られているように，2次元 Ising 模型では $\beta=1/8$，$\gamma=7/4$ であるから，これより $\Delta=15/8$ となり，(2.23)より $\delta=15$ となる．これも数

値計算によって高精度で確かめられている．

同様にして，比熱の異常性は，自由エネルギーの T に関する2階微分から，

$$C_v \sim t^{-\alpha}; \quad \alpha = 2-\beta-\varDelta \tag{2.24}$$

となる．自由エネルギーのスケーリングの性質は Zeeman エネルギー($-mh$)のスケーリングと同じであるとして，(2.18)を用いると(2.24)が容易に導ける．(2.24)の2という数字は2階微分の2である．

こうして，(2.21)と(2.24)を組み合わせると，次の有名なスケーリング関係式が得られる：

$$\alpha+2\beta+\gamma = 2 \tag{2.25}$$

h）スケーリング則と Kadanoff のセル解析

以上まとめると，要するに，状態方程式(ミクロには相関関数)がスケール不変な形をしているため，秩序パラメタ，応答関数，比熱などの異常性が互いに独立でなくなり，それらを特徴づける臨界指数も2つだけが独立で，他はそれら2つの独立な指数によって一意的に与えられるということである．このスケーリング則の基本となっている状態方程式の同次型の仮説は，1965年に，B. Widom(アメリカ)を初めとして，日本，イギリスおよびソ連の研究者によってほとんど同時に独立に提唱された．

それでは，この同次型の仮説は，ミクロに，すなわち物理的には，どう導けるのであろうか．それに答えたのが L. P. Kadanoff のセル解析の方法である*．図2-1のように系をセルに分割し，もとの系と，セルをもとにした系の自由エネルギーが同形になるのがもっともらしい．今，簡単のため，Ising スピン系で考えることにする．ハミルトニアンは

$$\mathcal{H} = -J\sum s_i s_j - \mu_{\mathrm{B}} H \sum s_j; \quad s_j = \pm 1 \tag{2.26}$$

で与えられるとする．ここに i, j は格子点を表わす．J は隣接格子点上のスピン間の相互作用を表わす．さて，系の温度 T が十分相転移点 T_{c} に近く，したがって，相関距離 ξ がセルの大きさ L よりも十分長く，セルの中のスピンの

* L. P. Kadanoff: Physics 2(1966)263.

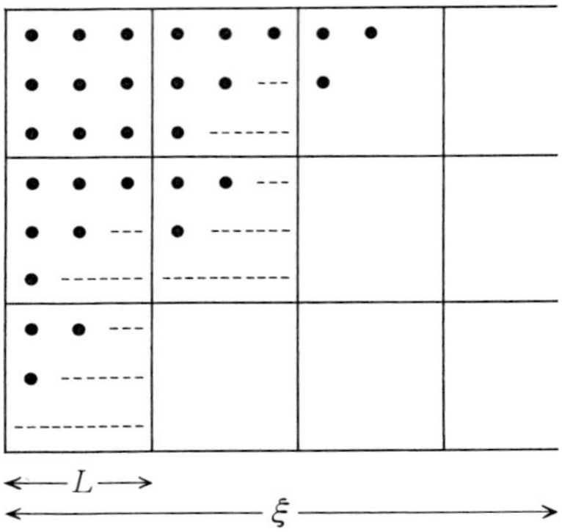

図 2-1 セル分割．セルの大きさ L は相関距離 ξ よりも十分小さいとする．

向きはほとんどそろっているとする．しかし，各セルのスピン全体の向きは，上下いろいろ熱的にゆらいでいるとして，それを代表するセルスピンを $\sigma_{\boldsymbol{r}}$ とする．$\boldsymbol{r}$ はセルの位置を表わす．次節で詳しく述べるように，$\sigma_{\boldsymbol{r}}$ はセル内のスピンの平均値の符号をとればよい．ここでは，現象論的にスケーリング則を導くだけにとどめる．秩序パラメタである磁化 m は，一般に $t=(T-T_{\rm c})/T_{\rm c}$ および $h=\mu_{\rm B}H/k_{\rm B}T$ の 2 変数関数として

$$m = f(t, h) \tag{2.27}$$

と与えられる．この状態方程式をセルスピンの立場で見直してみる．セルのスピン $\{\sigma_{\boldsymbol{r}}\}$ のゆらぎは，もとのスピン $\{s_j\}$ のゆらぎとは類似しているが，異なる温度(または温度差) $\tilde{t}$ と磁場 $\tilde{h}$ で記述されるであろう．しかも，これらは，セルの大きさ $L=ba_0$ (ただし a_0 は格子間距離を表わす)に依存した関係式で与えられるはずである．今，最も自然な関係として，次のスケール変換を仮定する：

$$\tilde{h} = b^x h, \qquad \tilde{t} = b^y t \tag{2.28}$$

ここに導入された 2 つの独立な指数 x, y は，スケーリング則の最も基本的なパラメタである．これらは現象論の範囲では決まらず，それらの値を求めるためには次節で説明するように，ミクロに変換を実行しなければならない．

さて，Zeeman エネルギーをもとのスピンとセルスピンで比較し，両者を等

置して，

$$\langle s_j\rangle b^d h = \langle \sigma_r\rangle \tilde{h} \tag{2.29}$$

が得られる．セルの秩序パラメタ，すなわちセルの磁化$\langle \sigma_r\rangle$も$\tilde{t}, \tilde{h}$の関数としては，もとの系の状態方程式と同型であると要請する．これはスケーリングの本質的な部分であり，したがって，スケーリングを導いたのではなく，ミクロに要請しただけであると言ってもよい．こうして

$$\langle \sigma_r\rangle = f(\tilde{t}, \tilde{h}) \tag{2.30}$$

とおくと，(2.27)～(2.30)より，

$$f(b^y t, b^x h) = b^{d-x} f(t, h) \tag{2.31}$$

という関数方程式が得られる．この関数方程式が，$a_0 \ll ba_0 \ll \xi$を満たす任意のbに対して成立するためには，$f(t, h)$は次のような同次型の関数でなければならない：

$$m = f(t, h) = t^{(d-x)/y} f(h/t^{x/y}) \tag{2.32}$$

これを(2.18)と比較すると，βとΔが，xとyとdによって次のように与えられる：

$$\beta = \frac{d-x}{y}, \qquad \Delta = \gamma + \beta = \frac{x}{y} \tag{2.33}$$

したがって，その他α, γ, νなど平衡系の主な臨界指数がxとyを用いて表わされる．

2-2 粗視化とくりこみ群

a) 粗視化

前節では，臨界現象のスケール不変性，すなわち相転移点近傍での異常性に関するスケーリング則を議論したが，ここでは，その物理的意味を考察し，くりこみ群の考え方を説明する．

温度差tと外場hの関数としての秩序パラメタmが(2.3)よりスケーリングパラメタbを用いて

$$m = f(t,h) = b^{x-d} f(b^y t, b^x h) \tag{2.34}$$

と表わせることが，物理的に何を意味するかを考えてみる．一般に，粗視化という操作の物理的意味を考えればわかるように，$b>1$，$x>0$，$y>0$ である．したがって，$b^y t>t$，$b^x h>h$ となるから，相転移点 $t=0$，$h=0$ から離れたところの状態がわかれば，そこでの秩序パラメタの値 b^{d-x} で割れば，より相転移点に近い点 (t, h) での秩序パラメタが求まることになる．したがって，$L=ba_0$ で粗視化した系がもとの系からどう離れていくかを調べれば，スケール変換の指数 x, y の具体的な値まで求まることになる．要するに，a_0 から ba_0 までのスケールのゆらぎがとりこまれて，すなわち，くりこまれて，状態方程式は b^{x-d} 倍だけ変わることになる．

b） 2次元 Ising 模型での粗視化の例

ちょうど相転移点 $t=0$，$h=0$ では，秩序パラメタは，

$$m \sim b^{x-d} \tag{2.35}$$

のように，フラクタルな振舞いをする．たとえば，図 2-2 には，84×84 格子上の Ising スピンの T_c での配位をモンテカルロシミュレーションによって求めたスナップショットを示した．黒丸が上向きスピン，白地の格子点は，下向きを示す．スピンの向きの配位がフラクタルな構造をしている様子がわかる．

図 2-2 相転移点における 84×84 格子上の Ising スピンの配位の例．

図 2-3 図 2-2 の配位をスケーリングパラメタ $b=2$ で粗視化した配位．

もっと定量的に調べるには，たとえば $b=2$，すなわち 2×2 のセルについて，その中の黒丸が過半数なら，そのセルのスピンとして上向きスピンを割当てる（すなわち $\sigma_r=1$）．逆の場合には，$\sigma_r=-1$ とする．ちょうど半分が黒丸のときは，乱数を用いて，確率 1/2 でどちらかにする．このようにして作った配位が図 2-3 に示されている．これも，やはり，フラクタルな構造になっている．磁化 m またはその 2 乗平均のスケール変換，すなわち，L 依存性を計算し，(2.35)の関係式より，指数 $x-d$ を求めることができる．これは，$y\beta=\beta/\nu$ を与えるはずであり，実際，図 2-2 と図 2-3 より，$\beta=0.125=1/8$ にごく近い値が得られる．

相転移点より高温側($T>T_c$)で，同様に粗視化し，スケール変換をしていくと，配位はだんだんとランダムになっていき，温度 $T\to\infty$ の状態に近づいていくことが具体的なシミュレーションによって確かめることができる．これは，スケール変換(2.28)，すなわち

$$t_{n+1} = b^y t_n \tag{2.36}$$

という漸化式から，$n\to\infty$ では $t_n\to\infty$ になることに対応している．同様に，$T<T_c$ では，$t=(T_c-T)/T_c$ として，(2.36)の変換を行なうと，どんなに小さな t_0 から出発しても，t_n はどんどん大きくなり，T はどんどん小さくなる*．このようなくりこみの操作で，最後には，全体が黒丸か白地のどちらか一方だけになってしまい，$T\to0$ の状態に近づく．

以上の具体的な例の説明により，粗視化をしスケールを変換することが臨界現象のくりこみの操作であることがわかるであろう．

c） くりこみ変換と固定点ハミルトニアン

さて，スケール因子 b に対するくりこみ操作を $\boldsymbol{R}_b$ とすると，最初のハミルトニアン $\mathcal{H}_0$ はくりこみ操作 $\boldsymbol{R}_b$ によって，粗視化された新しいハミルトニアン $\mathcal{H}_1$ になり，さらに，

$$\mathcal{H}_1 = \boldsymbol{R}_b\mathcal{H}_0, \quad \mathcal{H}_2 = \boldsymbol{R}_b\mathcal{H}_1, \quad \cdots, \quad \mathcal{H}_n = \boldsymbol{R}_b\mathcal{H}_{n-1}, \quad \cdots \tag{2.37}$$

* くりこみが十分行なわれると非線形のくりこみ効果を考慮しなければならなくなる．

のように，順次くりこみ変換を受けていく．このくりこみ変換に対応して

$$\boldsymbol{R}_b \mathcal{H}^* = \mathcal{H}^* \tag{2.38}$$

という固定点ハミルトニアンが求められる．これに対応する温度が相転移点である．

d）くりこみ群とフラクタル図形との関係

くりこみ群の操作はフラクタル図形とフラクタル次元を求める手続きとまったく類似している*．実際，後者では，フラクタル図形を構築する途中の図形の集合を $\{\mathcal{F}_n\}$ とする．図 1-3 の Koch 曲線の例で言えば，(a)図が $\mathcal{F}_0$，(b)図が $\mathcal{F}_1$，(c)図が $\mathcal{F}_2$ を表わす．$1/b$ に細かく分割する操作を $\boldsymbol{T}$ とすると，

$$\boldsymbol{T}\mathcal{F}_0 = \mathcal{F}_1, \quad \boldsymbol{T}\mathcal{F}_1 = \mathcal{F}_2, \quad \cdots, \quad \boldsymbol{T}\mathcal{F}_{n-1} = \mathcal{F}_n, \quad \cdots \tag{2.39}$$

となり，フラクタル図形は，

$$\lim_{n\to\infty} \mathcal{F}_n = \mathcal{F}^* \tag{2.40}$$

という極限操作に対応している．さらに，長さのスケールを $1/b$ にする操作を $\boldsymbol{S}_b$ と書くことにし，図形 $\mathcal{F}_n$ をスケール $\boldsymbol{S}_b$ で測ったときの全体の長さ，面積，体積などを $Q(\boldsymbol{S}_b\mathcal{F}_n)$ と表わす．このとき，

$$Q(\boldsymbol{S}_b\boldsymbol{T}\mathcal{F}_n) = b^D Q(\mathcal{F}_n) \quad \text{または} \quad Q(\boldsymbol{S}_b\mathcal{F}^*) = b^D Q(\mathcal{F}^*) \tag{2.41}$$

によって，フラクタル次元が定義される．これは，(1.24)で定義したものと同じであるが，上の表式では，くりこみ群との関係が見やすくなっている．すなわち，それは，くりこみの操作 $\boldsymbol{R}_b$ と

$$\boldsymbol{R}_b \longleftrightarrow \boldsymbol{S}_b\boldsymbol{T} \tag{2.42}$$

と対応する．もっと直接的には，臨界現象をパーコレーションという幾何学的モデル**で表現すると，その幾何学的なフラクタル構造，すなわち，フラクタル次元 D と臨界指数とは密接な関係にある．

明らかに，くりこみ操作 $\boldsymbol{R}_b$ は

$$\boldsymbol{R}_b \cdot \boldsymbol{R}_b = \boldsymbol{R}_{b^2} \tag{2.43}$$

---

* M. Suzuki: Prog. Theor. Phys. **69**(1983)65.

** 鈴木増雄『統計力学』(本講座 4)を参照．

という1パラメタ群の性質をもっている．実は$\boldsymbol{R}_b$の逆は存在しないので，半群である．

さて，Wilsonのくりこみ群の基本的な考え方*をLandau理論の破綻という立場から説明する．

e） Wilsonのくりこみ群の理論の現象論的説明

L.D.Landauは，相転移を現象論的に扱って，その本質を議論した．臨界現象に関しては，Landau理論はWeissの平均場近似と等価であるが，始めから，a_0からLまでの短距離のゆらぎをとりこんだ有効ハミルトニアンを考えている点で，便利である．このように短距離のゆらぎをとりこんだ長距離での有効ハミルトニアンを考える場合には，空間座標$\boldsymbol{x}$も秩序変数$\phi(\boldsymbol{x})$も連続変数として扱うことができる．そこで，次のLandauの有効ハミルトニアン

$$\mathscr{H}_L = \int\{|\nabla\phi(\boldsymbol{x})|^2+R(L,T)|\phi(\boldsymbol{x})|^2+U(L,T)|\phi(\boldsymbol{x})|^4-H(\boldsymbol{x})\phi(\boldsymbol{x})\}d^d\boldsymbol{x} \tag{2.44}$$

で表わされる系を考える．これは，いわば，秩序パラメタ$\phi(\boldsymbol{x})$を指定したときの準自由エネルギーの役割を果たしている．実際，(2.44)にはL以下の長さのゆらぎの効果が，係数$R(L,T)$や$U(L,T)$の温度依存性としてとりいれられている．そこで，この自由エネルギー$\mathscr{H}_L$を最小にする秩序パラメタ$\phi(\boldsymbol{x})$の満たす式を，(2.44)で，4次の項を無視して，線形近似の範囲で求めると，

$$-\nabla^2\langle\phi(\boldsymbol{x})\rangle+R(L,T)\langle\phi(\boldsymbol{x})\rangle = H\delta(\boldsymbol{x}) \tag{2.45}$$

となる．ただし，$\mathscr{H}_L$を最小にする$\phi(\boldsymbol{x})$を$\langle\phi(\boldsymbol{x})\rangle$と書き，外場を簡単のため$H(\boldsymbol{x})=H\delta(\boldsymbol{x})$とした．(2.45)の解は，よく知られているように湯川タイプの関数

$$\langle\phi(\boldsymbol{x})\rangle \sim H\frac{1}{|\boldsymbol{x}|^{d-2}}\exp\left(-\frac{|\boldsymbol{x}|}{\xi}\right) \tag{2.46}$$

* K.G.Wilson: Phys. Rev. **B4**(1971)3174, 3184.

の形に与えられる．ただし，ξ は

$$\xi = R(L, T)^{-1/2} \tag{2.47}$$

で与えられ，系の相関距離を表わす．また，$T < T_c$ では，$H=0$ でも $\langle\phi(\boldsymbol{x})\rangle$ の値が0でなくなるような解が現われるはずである．それを求めるために，(2.44)で $H=0$ として，$\mathcal{H}_L$ を最小にするような一様な $\langle\phi(\boldsymbol{x})\rangle$ の満たす式を導くと

$$R(L, T)\langle\phi(\boldsymbol{x})\rangle + 2U(L, T)\langle\phi(\boldsymbol{x})\rangle^3 = 0 \tag{2.48}$$

となる．この解として，

$$m_s \equiv \langle\phi(\boldsymbol{x})\rangle = \{-R(L, T)/U(L, T)\}^{1/2} \tag{2.49}$$

が得られる．Landau にしたがって，

$$R(L, T) \propto T - T_c, \qquad U(L, T_c) > 0 \tag{2.50}$$

と仮定すると，(2.47)と(2.50)より，それぞれ

$$\xi \sim (T - T_c)^{-1/2}, \qquad m_s \sim (T_c - T)^{1/2} \tag{2.51}$$

という異常性が導かれる．また，H に対する一様な $\langle\phi(\boldsymbol{x})\rangle$ の応答を $T > T_c$ で求めると，

$$\chi_0(T) = \langle\phi(\boldsymbol{x})\rangle/H = 1/2R(L, T) \sim 1/(T - T_c) \tag{2.52}$$

となり，Weiss 近似(2.4)と同じ結果が得られる．

さて，Wilson のくりこみの考え方では，セルの大きさが L までのゆらぎをとりこんだ有効ハミルトニアンが(2.44)および(2.50)の $R(L, T)$, $U(L, T)$ で与えられているとして，L を $L+\delta L$ に大きくしたとき，$L<x<L+\delta L$ のゆらぎをとりこんだら，$R(L+\delta L, T)$ と $U(L+\delta L, T)$ がどう変化するかを調べて，それらのくりこみの効果を表わす方程式，すなわち，くりこみ方程式を求める．ここでは基本的な考え方を解説することにし，くりこみの効果をとりいれる操作としては，次元解析的説明を行なうにとどめ，詳しくは次章にゆずる．

有効ハミルトニアン $\mathcal{H}_L$ は，$\exp(-\mathcal{H})$ を x が0から L まで $\phi(x)$ に関して積分して，それを再び $\exp(-\mathcal{H}_L)$ の形に表わして定義されるので

$$e^{-\mathcal{H}_{L+\delta L}} = \int e^{-\mathcal{H}_L} \prod_{x;L<x<L+\delta L} d\phi(x) \tag{2.53}$$

の関係が成立する．(2.53)の右辺を厳密に計算することは非線形項 $U(L,T)$ があるため一般には不可能である．もしそれができるくらいなら，始めから体系全体の自由エネルギーが厳密に求まってしまうことになる．ここでは，何らかの近似を導入して，U と R に対する漸化式または微分方程式を求めることにしよう．すなわち，非線形項 U が小さいとする近似を考えることにする．これが物理的にどんな意味をもつかは，得られた結果を見て議論する．(2.53)の実際の計算は，次章で説明するとおり，Fourier 変換して行なう．(2.53)を U で展開して得られる U の2次の積の項に関して，x が $L<x<L+\delta L$ に相当する自由度の積分を $\phi(\boldsymbol{x})$ の4つについて行なうと，くりこまれた $U(L+\delta L, T)$ の項が得られるから，

$$U_{L+\delta L}-U_L = a(L)U_L^2 \tag{2.54}$$

の形の漸化式となるはずである．係数 $a(L)$ は後で次元解析で求める．同様に，R と U の積の項に関して，ϕ の積分を行なうと $R(L+\delta L, T)$ が得られるから，

$$R_{L+\delta L}-R_L = b(L)R_L U_L \tag{2.55}$$

の形の漸化式が得られる．したがって，$a(L)$ も $b(L)$ も U_L の次元の逆数になるはずである．念のために，上の摂動展開を Feynman ダイヤグラムを用いて書くと，図2-4のようになる．

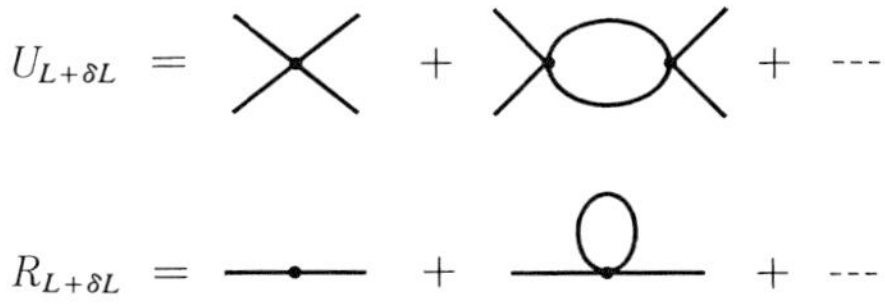

図2-4 非線形項 U による摂動展開を示す Feynman ダイヤグラム．

さて，次に，(2.44)のハミルトニアンが十分大きな L に対して不変になるとして，$\phi(\boldsymbol{x}), R, U, a(L), b(L)$ の L 依存性を求めよう．まず，(2.44)の第1項の不変性から，$\phi(\boldsymbol{x})$ の L に関する次元は

$$[\phi(\boldsymbol{x})] = L^{-(d-2)/2} \tag{2.56}$$

となることがわかる．したがって，(2.44)の第3項の不変性より，

$$[U] = L^{d-4} \qquad (2.57)$$

となる．したがって，$a(L)\propto\delta L$，$b(L)\propto\delta L$ を用いて，(2.54)と(2.55)より

$$a(L) = -\omega_1 L^{4-d}(\delta L/L), \qquad b(L) = -\omega_2 L^{4-d}(\delta L/L) \qquad (2.58)$$

と求まる．ω_1 と ω_2 は定数となる．故に，$d>4$ では，$a(L)$ は，L とともにどんどん小さくなり，4次の非線形項 U の効果は，くりこみを行なうとますます小さくなり，最後には，$U=0$ の系に帰着してしまう．すなわち，$d>4$ の系は，臨界現象に関しては古典的である．$d_c=4$ が臨界次元になる物理的理由を説明すると次のようになる．(2.44)のモデルでは，セルの大きさが L のときのゆらぎの強さが L^4 に比例し，ゆらぎが広がって減衰してしまう効果が，セルの体積すなわち L^d に比例する．したがって，$d>d_c=4$ なら*，ゆらぎの拡散の効果の方が勝って，ゆらぎそのものの効果は無視できるようになり，古典的になる．

このようにして，$R(L,T)$ と $U(L,T)$ の漸化式が求まり，$\delta L\to 0$ の極限をとって

$$\frac{dU}{dL} = -\omega_1 L^{\varepsilon-1}U^2, \qquad \frac{dR}{dL} = -\omega_2 L^{\varepsilon-1}UR \qquad (2.59)$$

というくりこみ変換式が求められる．ただし，$\varepsilon=4-d$ である．これを解き，(2.50)の温度依存性を考慮すると

$$U(L,T) = \left(\frac{\varepsilon}{\omega_1}\right)L^{-\varepsilon}, \qquad R(L,T) \sim L^{-\omega_2\varepsilon/\omega_1}(T-T_c) \qquad (2.60)$$

と求まる．ここで詳しい計算によると，$\omega_1/\omega_2=3$ である(第3章参照)．

したがって，非線形のゆらぎの効果をとりいれると，Landau 展開の係数に L 依存性が現われ，もともとの Landau 理論のままでは閉じなくなる．それではどのように修正したらよいか．Wilson によると，(2.47)の関係式が $L=$

* この4という数は(2.44)を $|\phi|^4$ まで書いたことからきているが，さらに $|\phi|^6$ などをつけ加えても，その係数の L 依存性のため，$|\phi|^4$ と同程度に効くならばやはり同じ結論になる．こういう性質を一般に**臨界現象の普遍性**という．

ξでも成立すると仮定して，(2.60)を用いると，$\xi^2 \sim R(\xi, T)^{-1}$ より，

$$\xi \sim (T-T_c)^{-\nu}; \quad \nu = \left(2-\varepsilon\cdot\frac{\omega_2}{\omega_1}\right)^{-1} = \frac{3}{6-\varepsilon} \tag{2.61}$$

が得られる．同様にして，(2.49)と(2.60)より，

$$m_s \sim (T_c-T)^{\beta}; \quad \beta = \frac{1}{2}-\frac{1}{2}\left(1-\frac{\omega_2}{\omega_1}\right)\nu\varepsilon = \frac{1}{2}-\frac{\varepsilon}{6-\varepsilon} \tag{2.62}$$

が得られる．さらに，(2.52)と(2.60)より，$\omega_1/\omega_2=3$ を用いて

$$\chi_0(T) \sim (T-T_c)^{-\gamma}; \quad \gamma = 1+\frac{\omega_2}{\omega_1}\nu\varepsilon = 1+\frac{\varepsilon}{6-\varepsilon} \tag{2.63}$$

となる．特に，3次元($d=3$)では，$\varepsilon=1$ とおいて，

$$\nu = 0.6, \quad \beta = 0.3, \quad \gamma = 1.2 \tag{2.64}$$

という値が求まる．これらの値は，普遍性の議論から φ^4 模型と同じ臨界指数をもつと期待される3次元 Ising 模型の臨界指数の値にかなり近い．

要するに，短距離のゆらぎから順次とりいれていき，それが，より長距離の有効相互作用にどのように反映されるかを調べ，漸化式または微分方程式型のくりこみ変換を求め，それらを臨界指数の補正として解釈しなおすことにより，(2.47)のような中途半端な関係ではなくもっと一般的にくりこみ群の方法によって臨界現象が研究できることになる．

2-3 臨界現象におけるくりこみ群

a) 臨界現象に対するくりこみ群の理論の一般論

前節までに，くりこみ群の基本的な考え方を説明したので，ここでは，臨界現象に対するくりこみ群の理論の一般論を述べる．

空間座標，波数またはそれらの混合表示空間をセルに分け，速く変化しているゆらぎの部分，すなわち，短波長の部分をまず消去して，その効果を長波長部分の有効相互作用としてとり入れる．すなわち，くりこむ．このように，スケール因子 b でくりこむ操作を $\boldsymbol{R}_b$ とすると，(2.37)，すなわち n 次の有効ハ

ミルトニアン $\mathcal{H}_n$ は,

$$\mathcal{H}_n = \boldsymbol{R}_b\mathcal{H}_{n-1} = \boldsymbol{R}_b{}^n\mathcal{H}_0 \tag{2.65}$$

によって構成される．$n\to\infty$ の極限で固定点ハミルトニアン $\mathcal{H}^*$ が(2.38)，すなわち

$$\mathcal{H}^* = \boldsymbol{R}_b\mathcal{H}^* \tag{2.66}$$

の解として得られる．これは，相転移点を与え，(2.40)のフラクタル構造に対応する．$(T-T_c)$ を用いて定義される臨界指数 ν, γ, β などは，この固定点ハミルトニアン $\mathcal{H}^*$ 近傍の $\mathcal{H}_n$ の変化の様子から求められる．その一般的スキームを説明するため，くりこみ群

$$(\boldsymbol{R}_b)^k = \boldsymbol{R}_{b^k} \quad \text{または} \quad \boldsymbol{R}_a\boldsymbol{R}_b = \boldsymbol{R}_{ab} \tag{2.67}$$

の生成演算子 $\boldsymbol{G}$ を次のように導入する：

$$\boldsymbol{G} = \lim_{b\to 1+}\frac{\boldsymbol{R}_b - 1}{b-1} \tag{2.68}$$

これより，回転操作と角運動量演算子との関係と同様にして，$bd\boldsymbol{R}_b/db = \boldsymbol{G}\boldsymbol{R}_b$ を導き，これを解いて，

$$\boldsymbol{R}_b = b^{\boldsymbol{G}} = \exp(l\boldsymbol{G})\,; \quad b = e^l \tag{2.69}$$

と表わせる．スケールを $b=e^l$ で表わすと，l は変換の度合いを示す，いわば変換の流れの“時間”を表わすパラメタとみることができる．そこで，$\{\mathcal{H}_n\}$ のくりこみ変換を l に関する連続変換とみると，

$$\frac{d\mathcal{H}}{dl} = \frac{d}{dl}\boldsymbol{R}_b\mathcal{H}_0 = \boldsymbol{G}\mathcal{H} \tag{2.70}$$

と書ける．したがって，固定点ハミルトニアン $\mathcal{H}^*$ は

$$\boldsymbol{G}\mathcal{H}^* = 0 \tag{2.71}$$

の解である．さて，$\mathcal{H}^*$ 近傍のくりこみ変換の流れの様子をみるために，適当な演算子 Q を用いて，$\mathcal{H}=\mathcal{H}^*+wQ$ を考える．w の1次までの範囲で

$$\boldsymbol{G}(\mathcal{H}^*+wQ) = w\boldsymbol{K}Q \tag{2.72}$$

の形に書ける．こうして定義された線形演算子 $\boldsymbol{K}$ は，臨界指数を求めるのに最も基本的な役割を果たすことが次のようにしてわかる．$\boldsymbol{K}$ の固有解を $Q_j{}^{(0)}$,

その固有値を λ_j とする．すなわち，

$$\boldsymbol{K}Q_j^{(0)} = \lambda_j Q_j^{(0)}\,; \quad j = 1, 2, \cdots \tag{2.73}$$

とする．今，Q_j を

$$Q_j = \boldsymbol{R}_b Q_j^{(0)} \tag{2.74}$$

によって定義すると，このセルに依存した演算子 Q_j は，$\boldsymbol{K}$ と $\boldsymbol{R}_b$ の可換性* より，$\boldsymbol{K}Q_j = \lambda_j Q_j$ となり，w の1次の範囲で

$$w\frac{d}{dl}Q_j = \boldsymbol{G}(\mathcal{H}^* + wQ_j) = w\boldsymbol{K}Q_j = w\lambda_j Q_j \tag{2.75}$$

となる．したがって，

$$\frac{dQ_j}{dl} = \lambda_j Q_j \tag{2.76}$$

が得られる．この微分方程式の解は，

$$Q_j = e^{\lambda_j l} Q_j^{(0)} = b^{\lambda_j} Q_j^{(0)} \tag{2.77}$$

となる．したがって，$\lambda_j < 0$ に対応する演算子 Q_j は，固定点ハミルトニアンに追加しても，l とともに減衰し，くりこんでいくと，臨界現象に効かなくなる．このような演算子は，**“irrelevant” な演算子**と呼ばれる．それに対して，$\lambda_j > 0$ に対応する演算子 Q_j は，くりこむとともに増大し，臨界現象に本質的に効くことになる．このような演算子を **“relevant” な演算子**という．以後，relevant な演算子 Q_j のみをすべてとり出し，1つの組にして考える．Q_j に共役な物理量を h_j として，ハミルトニアン

$$\mathcal{H} = \mathcal{H}^* + \sum_j h_j Q_j \tag{2.78}$$

を考える．この系の単位体積当りの自由エネルギー $f[\mathcal{H}]$ は，$\mathcal{H}^*$ の近傍で次の性質をもつ：

$$\begin{aligned} f[\mathcal{H}] \equiv f(h_1, h_2, \cdots) &= b^{-d} f[\boldsymbol{R}_b \mathcal{H}] \\ &= b^{-d} f(b^{\lambda_1} h_1, b^{\lambda_2} h_2, \cdots) \end{aligned} \tag{2.79}$$

---

* (2.72)より，明らかに，$\boldsymbol{K}$ と $\boldsymbol{G}$ とは可換である．また，$\boldsymbol{R}_b$ は(2.69)より $\boldsymbol{G}$ だけによって表わされる演算子である．よって，$\boldsymbol{K}$ と $\boldsymbol{R}_b$ は可換である．

こうして，relevant な演算子 Q_j に共役な変数 h_j に関して，上のようなスケール不変な性質をもつことになる．これを見やすくするため，Q_1 をエネルギー，Q_2 を秩序パラメタにとってみよう．明らかにこれらは relevant な演算子である．実際，エネルギーに共役な量は温度差 $t=(T-T_c)$ であり，秩序パラメタに共役な量は対称性を破る力である．

さて，$h_1=t$，$h_2=h$ とおき，$b^{\lambda_1}t=1$ と規格化すると*，$b^{\lambda_1}=t^{-1}$ となり，これより

$$f(t,h,\cdots) = t^{d/\lambda_1}f(1,h/t^{\Delta},\cdots,h_j/t^{\phi_j},\cdots) \tag{2.80}$$

となる．ただし，

$$\Delta = \frac{\lambda_2}{\lambda_1}, \qquad \phi_j = \frac{\lambda_j}{\lambda_1} \quad (j=3,\cdots) \tag{2.81}$$

である．(2.32)のスケーリング則が導かれたことになる．同時に，基本的なスケーリング指数 x, y は

$$x = \lambda_2, \qquad y = \lambda_1 \tag{2.82}$$

のように，くりこみ群から作られる演算子 $\boldsymbol{K}$ の固有値 λ_1, λ_2 から，ミクロに求められることになる．実際，(2.32)の状態方程式は，(2.80)で与えられる自由エネルギー $f(t,h,\cdots)$ を h で微分することによって与えられ，(2.32)の右辺のスケール因子 $t^{(d-x)/y}$ も容易に導かれる．

さて，簡単のため，外場 $h=0$ の場合に，温度差 t のくりこみ変換を与える式について考察し，λ_1 を具体的に求める公式を説明する．典型的な相互作用を J として $K=J/k_BT$ のくりこみ変換が

$$K' = f_b(K) \tag{2.83}$$

で与えられるとする．図 2-5 に示されたような固定点近傍での振舞いから，臨界指数 y を求めるのに必要な情報が得られる．すなわち，固定点 $K^*=f_b(K^*)$ が求まり，そこでの固有値 λ_1 が

---

* この条件は，b を t に合わせて変えるというよりは，むしろ，関数方程式(2.79)を解くための単なる便法である．

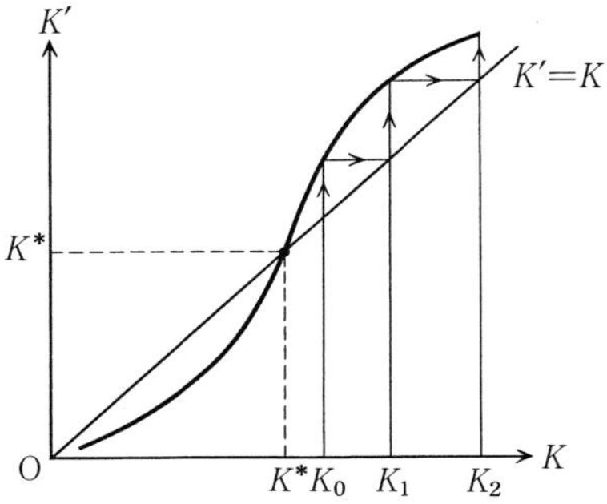

図 2-5 相互作用 K のくりこみ変換の模式図.

$$\lambda_1 = \frac{\log \Lambda}{\log b}\,; \quad \Lambda = b^{\lambda_1} = \left(\frac{d}{dK}f_b(K)\right)_{K=K^*} \tag{2.84}$$

と与えられる．通常は，この Wilson の公式は，もっと直接的に次のようにして導出される．すなわち，相関距離 ξ を $\xi \sim t^{-\nu} = (K-K^*)^{-\nu}$ として，スケール因子 b で粗視化した系では，$\xi' = \xi/b$ となるから，

$$\frac{1}{(K'-K^*)^{\nu}} = \frac{1}{b}\frac{1}{(K-K^*)^{\nu}} \tag{2.85}$$

という関係式が得られる．K^* の近傍では，$K'-K^* = \Lambda(K-K^*)$ となるから，上式は，$\Lambda^{\nu} = b$ となり，$\nu = \log b/\log \Lambda$ が導かれる．すなわち，$\nu = 1/\lambda_1$ で与えられる．

b) 臨界指数の ε 展開

上に説明したくりこみ群の理論を実際に応用する際には，4 次元からの展開，すなわち ε 展開*がよく用いられる．これはすでに，前節で少しふれたように，非線形項 U の摂動展開として，すべての物理量を計算する方法である．したがって，計算そのものは，昔から知られているが，4 次の項の強さ U を固定点での値 U^* として摂動展開し，それを ε の級数展開とみなすところがくりこみ群の理論としての新しいキーポイントである．すなわち，

$$U^* = u_1\varepsilon + u_2\varepsilon^2 + \cdots + u_n\varepsilon^n + \cdots \tag{2.86}$$

---

* K. G. Wilson and M. E. Fisher: Phys. Rev. Lett. **28** (1972) 240; K. G. Wilson: Phys. Rev. Lett. **28** (1972) 548.

同様にして，$\chi_0(T)$のような物理量をUに関して展開し，さらに，それを臨界指数γなどの展開と見直し，対数異常の係数から，マッチング操作*を行なって

$$\left\{\begin{aligned}\gamma &= 1+\gamma_1\varepsilon+\gamma_2\varepsilon^2+\cdots\\ \beta &= \frac{1}{2}+\beta_1\varepsilon+\beta_2\varepsilon^2+\cdots\\ \alpha &= \alpha_1\varepsilon+\alpha_2\varepsilon^2+\cdots\\ \nu &= \frac{1}{2}+\nu_1\varepsilon+\nu_2\varepsilon^2+\cdots\end{aligned}\right. \tag{2.87}$$

のように求められる**．前節の結果(2.61)～(2.63)は，εの1次までは正しい．すなわち，$\gamma_1=1/6$，$\beta_1=-1/6$，$\alpha_1=1/6$，$\nu_1=1/12$である．ただし，α_1に関してはスケーリング関係式$\alpha+2\beta+\gamma=2$を用いた．その他，多くのモデルについてε展開が研究されているが，詳しくは，第3章以降を参照していただきたい．

c) 多体問題への応用

以上では，臨界現象を例にして，粗視化とくりこみ群の説明をしたが，多体問題一般に対して，粗視化の手続きをして，漸化式すなわちくりこみ変換式を求めてその系の物理的性質を定性的に調べることができる．近藤効果などに対するくりこみ群の方法の応用については本講座16『電子相関』を参照していただきたい．

2-4 補遺——1次元Ising模型のくりこみ群

くりこみ群の考え方を説明するために，1次元Ising模型をとりあげる．特に第1章と第2章で議論した磁化のスケーリング則(1.6)，(2.10)をくりこみ群によって導いてみよう．

---

* M. Suzuki: Phys. Rev. Lett. **28**(1972)507.

** このε展開は収束半径0の漸近級数である．

N 個の格子点からなる1次元の格子上の Ising 模型の(有効)ハミルトニアンを，

$$\mathcal{H} = -\sum_{i=1}^{N}(K\sigma_i\sigma_{i+1}+h\sigma_i) \tag{2.88}$$

とする．ここで周期的境界条件 $\sigma_{N+1}=\sigma_1$ を課した．この系の磁化は，

$$m_N(K,h) = \frac{\displaystyle\sum_{\substack{\sigma_i=\pm1 \\ (i=1,2,3,\cdots,N)}} \sigma_N \exp(-\mathcal{H})}{\displaystyle\sum_{\substack{\sigma_i=\pm1 \\ (i=1,2,3,\cdots,N)}} \exp(-\mathcal{H})} \tag{2.89}$$

と定義される．ここでは，各々のスピン変数について ±1 の和をとる．

くりこみ群の基本的なアイディアは，すべての自由度についての和(あるいは積分)を一時に実行してしまうかわりに，一部の自由度についての和を先にとることである．ここでは，偶数番号の格子点上のスピン変数は固定して，奇数番号の格子点上のスピン変数についての和をまず実行し，その結果を

$$z(K,h)^{N/2}\exp(-\mathcal{H}') = \sum_{\substack{\sigma_i=\pm1 \\ (i=1,3,5,\cdots,N-1)}} \exp(-\mathcal{H}) \tag{2.90}$$

という形に書こう．このとき和をとられるスピン変数どうしは $\mathcal{H}$ の中では直接には相互作用していないので，(2.90)での和は各スピン変数について独立にとることができる．よって3つのスピンの内の1つについて和をとる問題で，

$$z(K,h)\exp(K'\sigma'\sigma''+h''(\sigma'+\sigma'')) = \sum_{\sigma=\pm1}\exp(K(\sigma'\sigma+\sigma''\sigma)+h\sigma) \tag{2.91}$$

として K, h の関数 K', h'', z を定義し，$h'=h+2h''$ とすれば(2.90)の左辺の新しいハミルトニアン $\mathcal{H}'$ を

$$\begin{aligned}\mathcal{H}' &= -\sum_{j=1}^{N/2}(K'\sigma_{2j}\sigma_{2j+2}+h'\sigma_{2j}) \\ &= -\sum_{j=1}^{N/2}(K'\sigma_j'\sigma_{j+1}'+h'\sigma_j')\end{aligned} \tag{2.91$'$}$$

のように元のハミルトニアン(2.88)のパラメタの値だけを変えた形に書くこと

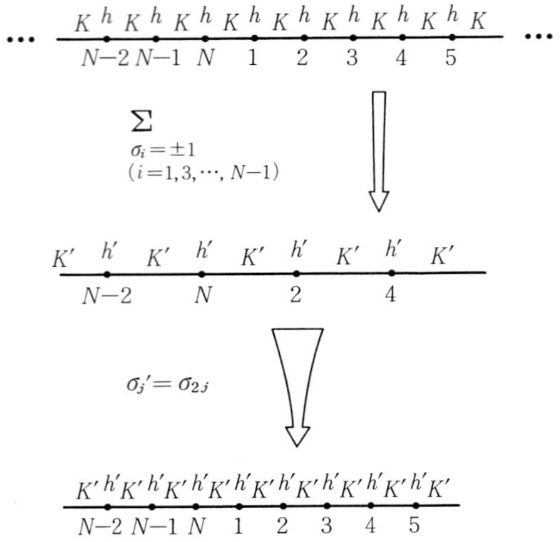

図 2-6 1次元 Ising 模型のくりこみ変換．奇数番号の格子点上のスピン変数について和をとり，スケール変換を行なう．

ができる．ここで格子のスケール変換 $\sigma'_i=\sigma_{2i}$ によって新しいスピン変数を導入した．このようにハミルトニアン $\mathcal{H}$ から出発して，自由度の一部について和をとりスケール変換を行なって新しいハミルトニアン $\mathcal{H}'$ を得る操作をくりこみ変換という(図 2-6)．

(2.91)を解くと K', h' を次のように具体的に求めることができる．

$$
\begin{aligned}
e^{4K'} &= \frac{\cosh(2K+h)\cosh(2K-h)}{\cosh^2(h)} \\
e^{2h'} &= e^{2h}\frac{\cosh(2K+h)}{\cosh(2K-h)}
\end{aligned}
\tag{2.92}
$$

2変数の非線形写像(2.92)は，くりこみ変換のパラメタの空間での表現である．これからは写像(2.92)のことをくりこみ変換と呼ぶ．ここで系がいかに大きくても，くりこみ変換は有限の計算だけで決定できたことに注意しよう．このような性質は「くりこみ変換の局所性」と呼ばれ，くりこみ群の方法にとってきわめて本質的である．

くりこみ変換の定義式(2.90)を磁化(2.89)に代入すると，

$$m_N(K,h) = m_{N/2}(K',h') \tag{2.93}$$

となる．ここで N を無限大にする熱力学的極限をとれば，重要な関係式

$$m(K,h) = m(K',h') \tag{2.94}$$

が得られる．すなわち，くりこみ変換を行なっても磁化の値は不変なのである．あるパラメタ K,h での磁化の値を知るために，このパラメタにくりこみ変換(2.92)を何回も(無限回でも)施して得られた新しいパラメタについて磁化を計算してもよいことがわかる．

くりこみ変換(2.92)を何回も繰り返して行なったときのパラメタ K,h の変化の様子を調べてみよう．まず $K\gg1$，$K\gg h$ が成り立つ領域で変換(2.92)を近似すると，

$$\begin{aligned} K' &\cong K-\frac{1}{2}\ln(e^{h}+e^{-h}) \\ h' &\cong 2h \end{aligned} \tag{2.95}$$

となる．くりこみ変換を繰り返したとき，パラメタ K は単調に減少し，パラメタ h は着実に増加することがわかる．逆に $K\ll1$ の領域では(2.92)は

$$\begin{aligned} K' &\cong \frac{K^2}{\cosh^2 h} \\ h' &\cong h+2K\tanh h \end{aligned} \tag{2.96}$$

となる．くりこみ変換を繰り返すと，パラメタ K は急激に0に収束し，パラメタ h は有限の値に収束する．K,h のパラメタ空間で見れば，h 軸に向かう大きな流れがあることになる(図2-7)．

さらにくりこみ変換(2.92)を吟味すると

$$e^{2K}\sinh h = e^{2K'}\sinh h' \tag{2.97}$$

という等式が成り立つことがわかる．くりこみ変換を次々と施して得られるパラメタの組は，$e^{2K}\sinh h$ が一定値をとる曲線の上を動いていくことがわかる．そしてくりこみ変換を無限回施した極限では，パラメタは $K=0$，$h=h^*$ という固定点に収束する．このようなパラメタで記述されるのは，スピン間の相互

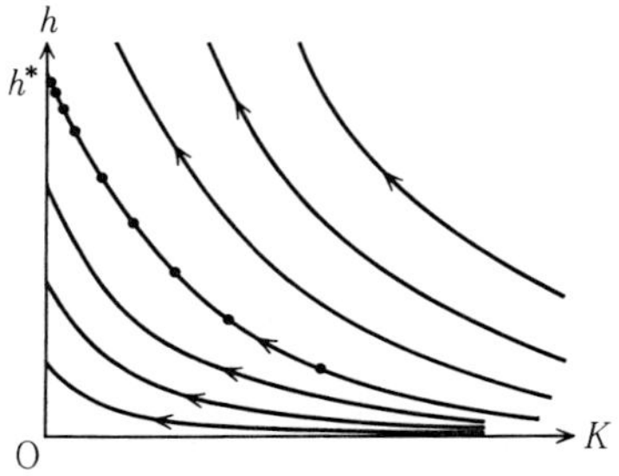

図 2-7 くりこみ変換(2.92)によるパラメタの動き．$e^{2K}\sinh h$＝一定 の曲線上を動きながら，h 軸に近づいていく．

作用のない自明な系である．パラメタ K, h から出発した際の固定点での磁場 h^* は，(2.97)の関係を使えば，

$$\sinh h^* = e^{2K}\sinh h \tag{2.98}$$

を満たすことがわかる．

以上の結果を総合すれば，任意のパラメタ K, h における磁化の値を求めることができる．まずくりこみ変換での磁化の不変性(2.94)を繰り返し用いて，

$$m(K, h) = m(0, h^*) = \tanh h^* \tag{2.99}$$

となる．ここで 1 スピンの Ising 模型の磁化の表式を用いた．ここに(2.98)を代入すれば，直ちに

$$m(K, h) = \frac{e^{2K}\sinh h}{\sqrt{1+(e^{2K}\sinh h)^2}} \tag{2.100}$$

が得られる．

3

φ^4 模型におけるくりこみ群と臨界現象

本章では，φ^4 模型を例にとって，Wilson による現代的なくりこみ群と，その臨界現象への応用を詳しく解説する．φ^4 模型は，くりこみ群の理解が最も進んでいる問題の1つなので，基本的な概念や方法を正確に把握するためには格好の例題である．

非線形性の小さい φ^4 模型では，Gawedzki と Kupiainen が数学的に厳密なくりこみ群を完成させた．本書で厳密なくりこみ群を解説する余裕はないが，その存在を踏まえ，原理的には厳密化し得る近似を用いるように心掛けた．本章では，φ^4 模型の解析についての予備知識は仮定せず，基本的な事項にも定義を与えた．ただし，相転移と臨界現象の物理的，数学的背景，スピン系や固体物理のモデルと φ^4 模型の関係などについては，巻末に挙げた文献などを参照されたい．

3-1　φ^4 模型の統計力学

この節では，統計力学の問題意識から，φ^4 模型(φ^4 model)の定義と主要な問題をまとめる．

a）基本的な定義

まず φ^4 模型を含む一般的なスピン系を定義する．Λ を，格子間隔が 1 で 1 辺の長さが N の d 次元立方格子とする．後の便利のため N は奇数とするが，最終的には N が無限大になる極限をとる．格子点 $x\in\Lambda$ は，d 次元のベクトル $x=(x^{(1)}, x^{(2)}, \cdots, x^{(d)})$ で，各々の成分は，$|x^{(i)}|\leq(N-1)/2$ を満たす整数である．周期的境界条件を課し，格子 Λ を d 次元のトーラスとみなす*．各格子点 x に，実数値をとるスピン変数 φ_x を対応させる．すべての格子点上のスピン変数の集まり $\{\varphi_x\}_{x\in\Lambda}$ を φ と略記する．

系の性質を特徴づけるのは，ハミルトニアン $\mathcal{H}$ である．本章で扱うハミルトニアンは，格子点 x の近辺のスピン変数 φ_y のみの関数** $h_x[\varphi]$ を使って，

$$\mathcal{H}[\varphi] = \sum_{x\in\Lambda} h_x[\varphi] \tag{3.1}$$

と書ける．

スピン変数の集まり φ の任意の関数を，物理量と呼ぶ．ある物理量 $F[\varphi]$ の期待値を，

$$\langle F\rangle_{\mathcal{H}}^{\Lambda} = \frac{\displaystyle\int \mathcal{D}\varphi F[\varphi]\exp[-\mathcal{H}[\varphi]]}{\displaystyle\int \mathcal{D}\varphi \exp[-\mathcal{H}[\varphi]]} \tag{3.2}$$

と定義する．ここですべてのスピン変数についての積分を，

$$\int \mathcal{D}\varphi(\cdots) \equiv \prod_{x\in\Lambda}\left(\int_{-\infty}^{\infty} d\varphi_x\right)(\cdots) \tag{3.3}$$

と略記した．(3.2)は，カノニカル分布の期待値で，適当な変数変換とパラメタの再定義によって，$kT=1$ としたものに他ならない．

n 個の格子点 $x_1, x_2, \cdots, x_n\in\Lambda$ におけるスピン変数の積の期待値

$$\langle\varphi_{x_1}\varphi_{x_2}\cdots\varphi_{x_n}\rangle_{\mathcal{H}}^{\Lambda} \tag{3.4}$$

---

* 2 つの格子点 x, y が，ある j について $x^{(j)}=(N-1)/2$，$y^{(j)}=-(N-1)/2$，そして $j'\neq j$ なるすべての j' について $x^{(j')}=y^{(j')}$ を満たすとき，x と y は距離 1 だけ離れているとみなす．

** 正確には，$h_x[\varphi]$ の中に $\sum_y J_{xy}\varphi_x\varphi_y$ などの非局所的な関数が含まれる場合も取り扱う．ただし係数 J_{xy} は $|J_{xy}|\leq\exp[-c|x-y|]$，$(c>0)$ のように，遠方で急激に減衰する．

を，n 点相関関数と呼ぶ．相関関数は，本章の主要な研究対象である．

一般に統計力学の対象となるのは，Avogadro 数オーダー以上のきわめて多くの自由度をもった系である．このような系を理想化して，無限の自由度の問題として取り扱うことが多い．有限個のスピン変数 φ_x にのみ依存する任意の物理量（関数）$F[\varphi]$ の無限系での期待値を，**熱力学的極限**（thermodynamic limit）

$$\langle F\rangle_{\mathcal{H}} = \lim_{N\to\infty} \langle F\rangle_{\mathcal{H}}^{\Lambda} \tag{3.5}$$

によって定義する．

b） φ^4 模型

φ^4 模型のハミルトニアンを，

$$\mathcal{H} = \mathcal{H}_0 + \mu\mathcal{M} + \lambda\mathcal{U} \tag{3.6}$$

と書く．ここで，

$$\mathcal{H}_0[\varphi] = \frac{1}{2}\sum_{\langle x,y\rangle}(\varphi_x - \varphi_y)^2 \tag{3.7}$$

$$\mathcal{M}[\varphi] = \frac{1}{2}\sum_{x\in\Lambda}\varphi_x{}^2 \tag{3.8}$$

$$\mathcal{U}[\varphi] = \frac{1}{4!}\sum_{x\in\Lambda}\varphi_x{}^4 \tag{3.9}$$

であり，(3.7)の和は，Λ 上の距離 1 だけ離れた格子点の組すべてについてとる．$\mathcal{H}_0$ は，隣り合うスピン変数の値をそろえようとするはたらきをもっており，弾性エネルギーに相当する．μ は実数値，λ は負でない実数値をとるパラメタである．通常 λ は非線形性のパラメタと呼ばれる．以下，その意味を検討する．

部分積分によって証明される相関関数についての等式（Gauss-Manin 恒等式，あるいは Schwinger-Dyson 方程式）

$$\left\langle \varphi_x \frac{\partial\mathcal{H}[\varphi]}{\partial\varphi_y}\right\rangle_{\mathcal{H}}^{\Lambda} = \delta_{x,y} \tag{3.10}$$

にハミルトニアン(3.6)を代入すると，

$$-\Delta_y\langle\varphi_x\varphi_y\rangle_{\mathscr{H}}^{\Lambda}+\mu\langle\varphi_x\varphi_y\rangle_{\mathscr{H}}^{\Lambda}+\frac{\lambda}{6}\langle\varphi_x{\varphi_y}^3\rangle_{\mathscr{H}}^{\Lambda}=\delta_{x,y} \tag{3.11}$$

が得られる．格子上の Laplace 作用素 Δ_y は，格子点の任意の関数 $f(y)$ に対して

$$\Delta_y f(y)=\sum_{z\in\Lambda\,;\,|z-y|=1}\{f(z)-f(y)\} \tag{3.12}$$

のように作用する．

特に $\lambda=0$ とすると，(3.11)は 2 点関数についての線形の方程式になる．これが $\lambda=0$ の系が線形であると言われる所以である．$\lambda>0$ ならば系は「非線形」であり，(3.11)は 2 点関数と 4 点関数を結び付ける関係式になる．さらに(3.11)を一般化すれば $2n$ 点関数と $2(n+1)$ 点関数($n=2,3,\cdots$)を結び付ける等式が得られる．これらの等式から 2 点関数を求めるには，4 点関数，6 点関数，…についての無限に連なった連立方程式を解かなければならない．非線形かつ大自由度の系のもつ難しさの一端である．

c) 相転移と臨界現象

φ^4 模型は，Ising 模型などの強磁性スピン系と類似した相転移と臨界現象を示す．以下，ハミルトニアン(3.6)でパラメタ λ を正の値に固定し，パラメタ μ を連続的に変化させたときに見られる相転移，臨界現象を議論する．

自発磁化(spontaneous magnetization)を次のように定義する．

$$M_{\mathrm{s}}=\lim_{H\to+0}\lim_{N\to\infty}\frac{1}{N^d}\frac{\int\mathscr{D}\varphi\,\Phi_\Lambda\exp[-\mathscr{H}[\varphi]+H\Phi_\Lambda]}{\int\mathscr{D}\varphi\exp[-\mathscr{H}[\varphi]+H\Phi_\Lambda]} \tag{3.13}$$

ここで $\Phi_\Lambda=\sum_{x\in\Lambda}\varphi_x$ は格子 Λ 上のすべてのスピンの合計である．パラメタ H は，系全体にかかった一様な外部磁場と解釈できる．(3.13)において，熱力学的極限 $N\to\infty$ の後に極限 $H\to0$ をとっていることは本質的である．すべての $x\in\Lambda$ について $\varphi_x\to-\varphi_x$ とする変換に対してハミルトニアン $\mathscr{H}[\varphi]$ が不変なので，任意の有限の格子 Λ について，

$$\lim_{H\to+0}\frac{\displaystyle\int \mathcal{D}\varphi\,\Phi_\Lambda \exp[-\mathcal{H}[\varphi]+H\Phi_\Lambda]}{\displaystyle\int \mathcal{D}\varphi \exp[-\mathcal{H}[\varphi]+H\Phi_\Lambda]}=0 \tag{3.14}$$

がいえる．すなわち自発磁化の定義(3.13)で2つの極限の順番を交換すると，極限の値は常に0になる．

格子の次元dが2以上のときには，パラメタ$\lambda>0$と次元dのみによる値$\mu_c(\lambda)<0$が存在して，自発磁化は次のように振る舞うことが厳密に示されている*．

$$M_s\begin{cases}=0 & (\mu>\mu_c(\lambda))\\ >0 & (\mu<\mu_c(\lambda))\end{cases} \tag{3.15}$$

自発磁化が有限の値をとるということは，先ほど議論した$\varphi_x\to-\varphi_x$ ($x\in\Lambda$) という変換についての系の対称性が破られたことを意味する．対称性を破る外的な要因がないにもかかわらず，期待値が対称性を破る現象は**自発的対称性の破れ**(spontaneous symmetry breaking)と呼ばれている．(3.14)からも明らかなように，有限の自由度の系では自発的対称性の破れは見られない．

自発的対称性の破れのない$\mu>\mu_c(\lambda)$の領域を**無秩序相**(disordered phase)，自発的対称性の破れが見られる$\mu<\mu_c(\lambda)$の領域を**秩序相**(ordered phase)と呼ぶ**．このように，モデルのパラメタを変化させたときに，ある特別なパラメタの値を境に系の振舞いが定性的に変化する現象を**相転移**(phase transition)という．2つの相の境を決めるパラメタの値$\mu_c(\lambda)$は**転移点**(transition point)あるいは**臨界点**(critical point)と呼ばれる．

磁化率χと非線形磁化率u_4を次のように定義する．

$$\chi=\sum_y\langle\varphi_x\varphi_y\rangle_{\mathcal{H}} \tag{3.16}$$

---

* ただし$\mu_c(\lambda)$の値は正確には計算できていない．

** $\mu<\mu_c(\lambda)$では，2点相関関数が$|x-y|\to\infty$のとき$\langle\varphi_x\varphi_y\rangle_{\mathcal{H}}\to(M_s)^2$となると考えられている．系のスピン全体が互いにそろい合う**長距離秩序**(long range order)が発生している．

$$u_4 = \sum_{y,z,w} \{\langle \varphi_x\varphi_y\varphi_z\varphi_w\rangle_{\mathcal{H}} - \langle \varphi_x\varphi_y\rangle_{\mathcal{H}}\langle \varphi_z\varphi_w\rangle_{\mathcal{H}} - \langle \varphi_x\varphi_z\rangle_{\mathcal{H}}\langle \varphi_y\varphi_w\rangle_{\mathcal{H}} - \langle \varphi_x\varphi_w\rangle_{\mathcal{H}}\langle \varphi_y\varphi_z\rangle_{\mathcal{H}}\} \tag{3.17}$$

和はいずれも無限個の格子点すべてについてとる．無秩序相では，これらの無限和は収束する．

無秩序相 $\mu > \mu_c(\lambda)$ では，2点相関関数は2つの格子点の距離 $|x-y|$ が大きくなるとき漸近的に，

$$\langle \varphi_x\varphi_y\rangle_{\mathcal{H}} \approx \frac{1}{|x-y|^{(d-1)/2}} \exp\left[-\frac{|x-y|}{\xi}\right] \tag{3.18}$$

のように振る舞うと期待されている*．(3.18)を念頭において**相関距離**(correlation length) ξ を，

$$\xi^{-1} = -\lim_{|x-y|\to\infty} \frac{\ln\langle \varphi_x\varphi_y\rangle_{\mathcal{H}}}{|x-y|} \tag{3.19}$$

によって定義する．無秩序相では，極限は存在して有限の ξ を定める．相関距離 ξ は，系を特徴づける長さの1つである．

パラメタ μ が転移点 $\mu_c(\lambda)$ に上から近づいていくと，χ, u_4 および ξ は発散することが厳密に示されている．このように系のパラメタが転移点に近づくとき，あるいは等しいときに，物理量が特異性を示す現象を総称して，**臨界現象**(critical phenomena)という．有限の格子上の φ^4 模型では，すべての物理量はパラメタ μ の解析関数であり，臨界現象はおこらない．

上の3つの量の発散の様子は，指数 γ, Δ_4, ν を用いて特徴づけられると期待されている．すなわち $\mu \downarrow \mu_c(\lambda)$ において漸近的に

$$\chi \approx (\mu-\mu_c(\lambda))^{-\gamma}, \quad u_4 \approx (\mu-\mu_c(\lambda))^{-2\Delta_4-\gamma}, \quad \xi \approx (\mu-\mu_c(\lambda))^{-\nu} \tag{3.20}$$

となると考えられている．指数 γ, Δ_4, ν は，**臨界指数**(critical exponents)と呼ばれる量の例である．

---

* 本章と次章では，$a \to a_0$ のとき $f(a) \approx g(a)$ とは，$a \to a_0$ となるときに $f(a)/g(a)$ が有限の正の値をとることを意味する．

転移点直上 $\mu=\mu_c(\lambda)$ では，2 点相関関数は 2 点間の距離のベキ乗の形で減衰すると期待されている*．すなわち $|x-y|$ が大きくなるとき漸近的に

$$\langle\varphi_x\varphi_y\rangle_{\mathcal{H}} \approx \frac{1}{|x-y|^{d-2+\eta}} \tag{3.21}$$

となる．減衰を特徴づける η も臨界指数の 1 つである．

相転移，臨界現象の解析において，臨界指数の値を決定することは中心的な課題の 1 つである．臨界指数を重要視する背景には，臨界指数は**普遍的**(universal)な量であるという信念がある．具体的には，普遍的とは次のようなことを指す．たとえば φ^4 模型のパラメタ λ を，今までとは異なった値に固定する．臨界点 $\mu_c(\lambda)$ の値は当然変化するが，それでも種々の臨界指数の値は変化しないと信じられている．これ以外にも，格子の構造や非線形な相互作用の形など，モデルの詳細を変えても，臨界指数は変化しないと考えられている．今のところ臨界指数の普遍性の厳密な証明はないが，現実の系での実験や数値計算などは普遍性を裏付けているようである．3-7 節 h 項で議論するように，くりこみ群を用いると，普遍性の起源をある程度理解することができる．

格子の次元 d やスピン変数のもつ対称性を変えると，臨界指数は変化する．具体的なモデルで臨界指数を正確に計算するのは，一般にはきわめて難しい問題である．いまのところ臨界指数が正確にわかっているのは，2 次元の可解模型と，十分高次元の系のみである．3 次元の Ising 模型や φ^4 模型では，近似値だけが知られている．

臨界指数は互いに独立ではなく，一連の関係を満たすと考えられている．Fisher の関係式

$$\gamma = \nu(2-\eta) \tag{3.22}$$

は**スケーリング則**(scaling relations)と呼ばれる一連の関係の 1 つである．一般にスケーリング則は臨界指数(と定数)だけを含む等式で，次元によらず成立すると考えられている．また，

* $\mu=\mu_c(\lambda)$ では，厳密な不等式 $\langle\varphi_x\varphi_y\rangle_{\mathcal{H}} \ge \mathrm{const.}\,|x-y|^{-(d-1)}$ が知られている．

$$d\nu = 2\Delta_4 - \gamma \tag{3.23}$$

は**ハイパースケーリング則**(hyperscaling relations)と呼ばれる関係の例である．一般にハイパースケーリング則は次元 d をあらわに含む等式で，φ^4 模型の場合には $d \leq 4$ でのみ成り立つと考えられている．

くりこみ群を用いて臨界現象を解析し，いくつかの場合にスケーリング則やハイパースケーリング則を導き，臨界指数を具体的に計算するのが本章の目標である．

d) 波数空間での表示

本章の後の節の準備として，φ^4 模型の期待値(3.2)を波数空間でのスピン変数を用いて書き表わす．

波数ベクトルの空間を

$$\mathcal{K}_N = \{k = (k^{(1)}, k^{(2)}, \cdots, k^{(d)})\} \tag{3.24}$$

と書く．k の各成分は，$|n^{(j)}| \leq (N-1)/2$ を満たす任意の整数 $n^{(j)}$ によって $k^{(j)} = 2\pi n^{(j)}/N$ と書けるとする．Fourier 変換の基本となる関係は，

$$\sum_{x\in\Lambda} e^{-ik\cdot x} = N^d \delta_{k,o}, \qquad \sum_{k\in\mathcal{K}_N} e^{ik\cdot x} = N^d \delta_{x,o} \tag{3.25}$$

である．ここで $k\cdot x = \sum_{j=1}^{d} k^{(j)} x^{(j)}$ であり，δ は Kronecker のデルタ，また $o = (0, \cdots, 0)$ である．最終的には $N \to \infty$ の極限をとることを考慮して，次のような略記法を導入する．

$$\int_{k\in[-\pi,\pi]^d}^{(N)} dk(\cdots) \equiv \left(\frac{2\pi}{N}\right)^d \sum_{k\in\mathcal{K}_N} (\cdots), \qquad \delta^{(N)}(k) \equiv \left(\frac{N}{2\pi}\right)^d \delta_{k,o} \tag{3.26}$$

実際 $N \to \infty$ では，$\int_{k\in[-\pi,\pi]^d}^{(N)} dk$ は Riemann 積分 $\int_{k\in[-\pi,\pi]^d} dk = \prod_{j=1}^{d} \left(\int_{-\pi}^{\pi} dk^{(j)}\right)$ に，$\delta^{(N)}(k)$ は Dirac の δ 関数 $\delta(k) = \prod_{j=1}^{d} \delta(k^{(j)})$ にそれぞれ移行する*．この略記法を用いれば，(3.25)は次のように書ける．

$$(2\pi)^{-d} \sum_{x\in\Lambda} e^{-ik\cdot x} = \delta^{(N)}(k), \qquad (2\pi)^{-d} \int_{k\in[-\pi,\pi]^d}^{(N)} dk e^{ik\cdot x} = \delta_{x,o} \tag{3.27}$$

---

* $[a, b]$ は閉区間，また (a, b) は開区間を表わす．

波数ベクトル $k\in\mathcal{K}_N$ に対応するスピン変数を

$$\psi_k = (2\pi)^{-d/2}\sum_{x\in\Lambda} e^{-ik\cdot x}\varphi_x \tag{3.28}$$

と定義する．すべての波数ベクトルについてのスピン変数の集まり $\{\psi_k\}_{k\in\mathcal{K}_N}$ を ψ と書く．(3.27)を用いれば，逆変換は次のようになる．

$$\varphi_x = (2\pi)^{-d/2}\int_{k\in[-\pi,\pi]^d}^{(N)} dk e^{ik\cdot x}\psi_k \tag{3.29}$$

ψ_k は一般には複素数で，$\psi_k=(\psi_{-k})^*$ という関係を満たすので，スピン変数での積分の書き換えには注意が必要である．まず波数ベクトルの集まり $\mathcal{K}_N{}^+\subset\mathcal{K}_N$ を導入する．$\mathcal{K}_N{}^+$ は $(N^d-1)/2$ 個の波数ベクトルから成り，すべての $k\in\mathcal{K}_N{}^+$ およびそれに対応する $-k$，そして $(0,\cdots,0)$ を合わせれば $\mathcal{K}_N$ 全体になるようにとる．具体的には，次のようにする．

$$\begin{aligned}\mathcal{K}_N{}^+ = \{k\in\mathcal{K}_N|&(k^{(1)}>0)\ \text{または}\ (k^{(1)}=0, k^{(2)}>0)\\ &\text{または}\ (k^{(1)}=k^{(2)}=0, k^{(3)}>0)\ \text{または}\cdots\\ &\cdots\text{または}\ (k^{(1)}=k^{(2)}=\cdots=k^{(d-1)}=0, k^{(d)}>0)\}\end{aligned} \tag{3.30}$$

$N\to\infty$ の極限では，$\mathcal{K}_N{}^+$ は $k^{(1)}\geq 0$ を満たす $k\in[-\pi,\pi]^d$ の集まりになる．

$k\in\mathcal{K}_N{}^+$ について，変数

$$\rho_k = \frac{\psi_k+\psi_{-k}}{\sqrt{2}}, \qquad \sigma_k = \frac{\psi_k-\psi_{-k}}{\sqrt{2}\,i} \tag{3.31}$$

は実数値をとる．これらを独立な積分変数と見なして，スピン変数の集まり ψ についての積分を次のように定義する．

$$\int\mathcal{D}\psi(\cdots) \equiv \int_{-\infty}^{\infty} d\psi_o \prod_{k\in\mathcal{K}_N{}^+}\left(\int_{-\infty}^{\infty} d\rho_k \int_{-\infty}^{\infty} d\sigma_k\right)(\cdots) \tag{3.32}$$

積分変数 $\{\varphi_x\}$ から $\{\psi_o, \rho_k, \sigma_k\}$ への変換は線形なので，変換の行列式を C とすれば，$\int\mathcal{D}\psi(\cdots)=C\int\mathcal{D}\varphi(\cdots)$ が成り立つ．$C\neq 0$ なので*，期待値の表式(3.2)は次のように書き換えられる．

* 等式 $\exp[-\sum_{x\in\Lambda}\varphi_x{}^2]=\exp[-(2\pi/N)^d\{\psi_o{}^2+\sum_{k\in\mathcal{K}_N{}^+}(\rho_k{}^2+\sigma_k{}^2)\}]$ の両辺をそれぞれ $\int\mathcal{D}\varphi$ と $\int\mathcal{D}\psi$ で積分すれば $C=(N/2\pi)^{(d/2)N^d}$ となる．

$$\langle F\rangle_{\mathscr{H}}^{\Lambda} = \frac{\displaystyle\int \mathscr{D}\psi F[\psi] \exp[-\mathscr{H}[\psi]]}{\displaystyle\int \mathscr{D}\psi \exp[-\mathscr{H}[\psi]]} \tag{3.33}$$

ここで，φ と ψ が関係(3.28), (3.29)で結ばれるとき，$\mathscr{H}[\psi]=\mathscr{H}[\varphi]$，$F[\psi]=F[\varphi]$ である．特に φ^4 模型のハミルトニアン(3.6)を波数空間のスピン変数で $\mathscr{H}[\psi]=\mathscr{H}_0[\psi]+\mu\mathscr{M}[\psi]+\lambda\mathscr{U}[\psi]$ と書くには，次のようにすればよい*.

$$\mathscr{H}_0[\psi] = \frac{1}{2}\int_{k\in[-\pi,\pi]^d}^{(N)} dk\left(2\sum_{j=1}^{d}(1-\cos k^{(j)})\right)\psi_k\psi_{-k} \tag{3.34}$$

$$\mathscr{M}[\psi] = \frac{1}{2}\int_{k\in[-\pi,\pi]^d}^{(N)} dk\psi_k\psi_{-k} \tag{3.35}$$

$$\mathscr{U}[\psi] = \frac{1}{24(2\pi)^d}\int_{k_i\in[-\pi,\pi]^d}^{(N)}\left(\prod_{i=1}^{4} dk_i\right)\delta^{(N)}\left[\sum_{i=1}^{4}k_i\right]\left(\prod_{i=1}^{4}\psi_{k_i}\right) \tag{3.36}$$

3-2 Gauss 模型

ハミルトニアンがスピン変数 φ の2次式の系を，一般に **Gauss 模型** (Gaussian model)と呼ぶ．Gauss 模型は数学的に取り扱いやすいので，臨界現象の研究の1つの出発点になる．この系についての知識は，φ^4 模型を摂動展開やくりこみ群を用いて解析するときにも重要な役割を果たす．

a) Wick の定理

一般的な Gauss 模型の性質を調べる．Λ を有限の格子とし，Λ の格子点を足に持つ行列 A を考える．A は実対称で，その固有値はすべて正であるとする．格子点 $x, y\in\Lambda$ について，対応する行列の成分を $(A)_{xy}$ のように書く．

---

* (3.36)式の $\delta^{(N)}\left[\sum_{i=1}^{4}k_i\right]$ は，正しくは $\sum_n \delta^{(N)}\left[\sum_{i=1}^{4}k_i-2\pi n\right]$ である．$n=(n_1, \cdots, n_d)$ は整数を成分にもつベクトルについて足す．このために $\sum_{i=1}^{4}k_i\neq 0$ となる項(固体物理でいう Umklapp 項に対応する)が現われるが，これらは小さく，主要な計算結果には影響を与えない．第3，第4章では，このような項は一貫して省略する．

一般的な Gauss 模型のハミルトニアンを，

$$\mathcal{H}[\varphi] = \frac{1}{2} \sum_{x,\, y\in\Lambda} (A)_{xy} \varphi_x \varphi_y \tag{3.37}$$

とする．部分積分により任意の関数 $F[\varphi]$ について

$$\left\langle \frac{\partial}{\partial \varphi_y} F \right\rangle_{\mathcal{H}}^{\Lambda} = \left\langle F \sum_{x\in\Lambda} (A)_{yx} \varphi_x \right\rangle_{\mathcal{H}}^{\Lambda} = \sum_{x\in\Lambda} (A)_{yx} \langle \varphi_x F \rangle_{\mathcal{H}}^{\Lambda} \tag{3.38}$$

が得られる．A の逆行列を A^{-1} と書けば，

$$\langle \varphi_x F \rangle_{\mathcal{H}}^{\Lambda} = \sum_{y\in\Lambda} (A^{-1})_{xy} \left\langle \frac{\partial}{\partial \varphi_y} F \right\rangle_{\mathcal{H}}^{\Lambda} \tag{3.39}$$

となる．特に $F[\varphi]=\varphi_y$ とすれば，(3.39)は

$$\langle \varphi_x \varphi_y \rangle_{\mathcal{H}}^{\Lambda} = (A^{-1})_{xy} \tag{3.40}$$

となる．この結果を再び(3.39)に代入し，$F[\varphi]=\varphi_{x_1}\varphi_{x_2}\cdots\varphi_{x_{2n}}$ $(n=2,3,\cdots)$ とおけば，

$$\langle \varphi_{x_1}\varphi_{x_2}\cdots\varphi_{x_{2n}} \rangle_{\mathcal{H}}^{\Lambda} = \sum_{i=2}^{2n} \langle \varphi_{x_1}\varphi_{x_i} \rangle_{\mathcal{H}}^{\Lambda} \langle \varphi_{x_2}\cdots\varphi_{x_{i-1}}\varphi_{x_{i+1}}\cdots\varphi_{x_{2n}} \rangle_{\mathcal{H}}^{\Lambda} \tag{3.41}$$

となり，さらにこの関係を繰り返し用いれば，

$$\langle \varphi_{x_1}\varphi_{x_2}\cdots\varphi_{x_{2n}} \rangle_{\mathcal{H}}^{\Lambda} = \sum_{P} \prod_{i=1}^{n} \langle \varphi_{p_i}\varphi_{q_i} \rangle_{\mathcal{H}}^{\Lambda} \tag{3.42}$$

が示される．ここで P は $2n$ 個の格子点 $\{x_1, x_2, \cdots, x_{2n}\}$ を 2 つずつの格子点の n 個の組 $\{(p_1, q_1), \cdots, (p_n, q_n)\}$ に分けるすべての方法について足し上げる．このような分け方は全部で $(2n-1)!!=(2n-1)(2n-3)\cdots 1$ 通りある．等式(3.42)は Wick の定理と呼ばれている．また $2n+1$ 点相関関数($n=0, 1, 2, \cdots$)については，変換 $\varphi_x \to -\varphi_x$ $(x\in\Lambda)$ についての積分の変換性からただちに

$$\langle \varphi_{x_1}\varphi_{x_2}\cdots\varphi_{x_{2n+1}} \rangle_{\mathcal{H}}^{\Lambda} = 0 \tag{3.43}$$

が示される．(3.42)と(3.43)から，一般の Gauss 模型では 2 点相関関数が求まれば n 点相関関数もすべて求まることがわかる．

b）相関関数

ハミルトニアンを定義する行列 A が，格子点の並進について不変であるとす

る．波数空間のスピン変数を用いれば，ハミルトニアン(3.37)は，$\epsilon(k)=\sum_{x\in\Lambda}e^{-ik\cdot x}(A)_{ox}$ として，

$$\mathcal{H}[\psi]=\frac{1}{2}\int_{k\in[-\pi,\pi]^d}^{(N)}dk\epsilon(k)\psi_k\psi_{-k} \tag{3.44}$$

と書ける．特に φ^4 模型のハミルトニアン(3.6)で $\lambda=0$ とおいた $\mathcal{H}=\mathcal{H}_0+\mu\mathcal{M}$ を考えれば，(3.34),(3.35)より，

$$\epsilon(k)=\mu+2\sum_{j=1}^{d}(1-\cos k^{(j)}) \tag{3.45}$$

となる．

(3.44)を実変数(3.31)で書き直すと，

$$\mathcal{H}[\psi]=\frac{1}{2}\left(\frac{2\pi}{N}\right)^d\left\{\epsilon(o){\psi_o}^2+\sum_{k\in\mathcal{K}_N{}^+}\epsilon(k)({\rho_k}^2+{\sigma_k}^2)\right\} \tag{3.46}$$

のように対角化される．$k,k'\in\mathcal{K}_N{}^+$ について $\langle\psi_k\psi_{-k'}\rangle_{\mathcal{H}}^{\Lambda}=\frac{1}{2}\langle\rho_k\rho_{k'}+\sigma_k\sigma_{k'}+i\sigma_k\rho_{k'}-i\rho_k\sigma_{k'}\rangle_{\mathcal{H}}^{\Lambda}$ であることを用いれば，Gauss 積分の性質から，

$$\langle\psi_k\psi_{-k'}\rangle_{\mathcal{H}}^{\Lambda}=\frac{\delta^{(N)}(k-k')}{\epsilon(k)} \tag{3.47}$$

が示される．さらにこの等式は一般の $k,k'\in\mathcal{K}_N$ についても成立する．

(3.42)と(3.28)を用いれば，波数空間での Wick の定理

$$\langle\psi_{k_1}\psi_{k_2}\cdots\psi_{k_{2n}}\rangle_{\mathcal{H}}^{\Lambda}=\sum_{P}\prod_{i=1}^{n}\langle\psi_{p_i}\psi_{q_i}\rangle_{\mathcal{H}}^{\Lambda} \tag{3.48}$$

が示される．P は波数ベクトルの集まり $\{k_1,k_2,\cdots,k_{2n}\}$ を，2つずつの組 $\{(p_1,q_1),\cdots,(p_n,q_n)\}$ に分けるすべての方法について足し上げる．

c) 物理量の評価

ハミルトニアン(3.44)を決める $\epsilon(k)$ が $k=(0,\cdots,0)$ で最小値をとり，その近辺では，

$$\epsilon(k)=\mu+|k|^2+O(|k|^4) \tag{3.49}$$

と振る舞うと仮定する．(3.45)は，この条件を満たす．以下，2点相関関数の表式(3.47)をもとにして，いくつかの物理量を評価する．

(3.29)と(3.47)から，2点相関関数 $\langle\varphi_x\varphi_y\rangle_{\mathscr{H}}^{\Lambda}$ の表示が得られる．熱力学的極限 $N\to\infty$ では，

$$\langle\varphi_x\varphi_y\rangle_{\mathscr{H}} = (2\pi)^{-d}\int_{k\in[-\pi,\pi]^d} dk\,\frac{e^{ik\cdot(x-y)}}{\epsilon(k)} \tag{3.50}$$

となる．積分変数を $p=k/\sqrt{\mu}$ と変換し，$0<\mu\ll1$ のときには $p\ll1$ の部分が最も積分に寄与することに注意すれば*，2点関数を

$$\begin{aligned}\langle\varphi_x\varphi_y\rangle_{\mathscr{H}} &= \frac{\mu^{(d-2)/2}}{(2\pi)^d}\int_{p\in[-\pi/\sqrt{\mu},\pi/\sqrt{\mu}]^d} dp\,\frac{\exp[i\sqrt{\mu}p\cdot(x-y)]}{\epsilon(\sqrt{\mu}p)/\mu}\\ &\simeq \frac{\mu^{(d-2)/2}}{(2\pi)^d}\int_{p\in[-\infty,\infty]^d} dp\,\frac{\exp[i\sqrt{\mu}p\cdot(x-y)]}{1+|p|^2}\\ &= (2\pi)^{-d/2}\left(\frac{\sqrt{\mu}}{|x-y|}\right)^{(d-2)/2} K_{(d-2)/2}(\sqrt{\mu}|x-y|)\end{aligned} \tag{3.51}$$

と評価することができる．ここに $K_\nu(z)$ は変形 Bessel 関数である．$z\gg1$ における漸近形** $K_\nu(z)\simeq\sqrt{\pi/(2z)}e^{-z}$ を代入すれば，

$$\langle\varphi_x\varphi_y\rangle_{\mathscr{H}} \simeq \sqrt{\frac{\pi}{2}}(2\pi)^{-d/2}\mu^{(d-3)/4}\frac{1}{|x-y|^{(d-1)/2}}\exp[-\sqrt{\mu}|x-y|] \tag{3.52}$$

となる．

$\mu\ll1$, $\sqrt{\mu}|x-y|\gg1$ における2点関数の漸近形(3.52)を相関距離の定義(3.19)と見比べれば $\mu\to0$ のとき，

$$\xi \simeq \mu^{-1/2} \tag{3.53}$$

となる．また(3.50)を格子点 y について足し(3.27)を用いれば，磁化率(3.16)について

$$\chi = \sum_y\langle\varphi_x\varphi_y\rangle_{\mathscr{H}} = (\epsilon(0))^{-1} = \mu^{-1} \tag{3.54}$$

が得られる．これらの2つの関係から，(3.49)で定まる Gauss 模型の転移点は $\mu_c(0)=0$ であり，臨界指数(3.20)については，

* 厳密な漸近評価には，より細かい注意が必要である．その場合，変形 Bessel 関数を経由せず，直接左辺を評価するのが得策かもしれない．漸近評価の一般的な方法については，たとえば，江沢洋『漸近解析』(岩波講座応用数学 14)を参照．

** 犬井鉄郎『特殊函数』(岩波全書，1962)41 節を参照．

$$\nu = 1/2, \qquad \gamma = 1 \tag{3.55}$$

であることがわかる．

最後に転移点直上での2点関数の振舞いを調べる．(Gauss 模型には秩序相は存在しない．) $\mu=0$ とすると，ハミルトニアン $\mathscr{H}$ に対応する行列 A は0を固有値にもつので，逆行列 A^{-1} は存在しない．しかし $d>2$ であれば，熱力学的極限をとった2点関数の表式(3.50)で $\mu\downarrow 0$ とすることができる．簡単のために $x-y=(R,0,\cdots,0)$ とし，$p=Rk$ と変数変換する．$R=|x-y|\gg 1$ のときの漸近形は，

$$\langle\varphi_x\varphi_y\rangle_{\mathscr{H}} = \frac{1}{R^{d-2}}\int_{p\in[-\pi R,\pi R]^d} dp \frac{e^{ip^{(1)}}}{\epsilon(p/R)R^2} \simeq \frac{\alpha}{|x-y|^{d-2}} \tag{3.56}$$

となる．$\alpha=\int_{p\in[-\infty,\infty]^d} dp(e^{ip^{(1)}}/|p|^2)=(4\pi^{d/2})^{-1}\Gamma((d-2)/2)$ は定数である．臨界指数の定義(3.21)より

$$\eta = 0 \tag{3.57}$$

となる．

Gauss 模型における臨界指数の値(3.55)，(3.57)は，分子場近似で求められるものと等しく，臨界指数の**古典的な値**(classical values)と呼ばれる．

3-3 摂動展開

この節では，φ^4 模型を Gauss 模型からの摂動によって解析する．摂動展開の結果のみから臨界現象についての意味のある結論を得ることはできないが，それらは後にくりこみ群と組み合わせて威力を発揮する．またこの節で整理する摂動展開の一般論は，くりこみ変換の摂動計算にも用いる．

a) 摂動展開の一般論

一般に $\langle\cdots\rangle$ を平均とするとき，物理量 $X_1, X_2, \cdots, X_n$ の**キュムラント***(cumulant)を次のように定義する．

---

* 摂動展開のダイヤグラム表示を作ると，一般にキュムラントは連結したグラフに対応する．そこでキュムラントを相関関数の連結部分と呼ぶこともある．

$$\langle X_1;X_2;\cdots;X_n\rangle = \left[\frac{\partial}{\partial t_1}\frac{\partial}{\partial t_2}\cdots\frac{\partial}{\partial t_n}\ln\left\langle\exp\left[\sum_{i=1}^{n} t_i X_i\right]\right\rangle\right]_{t_1=t_2=\cdots=t_n=0} \tag{3.58}$$

ここでは，通常の期待値とキュムラントとを物理量の区切りの ; によって区別する．物理量が1つの場合には，キュムラントと通常の期待値は一致するので，混乱はない．簡単な場合を具体的に計算すると*,

$$\langle X;Y\rangle = \langle XY\rangle - \langle X\rangle\langle Y\rangle \tag{3.59}$$

$$\langle X;Y;Z\rangle = \langle XYZ\rangle - \langle X\rangle\langle YZ\rangle - \langle Y\rangle\langle XZ\rangle - \langle Z\rangle\langle XY\rangle + 2\langle X\rangle\langle Y\rangle\langle Z\rangle \tag{3.60}$$

となる．

(3.58)ですべての i について $X_i=Y$ とし，$t=\sum_{i=1}^{n} t_i$ とおけば，

$$\langle \underbrace{Y;Y;\cdots;Y}_{n}\rangle = \left[\frac{\partial^n}{\partial t^n}\ln\langle e^{tY}\rangle\right]_{t=0} \tag{3.61}$$

を得る．これを用いて，次のような形式的なベキ展開が導かれる．

$$\ln\langle e^{tY}\rangle = \sum_{n=1}^{\infty}\frac{t^n}{n!}\langle \underbrace{Y;Y;\cdots;Y}_{n}\rangle \tag{3.62}$$

同様に導かれる次のベキ展開も，応用上重要である．

$$\begin{aligned}\frac{\langle Xe^{tY}\rangle}{\langle e^{tY}\rangle} &= \left[\frac{\partial}{\partial h}\ln\langle e^{hX+tY}\rangle\right]_{h=0} \\ &= \sum_{n=0}^{\infty}\frac{t^n}{n!}\left[\frac{\partial^n}{\partial t^n}\frac{\partial}{\partial h}\ln\langle e^{hX+tY}\rangle\right]_{h=t=0} \\ &= \sum_{n=0}^{\infty}\frac{t^n}{n!}\langle X;\underbrace{Y;Y;\cdots;Y}_{n}\rangle\end{aligned} \tag{3.63}$$

格子 Λ 上のスピン系に戻り，ハミルトニアンを $\mathcal{H}=\mathcal{H}_{\mathrm{u}}+\mathcal{V}$ と書く．$\mathcal{H}_{\mathrm{u}}$ が非摂動ハミルトニアン，$\mathcal{V}$ が摂動である．非摂動ハミルトニアンの系での平均 $\langle\cdots\rangle_{\mathcal{H}_{\mathrm{u}}}^{\Lambda}$ を，これまでの議論の $\langle\cdots\rangle$ とみなす．(3.62)を用いれば，摂動によって生じた自由エネルギーの変化は，

---

* キュムラントを能率的に求めるには，(3.58)から導かれる関係 $\langle X_1\cdots X_n\rangle=\sum_P\prod_{j=1}^{k(P)}\langle X_{i_j(1)};X_{i_j(2)};\cdots;X_{i_j(n_j)}\rangle$ を用いるとよい．P は $\{1,2,\cdots,n\}$ をいくつかの組 $\{i_1(1),\cdots,i_1(n_1)\}$, $\{i_2(1),\cdots,i_2(n_2)\},\cdots$ に分けるすべての方法について足す．

$$\ln\int\mathcal{D}\varphi\exp[-\mathcal{H}]-\ln\int\mathcal{D}\varphi\exp[-\mathcal{H}_{\mathrm{u}}]=\ln\langle\exp[-\mathcal{V}]\rangle^{\Lambda}_{\mathcal{H}_{\mathrm{u}}}$$
$$=\sum_{n=1}^{\infty}\frac{(-1)^n}{n!}\langle\underbrace{\mathcal{V};\mathcal{V};\cdots;\mathcal{V}}_{n}\rangle^{\Lambda}_{\mathcal{H}_{\mathrm{u}}} \tag{3.64}$$

のように展開できる．また物理量の期待値の展開は，(3.63)より，

$$\langle F\rangle^{\Lambda}_{\mathcal{H}}=\sum_{n=0}^{\infty}\frac{(-1)^n}{n!}\langle F;\underbrace{\mathcal{V};\mathcal{V};\cdots;\mathcal{V}}_{n}\rangle^{\Lambda}_{\mathcal{H}_{\mathrm{u}}} \tag{3.65}$$

となる．実際の計算では，無限和(3.64),(3.65)を適当な次数で打ち切ったものから，諸量を近似的に評価することが多い．

b）φ^4 模型の物理量

前項の摂動展開の一般論を φ^4 模型(3.6)に適用する．非摂動ハミルトニアン $\mathcal{H}_{\mathrm{u}}$ として一般の並進不変な Gauss 模型のハミルトニアン(3.44)をとり，$\epsilon(k)$ は(3.49)の漸近形をもつとする．摂動は $\mathcal{V}=\lambda\mathcal{U}$ とする．$\mathcal{U}$ は，(3.9),(3.36)で定義される φ^4 の項である．展開の一般公式(3.65)を λ の有限の次数で打ち切り，物理量の期待値を近似的に評価する．摂動計算は，波数空間での表示を用いて行なう．

まず 2 点関数について，(3.65)を適用し，λ の 1 次の項までを求めると，

$$\langle\psi_k\psi_{k'}\rangle^{\Lambda}_{\mathcal{H}}\simeq\langle\psi_k\psi_{k'}\rangle^{\Lambda}_{\mathcal{H}_{\mathrm{u}}}$$
$$-\left\langle\psi_k\psi_{k'};\frac{\lambda}{24(2\pi)^d}\int^{(N)}_{k_i\in[-\pi,\pi]^d}\left(\prod_{i=1}^{4}dk_i\right)\delta^{(N)}\left[\sum_{i=1}^{4}k_i\right]\left(\prod_{i=1}^{4}\psi_{k_i}\right)\right\rangle^{\Lambda}_{\mathcal{H}_{\mathrm{u}}} \tag{3.66}$$

Wick の定理(3.48)と Gauss 模型の 2 点関数についての(3.47)を用いれば，第 2 項のキュムラントは，

$$\left\langle\psi_k\psi_{k'};\prod_{i=1}^{4}\psi_{k_i}\right\rangle^{\Lambda}_{\mathcal{H}_{\mathrm{u}}}=\frac{1}{2}\sum_{(i,j,l,m)}\langle\psi_k\psi_{k_i}\rangle^{\Lambda}_{\mathcal{H}_{\mathrm{u}}}\langle\psi_{k'}\psi_{k_j}\rangle^{\Lambda}_{\mathcal{H}_{\mathrm{u}}}\langle\psi_{k_l}\psi_{k_m}\rangle^{\Lambda}_{\mathcal{H}_{\mathrm{u}}}$$
$$=\frac{1}{2}\sum_{(i,j,l,m)}\frac{\delta^{(N)}(k+k_i)}{\epsilon(k)}\frac{\delta^{(N)}(k'+k_j)}{\epsilon(k')}\frac{\delta^{(N)}(k_l+k_m)}{\epsilon(k_l)} \tag{3.67}$$

のように評価できる．ここで (i,j,l,m) は $(1,2,3,4)$ の 24 通りの並べ替えに

ついて足す．l と m を区別すると数えすぎになるので，1/2 をかけた．この結果を，(3.66)に代入すれば，

$$
\begin{aligned}
\langle\phi_k\phi_{k'}\rangle_{\mathcal{H}}^{\Lambda} &\simeq \langle\phi_k\phi_{k'}\rangle_{\mathcal{H}_{\mathrm{u}}}^{\Lambda} \\
&\quad -\frac{12\lambda}{24(2\pi)^d}\int^{(N)}(\Pi\, dk_i)\delta^{(N)}[\textstyle\sum k_i]\,\frac{\delta^{(N)}(k+k_1)}{\epsilon(k)}\frac{\delta^{(N)}(k'+k_2)}{\epsilon(k')}\frac{\delta^{(N)}(k_3+k_4)}{\epsilon(k_3)} \\
&= \frac{\delta^{(N)}(k+k')}{\epsilon(k)}-\frac{\lambda}{2}\frac{\delta^{(N)}(k+k')}{\epsilon(k)^2}B_1{}^{(N)} \\
&\simeq \frac{\delta^{(N)}(k+k')}{\epsilon(k)+(\lambda B_1{}^{(N)}/2)} \simeq \frac{\delta^{(N)}(k+k')}{\{\mu+(\lambda B_1{}^{(N)}/2)\}+|k|^2+O(|k|^4)}
\end{aligned}
\tag{3.68}
$$

となる．ここで $B_1{}^{(N)}=(2\pi)^{-d}\int^{(N)}_{k\in[-\pi,\pi]^d}dk(\epsilon(k))^{-1}$ とした．

(3.68)の最後の式は，Gauss 模型の 2 点関数(3.47)で，パラメタ μ を $\mu+(\lambda B_1{}^{(N)}/2)$ にずらしたものになっている．Gauss 模型での相関距離および磁化率の表式(3.53),(3.54)を用いて，熱力学的極限では，

$$
\xi \simeq \mu^{-1/2}\left(1-\frac{\lambda B_1}{4\mu}\right), \qquad \chi \simeq \mu^{-1}\left(1-\frac{\lambda B_1}{2\mu}\right) \tag{3.69}
$$

という近似式が得られる．ただし $B_1=\lim_{N\to\infty}B_1{}^{(N)}$ とした．

非線形磁化率 u_4 を評価するには，

$$
u_4 = \frac{(2\pi)^{2d}}{N^d}\{\langle\phi_0{}^4\rangle_{\mathcal{H}}^{\Lambda}-3(\langle\phi_0{}^2\rangle_{\mathcal{H}}^{\Lambda})^2\} \tag{3.70}
$$

に，(3.65)を適用して，(3.66),(3.68)と同様に計算を進める．λ の 2 乗までを計算すると，

$$
u_4 \simeq -\frac{\lambda}{\mu^4}+\frac{3}{2}\frac{\lambda^2}{\mu^4}B_2+2\frac{\lambda^2}{\mu^5}B_1 \simeq -\frac{\lambda}{\mu^4}\left(1-\frac{3}{2}\lambda B_2-2\frac{\lambda}{\mu}B_1\right) \tag{3.71}
$$

となる*．ここで $B_2=(2\pi)^{-d}\int_{k\in[-\pi,\pi]^d}dk(\epsilon(k))^{-2}$.

$B_i{}^{(N)}\le\mu^{-i}\ (i=1,2)$ が成り立つことに注意すると，上の摂動展開(3.69)と

* λ の 1 次の計算は簡単だが，2 次の計算はかなり込み入ったものになる．摂動展開に現われる項を能率的に求めるには，Feynman ダイヤグラムの方法が便利である．

(3.71)は，λ/μ^2 についての展開とみなせる．これらは(収束しない)漸近展開だが，展開パラメタが小さいときには，展開を有限次で打ち切ったものが信頼できる近似になると考えられる*．パラメタ λ と μ が

$$\lambda \ll \mu^2 \tag{3.72}$$

という関係を満たすときには，展開(3.69)，(3.71)の 0 でない最低次だけをとって，

$$\xi \simeq \mu^{-1/2}, \quad \chi \simeq \mu^{-1}, \quad u_4 \simeq -\frac{\lambda}{\mu^4} \tag{3.73}$$

と近似することができる．

μ が小さくなると，摂動展開を低次で打ち切った結果は信頼できなくなる．特に $\mu \to 0$ とすると，(3.71)の 2 次の係数に現われる B_2 は $d<4$ では無限大になる．無限自由度系の摂動展開では，有限の次数の展開係数が発散するという困難がしばしば現われる．4-1 節で見るように，場の量子論ではこの問題はより深刻である．

3-4 くりこみ変換

くりこみ変換の具体的な定式化には，さまざまな方法がある．本章では，Kadanoff のブロックスピン変換による定式化を行ない，摂動計算に便利な波数空間での近似的なくりこみ変換を導く．最後に，くりこみ群の流れと固定点という重要な概念を導入する．

a) ブロックスピン変換

十分大きな奇数 L を選び，くりこみ変換のスケールと呼ぶ．d 次元正方格子 Λ の 1 辺の長さ N は L の倍数であるとする．Λ' を 1 辺の長さが N/L の d 次元正方格子とし，周期的境界条件を課す．Λ' の格子点 x には，スピン変数 φ'_x を対応させる．Λ' 上のスピン変数の集まり $\{\varphi'_x\}_{x\in\Lambda'}$ を φ' と書く．

* いくつかの場合に厳密な評価を構成することもできる．3-8 節を参照．

格子点 $x \in \Lambda'$ に対して，格子 Λ の中のブロック $B_L(x)$ を，

$$B_L(x) = \left\{ y = (y^{(1)}, y^{(2)}, \cdots, y^{(d)}) \in \Lambda \,\middle|\, |y^{(j)} - Lx^{(j)}| \le \frac{L-1}{2} \right\} \qquad (3.74)$$

と定義する．ブロックは，$Lx \in \Lambda$ を中心にした L^d 個の格子点の集まりである（図3-1）．

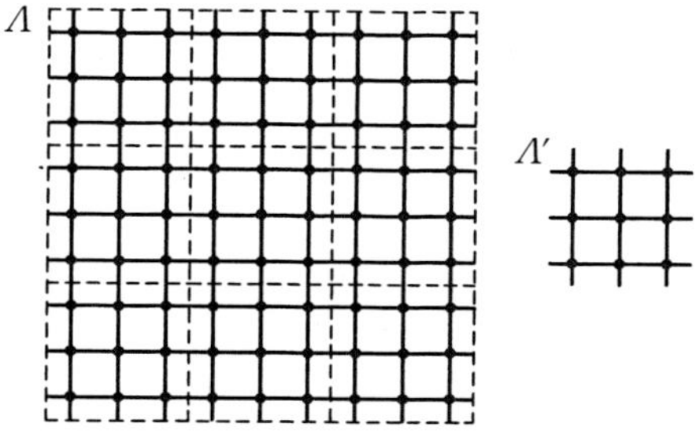

図3-1 ブロックに分割された格子 Λ と対応する格子 Λ'．ここでは $N=9$，$L=3$ である．

格子 Λ 上のスピン変数の集まり φ に値が割り振られたとき，格子 Λ' 上のスピン変数の集まり φ' を，

$$\varphi'_x = L^{-\theta} \sum_{y \in B_L(x)} \varphi_y \qquad (3.75)$$

のように対応させる．定数 θ は後に定める．対応関係(3.75)を念頭において，スピン変数 φ'_x を**ブロックスピン変数**(block spin variables)と呼ぶ．

$\mathcal{H}[\varphi]$ を，格子 Λ 上のハミルトニアンとする．スピン変数 φ が，(3.2)のように $\mathcal{H}[\varphi]$ で定まるカノニカル分布に従うとき，(3.75)によってブロックスピン変数 φ' の確率分布が定まる．φ' の分布は，次の(3.76)で決められるハミルトニアン $\mathcal{H}'[\varphi']$ についてのカノニカル分布になる．

$$\exp[-\mathcal{H}'[\varphi']] = \mathcal{N} \int \mathcal{D}\varphi \left(\prod_{x \in \Lambda'} \delta\left[\varphi'_x - L^{-\theta} \sum_{y \in B_L(x)} \varphi_y \right] \right) \exp[-\mathcal{H}[\varphi]] \qquad (3.76)$$

規格化定数 $\mathcal{N}$ は $\mathcal{H}'[\{0\}]=0$ となるように選ぶ．(3.76)によって，ハミルトニ

アン $\mathcal{H}$ から，ハミルトニアン $\mathcal{H}'$ を導く変換

$$\mathcal{R}_{L,\theta} : \mathcal{H} \to \mathcal{H}' \tag{3.77}$$

を，**くりこみ変換**(renormalization group transformation)，あるいは**ブロックスピン変換**(block spin transformation)と呼ぶ*.

ここまでに現われた概念の物理的な意味は以下のとおり．格子 Λ に対して，同じブロックに属する L^d 個の格子点をひとまとめにする**粗視化**(coarse graining)を施し，さらに全体のスケールを $1/L$ 倍する**スケール変換**(scale transformation)を施すと，格子 Λ' が得られる．スピン変数 φ は Λ 上の系の物理的状態を記述する．これに対し，(3.75)で結ばれたブロックスピン変数 φ' は，粗視化およびスケール変換を施された Λ' 上の系の状態を表わす．同様に，ハミルトニアン $\mathcal{H}$ が Λ 上の物理系の振舞いを決定し，ハミルトニアン $\mathcal{H}'$ は粗視化およびスケール変換を施された Λ' 上の系の振舞いを定める．

くりこみ群の応用では，熱力学的極限 $N\to\infty$ でのハミルトニアン $\mathcal{H}'[\varphi']$ とくりこみ変換 $\mathcal{R}_{L,\theta}$ を考える必要がある．これらの極限が意味をもつかどうかは，具体的な計算などによって確かめなければならない微妙な問題である**.

ブロックスピン変換(3.76)は，複雑な多変数の積分である．果たして(3.76)を評価するのが，相関関数(3.2)を計算するのに比べて簡単であるかどうかは自明ではない．しかし，少なくとも摂動計算の範囲では，くりこみ変換の積分は相関関数の積分よりもはるかに扱いやすい．(3-5 節 c 項の最後を参照.) その理由は，くりこみ変換では系の短距離のゆらぎだけを積分しているために，(3.76)は実質的には少数の変数の積分で置き換えられるからであると言われている．このような直感的な議論がどこまで信頼できるかは明らかではないが，この点がくりこみ群の方法の本質であることは確かである．3-8 節 b, c 項で，厳密なくりこみ群でこの問題がどう解決されたかに触れる．

---

* くりこみ変換は一般的な用語で，特にブロックスピンを用いて定義された変換(3.76)をブロックスピン変換と呼ぶ.

** かなり一般的な状況で，秩序相では $\mathcal{H}'[\varphi']$ の熱力学的極限が存在しないという指摘(A. C. D. van Enter, R. Fernández and A. Sokal: Phys. Rev. Lett. **66**(1991)3253; J. Stat. Phys. **72**(1993)879 およびその中の文献)がある．この問題が，くりこみ群の定義の変更などの技術的な対策で解決し得るものなのかは，今のところはっきりしない.

b) くりこみ変換と期待値

前項で定義したブロックスピン変換について，いくつかの正確な変換則を導く．これらは，後の節でくりこみ群を用いて臨界現象を解析する際に重要な役割を果たす．

ブロックスピン変数 φ' の任意の関数 $F[\varphi']$ について，ハミルトニアン $\mathcal{H}'[\varphi']$ による平均値 $\langle F\rangle_{\mathcal{H}'}^{\Lambda'}$ を，(3.2)で $\Lambda, \varphi, \mathcal{H}[\varphi], \int\mathcal{D}\varphi$ をそれぞれ $\Lambda', \varphi', \mathcal{H}'[\varphi'], \int\mathcal{D}\varphi' = \prod_{x\in\Lambda'}\int_{-\infty}^{\infty}d\varphi'_x$ に置き換えた式で定義する．くりこみ変換(3.77)から，

$$
\begin{aligned}
\langle F\rangle_{\mathcal{H}'}^{\Lambda'} &= \frac{\int\mathcal{D}\varphi' F[\varphi']\exp[-\mathcal{H}'[\varphi']]}{\int\mathcal{D}\varphi'\exp[-\mathcal{H}'[\varphi']]} \\
&= \frac{\int\mathcal{D}\varphi' F[\varphi']\int\mathcal{D}\varphi\left(\prod_{x\in\Lambda'}\delta\left[\varphi'_x - L^{-\theta}\sum_{y\in B_L(x)}\varphi_y\right]\right)\exp[-\mathcal{H}[\varphi]]}{\int\mathcal{D}\varphi'\int\mathcal{D}\varphi\left(\prod_{x\in\Lambda'}\delta\left[\varphi'_x - L^{-\theta}\sum_{y\in B_L(x)}\varphi_y\right]\right)\exp[-\mathcal{H}[\varphi]]} \\
&= \frac{\int\mathcal{D}\varphi\tilde{F}[\varphi]\exp[-\mathcal{H}[\varphi]]}{\int\mathcal{D}\varphi\exp[-\mathcal{H}[\varphi]]} = \langle\tilde{F}\rangle_{\mathcal{H}}^{\Lambda}
\end{aligned}
\tag{3.78}
$$

が示される．$\tilde{F}[\varphi]$ は，$F[\varphi']$ に(3.75)を代入して得られた φ の関数である．熱力学的極限 $N\to\infty$ をとれば，Λ と Λ' はいずれも無限に大きい d 次元正方格子になる．変換則(3.78)は，

$$
\langle F\rangle_{\mathcal{H}'} = \langle\tilde{F}\rangle_{\mathcal{H}} \tag{3.79}
$$

という簡単な形になる．特に $F[\varphi']$ を n 個のブロックスピン変数の積にとれば(3.79)は，

$$
\langle\varphi_{x_1}\varphi_{x_2}\cdots\varphi_{x_n}\rangle_{\mathcal{H}'} = L^{-n\theta}\sum_{y_1\in B_L(x_1)}\cdots\sum_{y_n\in B_L(x_n)}\langle\varphi_{y_1}\varphi_{y_2}\cdots\varphi_{y_n}\rangle_{\mathcal{H}} \tag{3.80}
$$

となる．ただし左辺ではスピン変数 φ'_x を φ_x と書き換えた*．

* これまでの記法では(3.80)の左辺は，$\langle\varphi'_{x_1}\varphi'_{x_2}\cdots\varphi'_{x_n}\rangle_{\mathcal{H}'}$ である．ここでは，変換を受けているのはハミルトニアンであることを強調する表現を用いた．

一般に，ハミルトニアン $\mathcal{H}$ が与えられたとき，磁化率 $\chi[\mathcal{H}]$，非線形磁化率 $u_4[\mathcal{H}]$，および相関距離 $\xi[\mathcal{H}]$ を(3.16)，(3.17)および(3.19)によってそれぞれ定義する．(3.80)を用いれば，磁化率についての変換則

$$\chi[\mathcal{H}'] = \sum_x \langle \varphi_o \varphi_x \rangle_{\mathcal{H}'} = \sum_x L^{-2\theta} \sum_{y\in B_L(o)} \sum_{z\in B_L(x)} \langle \varphi_y \varphi_z \rangle_{\mathcal{H}} = L^{d-2\theta} \chi[\mathcal{H}] \tag{3.81}$$

が示される．他の物理量についても，同様にして

$$\xi[\mathcal{H}'] = L^{-1}\xi[\mathcal{H}], \qquad u_4[\mathcal{H}'] = L^{d-4\theta} u_4[\mathcal{H}] \tag{3.82}$$

が導かれる．

c）くりこみ変換の波数空間での表示

くりこみ変換(3.76)を波数空間でのスピン変数を用いて書き直す．波数ベクトル $k\in\mathcal{K}_{N/L}$ について*，ブロックスピン変数 φ' の波数空間での表示を

$$\psi'_k = (2\pi)^{-d/2} \sum_{x\in\Lambda'} e^{-ik\cdot x} \varphi'_x \tag{3.83}$$

とする．再びブロックスピン変数の集まり $\{\psi'_k\}_{k\in\mathcal{K}_{N/L}}$ を ψ' と書く．もとのスピン変数とブロックスピン変数の対応関係(3.75)を，波数空間でのスピン変数を用いて書き直そう．(3.83)に(3.75)，(3.29)を代入して変形すると，

$$\begin{aligned}
\psi'_k &= (2\pi)^{-d/2} L^{-\theta} \sum_{x\in\Lambda'} e^{-ik\cdot x} \sum_{z\in B_L(o)} \varphi_{Lx+z} \\
&= L^{-\theta} \sum_{z\in B_L(o)} \int^{(N)}_{p\in[-\pi,\pi]^d} dp\, e^{ip\cdot z} (2\pi)^{-d} \sum_{x\in\Lambda'} e^{-i(k-Lp)\cdot x} \psi_p \\
&= L^{-\theta} \sum_{z\in B_L(o)} \int^{(N)}_{p\in[-\pi,\pi]^d} dp\, e^{ip\cdot z} \sum_n \delta^{(N/L)}(k-Lp+2\pi n) \psi_p \\
&= L^{-\theta} \sum_n g_n(k) \psi_{(k+2\pi n)/L}
\end{aligned} \tag{3.84}$$

ここで $n=(n^{(1)}, n^{(2)}, \cdots, n^{(d)})$ についての和は，$|n^{(j)}|\le(L-1)/2$ を満たす整数の組についてとる．係数 $g_n(k)$ は，

* $\mathcal{K}_{N/L}$ は $\mathcal{K}_N$ の定義(3.24)で N を N/L に置き換えたものである．以下 $\int^{(N/L)}_{[-\pi,\pi]^d} dk$ や $\delta^{(N/L)}(k)$ を用いるが，これらも同様に(3.26)によって定義する．

$$g_n(k) = \frac{1}{L^d}\sum_{z\in B_L(o)} \exp\left[\frac{i(k+2\pi n)\cdot z}{L}\right]$$
$$= \prod_{j=1}^{d}\left\{\frac{1}{L}\sum_{l=-(L-1)/2}^{(L-1)/2} \exp\left[i(k^{(j)}+2\pi n^{(j)})\frac{l}{L}\right]\right\} \qquad (3.85)$$

である.

(3.84)を(3.76)に代入すれば，ブロックスピン変換の正確な表現が得られる*.

$$\exp[-\mathscr{H}'[\psi']]$$
$$= \mathcal{N}'\int \mathscr{D}\psi\left(\prod_{k\in\mathscr{K}_{N/L}}\delta\left[\psi'_k - L^{-\theta}\sum_n g_n(k)\psi_{(k+2\pi n)/L}\right]\right)\exp[-\mathscr{H}[\psi]]$$
$$(3.86)$$

一般に係数 $g_n(k)$ の振舞いは複雑なので，波数ベクトル $k\in\mathscr{K}_{N/L}$ として，$|k|\leq L^{-\sigma}$ を満たすものに注目する．σ は $0<\sigma<1$ を満たす定数(たとえば $\sigma=0.1$)である．また，くりこみ変換のスケール L については $L\gg1$ を仮定している．(3.85)の右辺は，

$$L^{-1}\sum_{l=-(L-1)/2}^{(L-1)/2}\exp\left[i(k^{(j)}+2\pi n^{(j)})\frac{l}{L}\right]$$
$$= \exp\left[-i(k^{(j)}+2\pi n^{(j)})\frac{L-1}{2L}\right]L^{-1}\frac{1-\exp[ik^{(j)}]}{1-\exp[i(k^{(j)}+2\pi n^{(j)})/L)]}$$
$$= \begin{cases} 1+O(L^{-\sigma}) & (n^{(j)}=0) \\ \dfrac{k^{(j)}}{2\pi n^{(j)}}(1+O(L^{-\sigma})) & (n^{(j)}\neq 0) \end{cases} \qquad (3.87)$$

と評価できる．さらに $\sum_{n\neq(0,\cdots,0)} g_n(k)\leq(|k|\ln L)^d\leq O(L^{-d\sigma/2})$ なので，(3.84)は，

$$\psi'_k \simeq L^{-\theta}\psi_p, \qquad k = Lp \qquad (3.88)$$

となる．

---

* スピン変数 ψ_k は複素数なので，(3.86)や(3.89)の δ 関数については，注意が必要である．正確には，積分 $\int\mathscr{D}\psi$ の取扱い同様，いったん実変数 ρ_k,σ_k によって対応関係(3.84)を書き直し，ρ_k,σ_k についての δ 関数を挿入する．

正確なくりこみ変換(3.86)のかわりに，$|k|\le L^{-\sigma}$ に対応する(ブロック)スピン変数 φ'_k については正しい結果を与える近似的なくりこみ変換の表式を導こう．小さな波数についての φ'_k の表式(3.88)を，そのまま一般の $k\in\mathcal{K}_{N/L}$ に適用する．波数空間でのくりこみ変換(3.86)は，

$$\exp[-\mathcal{H}'[\varphi']] \simeq \mathcal{N}'\int\mathcal{D}\varphi\Bigl(\prod_{k\in\mathcal{K}_{N/L}}\delta[\varphi'_k-L^{-\theta}\varphi_{k/L}]\Bigr)\exp[-\mathcal{H}[\varphi]]$$
$$= \mathcal{N}''\int\mathcal{D}\varphi_{\ge}\exp[-\mathcal{H}[\varphi]] \qquad (3.89)$$

という簡単な形になる*．ただし右辺で積分されなかったスピン変数と対応する波数ベクトルには，

$$\varphi_p = L^{\theta}\varphi'_k, \quad p = k/L \qquad (p\in\mathcal{K}_<\cap\mathcal{K}_N) \qquad (3.90)$$

を代入する．ここで $\mathcal{K}_<=(-\pi/L,\pi/L)^d$ であり，また $[-\pi,\pi]^d$ から $\mathcal{K}_<$ を取り除いた残り**を $\mathcal{K}_\ge$ と書く．(3.89)のスピン変数についての積分は

$$\int\mathcal{D}\varphi_{\ge}(\cdots) \equiv \prod_{k\in\mathcal{K}_N{}^+\cap\mathcal{K}_\ge}\Bigl(\int_{-\infty}^{\infty}d\rho_k\int_{-\infty}^{\infty}d\sigma_k\Bigr)(\cdots) \qquad (3.91)$$

である．

近似的なくりこみ変換の表式(3.89)は，$\mathcal{K}_\ge$ に入る波数ベクトルに対応するスピン変数 φ_k を積分し，さらに残ったスピン変数については(3.90)の置き換えを行なうという2つの手続きを表わしている．これらの操作は，それぞれ，粗視化とスケール変換に対応している．

(3.89)をくりこみ変換の定義とする文献は多い．本章では，厳密なくりこみ群が(3.76)を出発点にしていることを踏まえて，(3.89)は近似であるとみなす．(3.89)を定義にした場合，(3-6節で行なうように)くりこみ変換を幾度も繰り返したときに，誤差が蓄積，増幅しないという保証は，今のところ，ない．

---

* 積分(3.86)では異なった波数をもつスピン変数が互いに依存し合っているので，(3.89)がどのような意味での近似なのかは自明ではない．3-6節で議論するように，くりこみ変換の摂動展開の範囲では(3.89)は信頼できる．

** つまり少なくとも1つの成分について $|k^{(j)}|\ge\pi/L$ を満たす波数ベクトル $k=(k^{(1)},\cdots,k^{(d)})$ の集まり．

(3-8 節 b 項を参照.)

d) くりこみ群の流れ，固定点，および固有摂動

適当なハミルトニアンの集まりに対して，くりこみ変換 $\mathcal{R}_{L,\theta}$ を定義する．熱力学的極限 $N\to\infty$ においても，変換 $\mathcal{R}_{L,\theta}$ は意味をもち，適当なハミルトニアン $\mathcal{H}^{(0)}$ から，

$$\mathcal{H}^{(i+1)} = \mathcal{R}_{L,\theta}[\mathcal{H}^{(i)}] \tag{3.92}$$

によって $\mathcal{H}^{(0)}, \mathcal{H}^{(1)}, \mathcal{H}^{(2)}, \cdots$ というハミルトニアンの列を作ることができるとする．この列を，ハミルトニアンが離散的な「時間」$i=0,1,2,\cdots$ とともに「運動」した「軌跡」とみなすことにしよう．さまざまなハミルトニアンが作る空間の中での，くりこみ変換の作り出す「時間」発展の様子を**くりこみ群の流れ**(renormalization group flow)と呼ぶ*.

ハミルトニアン $\mathcal{H}^*$ が

$$\mathcal{R}_{L,\theta}[\mathcal{H}^*] = \mathcal{H}^* \tag{3.93}$$

を満たすとき，$\mathcal{H}^*$ はくりこみ変換 $\mathcal{R}_{L,\theta}$ の**固定点**(fixed point)であるという．(3.92)で定義されるハミルトニアンの軌跡 $\{\mathcal{H}^{(n)}\}$ が，極限 $\mathcal{H}_\infty = \lim_{n\to\infty}\mathcal{H}^{(n)}$ をもつならば，$\mathcal{H}_\infty$ は $\mathcal{R}_{L,\theta}$ の固定点になる．

固定点 $\mathcal{H}^*$ における**固有摂動** $\mathcal{P}$ とは，

$$\mathcal{R}_{L,\theta}[\mathcal{H}^*+\varepsilon\mathcal{P}] = \mathcal{H}^*+L^{\kappa[\mathcal{P}]}\varepsilon\mathcal{P}+O(\varepsilon^2) \tag{3.94}$$

を満たすスピン変数の関数である．定数 $\kappa[\mathcal{P}]$ を固有摂動 $\mathcal{P}$ の指数**と呼ぶ.(3.94)より，摂動を加えたハミルトニアンにくりこみ変換を繰り返し施すと，

$$\underbrace{\mathcal{R}_{L,\theta}\circ\cdots\circ\mathcal{R}_{L,\theta}}_{n}[\mathcal{H}^*+\varepsilon\mathcal{P}] \simeq \mathcal{H}^*+L^{n\kappa[\mathcal{P}]}\varepsilon\mathcal{P} \tag{3.95}$$

となる．1回のくりこみ変換は $1/L$ 倍のスケール変換と粗視化の組合せなので，くりこみ変換を幾度も施せば，もとの系の長距離での振舞いを記述するハミルトニアンが得られるだろう．(3.95)は，$\kappa[\mathcal{P}]>0$ ならば摂動 $\mathcal{P}$ は系の長距離での振舞いに影響するが，$\kappa[\mathcal{P}]<0$ ならば $\mathcal{P}$ は長距離の振舞いにはあま

* 一般に $\mathcal{R}_{L,\theta}$ の逆変換は定義できないので,「群」という呼び名は正確ではない.

** 固有摂動の次元，あるいは Kadanoff 指数ともいう.

り影響しないことを示唆している．指数 $\kappa[\mathcal{P}]$ が正，負，あるいは0であるとき，固有摂動 $\mathcal{P}$ は，それぞれ，**有効**(relevant)，**非有効**(irrelevant)，**中立的**(marginal)であるという．ただし，一般に非有効な摂動が長距離での物理現象(たとえば臨界現象)に影響を与えないというわけではない．3-7 節 e 項では，「危険な非有効摂動」について具体的に議論する．

3-5 くりこみ変換の摂動展開

Gauss 模型のくりこみ変換を調べ，Gauss 型固定点の存在を示す．Gauss 型固定点は，くりこみ群による φ^4 模型や φ^4 場の量子論の解析で重要な役割を果たす．さらに φ^4 模型のくりこみ変換を，摂動展開によって具体的に計算する．3-3 節の単純な摂動展開とは異なり，転移点近傍でも発散の困難のない摂動展開が得られる．

a) Gauss 模型のくりこみ変換と固定点

くりこみ変換の最初の具体例として，Gauss 模型を扱う．(3.44)のハミルトニアン $\mathcal{H}=\dfrac{1}{2}\displaystyle\int_{p\in[-\pi,\pi]^d}^{(N)} dp\,\epsilon(p)\psi_p\psi_{-p}$ にくりこみ変換を施した $\mathcal{H}'=\mathcal{R}_{L,\theta}[\mathcal{H}]$ を求める．また $\epsilon(k)$ は(3.49)の漸近形をもつとする．

まずハミルトニアンを次のように2つの部分に分ける．

$$\begin{aligned}\mathcal{H}[\psi] &= \frac{1}{2}\int_{p\in\mathcal{K}_<}^{(N)} dp\,\epsilon(p)\psi_p\psi_{-p}+\frac{1}{2}\int_{p\in\mathcal{K}_\geq}^{(N)} dp\,\epsilon(p)\psi_p\psi_{-p} \\ &= \mathcal{H}_<[\psi]+\mathcal{H}_\geq[\psi] \end{aligned} \tag{3.96}$$

これを，くりこみ変換(3.89)に代入すればただちに，

$$\exp[-\mathcal{H}'[\psi']] = \exp[-\mathcal{H}_<[\psi]] \tag{3.97}$$

となる．(3.96)を代入して，変数変換(3.90)を行なうと，

$$\begin{aligned}\mathcal{H}'[\psi'] &= \frac{1}{2}\int_{p\in\mathcal{K}_<}^{(N)} dp\,\epsilon(p)L^{2\theta}\psi'_{Lp}\psi'_{-Lp} \\ &= \frac{1}{2}\int_{k\in[-\pi,\pi]^d}^{(N/L)} dk\,L^{2\theta-d}\epsilon(k/L)\psi'_k\psi'_{-k} \end{aligned} \tag{3.98}$$

が得られる.

(3.98)の両辺で, $N\to\infty$ の極限をとった

$$\mathcal{H}'[\psi] = \frac{1}{2}\int_{k\in[-\pi,\pi]^d} dkL^{2\theta-d}\epsilon(k/L)\psi_k\psi_{-k} \tag{3.99}$$

が, 無限系でのくりこみ変換を与える. つまり $\mathcal{H}$ から $\mathcal{H}'$ を導くには, $\epsilon(k)\to L^{2\theta-d}\epsilon(k/L)$ という置き換えを行なえばよい. n 回くりこみ変換を施した後のハミルトニアンは

$$\mathcal{H}^{(n)}[\psi] = \underbrace{\mathcal{R}_{L,\theta}\circ\cdots\circ\mathcal{R}_{L,\theta}}_{n}[\mathcal{H}][\psi]$$

$$= \frac{1}{2}\int_{k\in[-\pi,\pi]^d} dkL^{(2\theta-d)n}\epsilon(L^{-n}k)\psi_k\psi_{-k} \tag{3.100}$$

となる.

(3.100)が $n\to\infty$ での極限をもつのは, 以下の2つの場合である. $\theta=d/2$ とおくと, $\mu>0$ ならば $n\to\infty$ で(3.100)は,

$$\mathcal{H}^*_{\mathrm{d}}[\psi] = \frac{\mu}{2}\int_{k\in[-\pi,\pi]^d} dk\psi_k\psi_{-k} = \frac{\mu}{2}\sum_x \varphi_x{}^2 \tag{3.101}$$

というハミルトニアンに収束する. $\mathcal{H}^*_{\mathrm{d}}$ は $\theta=d/2$ としたくりこみ変換の固定点であり, **無秩序固定点**(disordered fixed point)と呼ばれる*. 次に, $d>2$ を仮定し,

$$\theta = \frac{d+2}{2} \tag{3.102}$$

とおく. $\epsilon(k)$ の漸近形(3.49)を用いれば, $\mu=0$ のとき, $n\to\infty$ で(3.100)が,

$$\mathcal{H}^*_{\mathrm{G}}[\psi] = \frac{1}{2}\int_{k\in[-\pi,\pi]^d} dk\epsilon^*(k)\psi_k\psi_{-k}, \qquad \epsilon^*(k) = |k|^2 \tag{3.103}$$

というハミルトニアンに収束することがわかる. $\mathcal{H}^*_{\mathrm{G}}$ は **Gauss 型固定点**(Gaussian fixed point)と呼ばれる. 本章のこれからの解析で, Gauss 型固定

* 無秩序固定点では, スピン変数は独立な Gauss 型ランダム変数である. この事実は確率論における中心極限定理と深く関わっている.

点は本質的な役割を果たす.

b) くりこみ変換の摂動展開

Gauss 模型以外で，くりこみ変換を正確に計算するのは極めて困難で，多くの場合に摂動展開を用いた近似的な評価を行なう必要がある．$\mathcal{H}_{\mathrm{u}}$ を Gauss 型のハミルトニアン(3.44)として，ハミルトニアンを $\mathcal{H}=\mathcal{H}_{\mathrm{u}}+\mathcal{V}$ と書く．$\mathcal{V}$ を摂動として取り扱い，くりこみ変換(3.89)で得られる $\mathcal{H}'=\mathcal{R}_{L,\theta}[\mathcal{H}]$ の表式を求める.

$\mathcal{H}_{\mathrm{u},<}[\phi]$ および $\mathcal{V}_<[\phi]$ を，それぞれ $\mathcal{H}_{\mathrm{u}}[\phi]$ と $\mathcal{V}[\phi]$ の中で $k\in\mathcal{K}_<$ に対応するスピン変数 ϕ_k にのみ依存する部分と定義する．また $\mathcal{H}_{\mathrm{u},\geq}[\phi]=\mathcal{H}_{\mathrm{u}}[\phi]-\mathcal{H}_{\mathrm{u},<}[\phi]$，および $\mathcal{V}_\geq[\phi]=\mathcal{V}[\phi]-\mathcal{V}_<[\phi]$ とする．一般に $\mathcal{V}_\geq[\phi]$ は，$k\in\mathcal{K}_<$ に対応するスピン変数 ϕ_k にも依存する.

この分解をくりこみ変換(3.89)に代入し，変形すると，

$$\begin{aligned}\mathcal{H}'[\phi'] &= -\ln\int\mathcal{D}\phi_\geq\exp[-\mathcal{H}_{\mathrm{u},<}[\phi]-\mathcal{H}_{\mathrm{u},\geq}[\phi]-\mathcal{V}_<[\phi]-\mathcal{V}_\geq[\phi]]+\mathrm{const.}\\ &= \mathcal{H}_{\mathrm{u},<}[\phi]+\mathcal{V}_<[\phi]-\ln\frac{\int\mathcal{D}\phi_\geq\exp[-\mathcal{H}_{\mathrm{u},\geq}[\phi]-\mathcal{V}_\geq[\phi]]}{\int\mathcal{D}\phi_\geq\exp[-\mathcal{H}_{\mathrm{u},\geq}[\phi]]}+\mathrm{const.}\\ &= \mathcal{H}_{\mathrm{u},<}[\phi]+\mathcal{V}_<[\phi]-\ln\langle\exp[-\mathcal{V}_\geq[\phi]]\rangle_\geq^\Lambda+\mathrm{const.}\end{aligned} \tag{3.104}$$

を得る．右辺で変数変換(3.90)を行なう．ここで $\int\mathcal{D}\phi_\geq\exp[-\mathcal{H}_{\mathrm{u},\geq}[\phi]]$ は定数であることを用いた．const. はスピン変数 ϕ' に依存しない適当な定数であり，すべての行で一定値をとるわけではない．新たに期待値を

$$\langle\cdots\rangle_\geq^\Lambda=\frac{\int\mathcal{D}\phi_\geq(\cdots)\exp[-\mathcal{H}_{\mathrm{u},\geq}[\phi]]}{\int\mathcal{D}\phi_\geq\exp[-\mathcal{H}_{\mathrm{u},\geq}[\phi]]} \tag{3.105}$$

と定義した．キュムラント展開(3.64)を用いれば，(3.104)最右辺の期待値を摂動 $\mathcal{V}_\geq$ のベキに展開することができる．展開が得られた段階で，各々の展開係数において $N\to\infty$ の極限を形式的にとることによって，無限系でのくりこみ変換の摂動展開による表現が以下のように得られる.

$$\mathcal{H}'[\psi'] = \mathcal{H}_{\mathrm{u},<}[\psi] + \mathcal{V}_<[\psi] - \sum_{n=1}^{\infty} \frac{(-1)^n}{n!} \langle \underbrace{\mathcal{V}_\geq[\psi]; \cdots; \mathcal{V}_\geq[\psi]}_{n} \rangle_\geq + \mathrm{const.} \tag{3.106}$$

もちろん右辺では変換(3.90)を行なう．ここで期待値 $\langle\cdots\rangle_\geq$ は $\langle\cdots\rangle_\geq^\Lambda$ の $N\to\infty$ の極限である．3-2 節の結果から，期待値 $\langle\cdots\rangle_\geq$ は Wick の定理(3.48)を満たし，2 点相関関数は，$p, q\in\mathcal{K}_\geq$ について，

$$\langle\psi_p\psi_q\rangle_\geq = \frac{\delta(p+q)}{\epsilon(p)} \tag{3.107}$$

となることがわかる．

c) 1 つ目の摂動展開

本節の残りと次節で，φ^4 模型のくりこみ群の流れを調べていく．Gauss 型固定点近傍での流れに着目するので，くりこみ変換を特徴づける指数 θ は(3.102)同様 $\theta=(d+2)/2$ と選ぶ．具体的な計算は摂動展開を用いて行なう．

はじめのハミルトニアンを，

$$\mathcal{H}[\psi] = \mathcal{H}_{\mathrm{G}}^*[\psi] + \mu\mathcal{M}[\psi] + \lambda\mathcal{U}[\psi] \tag{3.108}$$

とする．ここで $\mathcal{H}_{\mathrm{G}}^*$ は(3.103)の Gauss 型固定点，$\mathcal{M}$ は(3.8), (3.35)で，$\mathcal{U}$ は(3.9), (3.36)で定義されている．

1 つ目の摂動展開では，非摂動ハミルトニアンを

$$\mathcal{H}_{\mathrm{u}}[\psi] = \mathcal{H}_{\mathrm{G}}^*[\psi] + \mu\mathcal{M}[\psi] = \frac{1}{2}\int_{k\in[-\pi,\pi]^d} dk\,\epsilon_\mu(k)\psi_k\psi_{-k} \tag{3.109}$$

と選ぶ．ここで

$$\epsilon_\mu(k) = \epsilon^*(k) + \mu = |k|^2 + \mu \tag{3.110}$$

である．(3.109)は Gauss 型のハミルトニアンなので，前項の一般論を使って摂動展開が行なえる．ただし期待値 $\langle\cdots\rangle_\geq$ が意味をもつためには，$\mu\geq 0$ でなくてはならない．

φ^4 の項 $\mathcal{U}[\psi]$ を $\sum_{i=0}^{4}\mathcal{U}_i[\psi]$ と分解する．ここで，$\mathcal{U}_i[\psi]$ は $k\in\mathcal{K}_\geq$ に対応するスピン変数 $\{\psi_k\}$ の i 次の多項式である．一般論で定義された摂動の分解は，$\mathcal{V}_< = \lambda\mathcal{U}_0$ と $\mathcal{V}_\geq = \lambda\sum_{i=1}^{4}\mathcal{U}_i$ のようになる．

以上をくりこみ変換の摂動展開の公式(3.106)に代入し，展開の2次までをとると，

$$\mathcal{H}'[\psi'] \simeq (\mathcal{H}_{\rm G}^* + \mu\mathcal{M})_{<}[\psi] + \lambda\mathcal{U}_0[\psi] + \lambda\sum_{i=1}^{4}\langle\mathcal{U}_i[\psi]\rangle_{\geq} - \frac{\lambda^2}{2}\sum_{i=1}^{4}\sum_{j=1}^{4}\langle\mathcal{U}_i[\psi];\mathcal{U}_j[\psi]\rangle_{\geq} + \text{const.} \tag{3.111}$$

となる．右辺では，変数変換(3.90)を行なう．以下，展開(3.111)の各項を評価する．

平均$\langle\cdots\rangle_{\geq}$を含まない項が，$\mathcal{H}'$の主要部分になる．これは，簡単に，

$$\begin{aligned}
&(\mathcal{H}_{\rm G}^* + \mu\mathcal{M})_{<}[\psi] + \lambda\mathcal{U}_0[\psi] \\
&= \frac{1}{2}\int_{p\in\mathcal{K}_<} dp\,\epsilon_\mu(p)\psi_p\psi_{-p} + \frac{\lambda}{24(2\pi)^d}\int_{p_i\in\mathcal{K}_<}\left(\prod_{i=1}^{4}dp_i\right)\delta\left[\sum_{i=1}^{4}p_i\right]\left(\prod_{i=1}^{4}\psi_{p_i}\right) \\
&= \frac{L^2}{2}\int_{k\in[-\pi,\pi]^d} dk\,\epsilon_\mu(k/L)\psi'_k\psi'_{-k} + \frac{L^{4-d}\lambda}{24(2\pi)^d}\int_{k_i\in[-\pi,\pi]^d}\left(\prod_{i=1}^{4}dk_i\right)\delta\left[\sum_{i=1}^{4}k_i\right]\left(\prod_{i=1}^{4}\psi'_{k_i}\right) \\
&= \mathcal{H}_{\rm G}^*[\psi'] + L^2\mu\mathcal{M}[\psi'] + L^{4-d}\lambda\mathcal{U}[\psi']
\end{aligned} \tag{3.112}$$

と書き換えられる．

次に$\lambda\sum_{i=1}^{4}\langle\mathcal{U}_i[\psi]\rangle_{\geq}$の部分を評価する．対称性から$\langle\mathcal{U}_1[\psi]\rangle_{\geq}=\langle\mathcal{U}_3[\psi]\rangle_{\geq}=0$. また$\langle\mathcal{U}_4[\psi]\rangle_{\geq}$は$\psi'$に依存しない定数なので，評価する必要はない．残った$\langle\mathcal{U}_2[\psi]\rangle_{\geq}$は，(3.107)を使って

$$\begin{aligned}
\langle\mathcal{U}_2[\psi]\rangle_{\geq} &= \frac{6}{24(2\pi)^d}\int_{\substack{p_1,p_2\in\mathcal{K}_< \\ p_3,p_4\in\mathcal{K}_\geq}}\left(\prod_{i=1}^{4}dp_i\right)\delta\left[\sum_{i=1}^{4}p_i\right]\psi_{p_1}\psi_{p_2}\langle\psi_{p_3}\psi_{p_4}\rangle_{\geq} \\
&= \frac{B_1(L,\mu)}{4}\int_{p\in\mathcal{K}_<}dp\,\psi_p\psi_{-p} = \frac{L^2B_1(L,\mu)}{2}\mathcal{M}[\psi']
\end{aligned} \tag{3.113}$$

となる．p_1, p_2, p_3, p_4を$\mathcal{K}_<$と$\mathcal{K}_\geq$に2つずつ振り分ける組合せを考慮して，全体を6倍した．また定数$B_1(L,\mu)$は，

$$B_1(L,\mu) = \frac{1}{(2\pi)^d}\int_{p\in\mathcal{K}_\geq}dp\frac{1}{\epsilon_\mu(p)} \tag{3.114}$$

である．

最後に λ^2 のかかった部分を扱う．対称性を考慮して，評価すべき量を，

$$\sum_{i=1}^{4}\sum_{j=1}^{4}\langle\mathcal{U}_i[\psi];\mathcal{U}_j[\psi]\rangle_{\geq}=\langle\mathcal{U}_1[\psi]\mathcal{U}_1[\psi]\rangle_{\geq}+2\langle\mathcal{U}_1[\psi]\mathcal{U}_3[\psi]\rangle_{\geq}$$
$$+\langle\mathcal{U}_3[\psi]\mathcal{U}_3[\psi]\rangle_{\geq}+\langle\mathcal{U}_2[\psi];\mathcal{U}_2[\psi]\rangle_{\geq}$$
$$+2\langle\mathcal{U}_2[\psi];\mathcal{U}_4[\psi]\rangle_{\geq}+\langle\mathcal{U}_4[\psi];\mathcal{U}_4[\psi]\rangle_{\geq} \quad (3.115)$$

と書き直す．この中で $\langle\mathcal{U}_4[\psi];\mathcal{U}_4[\psi]\rangle_{\geq}$ は ψ' に依存しない定数なので，評価する必要はない．以下，典型的で重要な $\langle\mathcal{U}_2[\psi];\mathcal{U}_2[\psi]\rangle_{\geq}$ を詳しく評価する．(3.113)と同様にして，

$$\langle\mathcal{U}_2[\psi];\mathcal{U}_2[\psi]\rangle_{\geq}=\frac{6^2}{(24)^2(2\pi)^{2d}}\int_{\substack{p_1,p_2,q_1,q_2\in\mathcal{K}_<\\ p_3,p_4,q_3,q_4\in\mathcal{K}_{\geq}}}\left(\prod_{i=1}^{4}dp_i\,dq_i\right)\delta\left[\sum_{i=1}^{4}p_i\right]\delta\left[\sum_{i=1}^{4}q_i\right]$$
$$\times\psi_{p_1}\psi_{p_2}\psi_{q_1}\psi_{q_2}\langle\psi_{p_3}\psi_{p_4};\psi_{q_3}\psi_{q_4}\rangle_{\geq} \quad (3.116)$$

キュムラントについての(3.59)と Wick の定理(3.48)より

$$\langle\psi_{p_3}\psi_{p_4};\psi_{q_3}\psi_{q_4}\rangle_{\geq}=\langle\psi_{p_3}\psi_{q_3}\rangle_{\geq}\langle\psi_{p_4}\psi_{q_4}\rangle_{\geq}+\langle\psi_{p_3}\psi_{q_4}\rangle_{\geq}\langle\psi_{p_4}\psi_{q_3}\rangle_{\geq} \quad (3.117)$$

であるが，右辺の 2 つの項は積分に代入すると同じ結果を与えるので，1 つ目を(3.116)に代入し全体を 2 倍する．さらに(3.107)を代入して整理すれば，

$$\langle\mathcal{U}_2[\psi];\mathcal{U}_2[\psi]\rangle_{\geq}=\frac{2\times 6^2}{(24)^2(2\pi)^{2d}}\int_{\substack{p_1,p_2,q_1,q_2\in\mathcal{K}_<\\ p_3,p_4,q_3,q_4\in\mathcal{K}_{\geq}}}\left(\prod_{i=1}^{4}dp_i\,dq_i\right)\delta\left[\sum_{i=1}^{4}p_i\right]\delta\left[\sum_{i=1}^{4}q_i\right]$$
$$\times\left(\prod_{i=1}^{2}\psi_{p_i}\psi_{q_i}\right)\frac{\delta(p_3+q_3)}{\epsilon_\mu(p_3)}\frac{\delta(p_4+q_4)}{\epsilon_\mu(p_4)}$$
$$=\frac{3}{24(2\pi)^d}\int_{p_1,p_2,q_1,q_2\in\mathcal{K}_<}\left(\prod_{i=1}^{2}dp_i\,dq_i\right)\delta\left[\sum_{i=1}^{2}(p_i+q_i)\right]\left(\prod_{i=1}^{2}\psi_{p_i}\psi_{q_i}\right)$$
$$\times\frac{1}{(2\pi)^d}\int_{p_3\in\mathcal{K}_{\geq}}dp_3\frac{\chi[q_1+q_2-p_3\in\mathcal{K}_{\geq}]}{\epsilon_\mu(p_3)\epsilon_\mu(q_1+q_2-p_3)}$$
$$=\frac{3L^{4-d}}{24(2\pi)^d}\int_{k_i\in[-\pi,\pi]^d}\left(\prod_{i=1}^{4}dk_i\right)\delta\left[\sum_{i=1}^{4}k_i\right]\left(\prod_{i=1}^{4}\psi'_{k_i}\right)$$
$$\times\frac{1}{(2\pi)^d}\int_{p\in\mathcal{K}_{\geq}}dp\frac{\chi[\{(k_3+k_4)/L-p\}\in\mathcal{K}_{\geq}]}{\epsilon_\mu(p)\epsilon_\mu((k_3+k_4)/L-p)} \quad (3.118)$$

となる．ただし真偽関数 $\chi[\cdots]$ は，χ[真の命題]$=1$，χ[偽の命題]$=0$ と定義する．また波数ベクトルの変数変換は，$k_1=Lp_1$，$k_2=Lp_2$，$k_3=Lq_1$，$k_4=Lq_2$

とした．ここでも $|k_i|\le L^{-\sigma}$ を満たす波数ベクトルに注目する(3-4 節 c 項を参照)．すると $p\in\mathcal{K}_\ge$ なので，

$$\chi[\{(k_3+k_4)/L-p\}\in\mathcal{K}_\ge]\simeq 1,\qquad \epsilon_\mu((k_3+k_4)/L-p)\simeq\epsilon_\mu(p)$$

と近似できる．よって

$$\langle\mathcal{U}_2[\psi];\mathcal{U}_2[\psi]\rangle_\ge\simeq 3L^{4-d}B_2(L,\mu)\mathcal{U}[\psi'] \tag{3.119}$$

を得る．ただし $n=2,3,\cdots$ について

$$B_n(L,\mu)=\frac{1}{(2\pi)^{(n-1)d}}\int_{p_i\in\mathcal{K}_\ge}\left(\prod_{i=1}^n dp_i\right)\delta\left[\sum_{i=1}^n p_i\right]\left(\prod_{i=1}^n\frac{1}{\epsilon_\mu(p_i)}\right) \tag{3.120}$$

と定義した．

他の項もほぼ同様に評価できるので，結果のみをまとめる．

$$\langle\mathcal{U}_1[\psi]\mathcal{U}_1[\psi]\rangle_\ge=\frac{L^{6-2d}}{36(2\pi)^d}\int_{k_i\in[-\pi,\pi]^d}\left(\prod_{i=1}^6 dk_i\right)\delta\left[\sum_{i=1}^6 k_i\right]\left(\prod_{i=1}^6\psi'_{k_i}\right)\times\frac{\chi\left[\sum_{i=1}^3 k_i/L\in\mathcal{K}_\ge\right]}{\epsilon_\mu\left(\sum_{i=1}^3 k_i/L\right)} \tag{3.121}$$

$$\langle\mathcal{U}_1[\psi]\mathcal{U}_3[\psi]\rangle_\ge=0 \tag{3.122}$$

$$\langle\mathcal{U}_3[\psi]\mathcal{U}_3[\psi]\rangle_\ge\simeq\frac{L^2B_3(L,\mu)}{3}\mathcal{M}[\psi'] \tag{3.123}$$

$$\langle\mathcal{U}_2[\psi];\mathcal{U}_4[\psi]\rangle_\ge=\frac{L^2B_1(L,\mu)B_2(L,\mu)}{4}\mathcal{M}[\psi'] \tag{3.124}$$

$|k_i|\le L^{-\sigma}$ を満たす波数ベクトルについては，(3.121)の真偽関数の中の命題は常に偽であり，$\langle\mathcal{U}_1[\psi]\mathcal{U}_1[\psi]\rangle_\ge$ は無視できる．

以上の評価(3.112)，(3.113)，(3.119)，(3.121)，(3.122)，(3.123)，(3.124)を摂動展開の式(3.111)に代入すれば，最終的な $\mathcal{H}'=\mathcal{R}_{L,\theta}[\mathcal{H}]$ の表式が得られる．すなわち $|k|\le L^{-\sigma}$ に対応するスピン変数 $\{\psi_k\}$ については，

$$\mathcal{H}'[\psi]\simeq\mathcal{H}^*_{\mathrm{G}}[\psi]+\mu'\mathcal{M}[\psi]+\lambda'\mathcal{U}[\psi] \tag{3.125}$$

であり，新しいパラメタは，

$$\mu' \simeq L^2\left\{\mu+\frac{B_1(L,\mu)}{2}\lambda-\left(\frac{B_3(L,\mu)}{6}+\frac{B_1(L,\mu)B_2(L,\mu)}{4}\right)\lambda^2\right\} \tag{3.126}$$

$$\lambda' \simeq L^{4-d}\left\{\lambda-\frac{3B_2(L,\mu)}{2}\lambda^2\right\} \tag{3.127}$$

である．(3.126)，(3.127)は，2次元のパラメタ空間における近似的なくりこみ変換の表現を与えている．

以上の摂動計算での展開パラメタは，たとえば $B_2(L,\mu)\lambda$ である．一般に $B_n(L,\mu)\leq(L/\pi)^{2n}$ に注意すれば，この摂動展開は少なくとも $0\leq\lambda\ll L^{-4}$ の領域で信頼できると考えられる*．他方，パラメタ μ は負でなければどのような値をとってもよい．

3-3節b項で見たように，通常の摂動展開は，$\mu\to0$ で展開の係数が発散するという致命的な欠点をもっている．これに反し，くりこみ変換の摂動展開では，$\mu=0$ の近辺でも展開係数は有限にとどまる．くりこみ変換を用いた解析の本質的な利点である．係数を決める $B_n(L,\mu)$ の積分領域が $|k|$ の小さな部分を含まないのがその理由だが，これは，くりこみ変換では短距離のゆらぎだけが積分されていることに対応すると考えられる．

d） 2つ目の摂動展開

くりこみ群の応用では，パラメタ μ が負の領域でのくりこみ変換を知る必要がある．そのために，2つ目の摂動展開を行なう．

はじめのハミルトニアンは1つ目と同様に(3.108)とする．Gauss 型固定点のハミルトニアン $\mathcal{H}_{\mathrm{G}}^*$ を非摂動ハミルトニアン $\mathcal{H}_{\mathrm{u}}$ とし，摂動ハミルトニアンは $\mathcal{V}=\mu\mathcal{M}+\lambda\mathcal{U}$ ととる．これを，くりこみ変換の摂動展開の公式(3.106)に代入し，μ,λ について2次までを求める．

この展開は1つ目の摂動展開よりも煩雑になりそうだが，実際には計算を繰り返す必要はない．最終的に得られる展開係数は，$\mu\geq0$ での結果(3.125)，(3.

---

* 定数 $B_n(L,\mu)$ の実際の値はこの上限よりはるかに小さい．たとえば，$d>4$ では任意の μ,L について $B_2(L,\mu)\simeq\mathrm{const.}\int_{\pi/L}^{\pi}dp\,p^{d-1}(p^2+\mu)^{-2}\leq\mathrm{const.}\int_0^{\pi}dp\,p^{d-5}\leq\mathrm{const.}$ となる．$\lambda\ll L^{-4}$ という条件は，最良のものではなく，次元解析の観点から自然なものである．

126), (3.127)とつじつまが合っているはずである．さらに展開係数は，μ の符号には依存しないので，1つ目の摂動展開の結果に $B_1(L,\mu)=B_1(L)-B_2(L)\mu+O(\mu^2)$ および $B_i(L,\mu)=B_i(L)+O(\mu)$ を代入すれば，2つ目の摂動展開の結果が得られる．ここで $B_i(L)=B_i(L,0)$ と書いた．

結局 $|k|\le L^{-\sigma}$ に対応するスピン変数については，$\mathcal{H}'=\mathcal{R}_{L,\theta}[\mathcal{H}]$ は(3.125)のように書かれ，パラメタは，

$$\mu' \simeq L^2\left\{\mu+\frac{B_1(L)}{2}\lambda-\frac{B_2(L)}{2}\mu\lambda-C(L)\lambda^2\right\} \tag{3.128}$$

$$\lambda' \simeq L^{4-d}\left\{\lambda-\frac{3B_2(L)}{2}\lambda^2\right\} \tag{3.129}$$

で与えられることがわかる．ただし $C(L)=(B_3(L)/6)+(B_1(L)B_2(L)/4)$ とした．1つ目の展開の場合と同様にして，この結果は少なくとも

$$0\le\lambda\ll L^{-4}, \qquad |\mu|\ll L^{-2} \tag{3.130}$$

の領域では信頼できると考えられる．

3-6　くりこみ群の流れ

前節の結果をもとにして，φ^4 模型のくりこみ群の流れを具体的に調べる．特に $4-\varepsilon$ 次元の系で，Wilson-Fisher 固定点の存在が示される．

a)　Gauss 型固定点の固有摂動

くりこみ変換の表現(3.125), (3.128), (3.129)で，μ,λ の1次までを調べれば，Gauss 型固定点の固有摂動(3.94)を求めることができる．固有摂動は，

$$\mathcal{P}_2=\mathcal{M}, \qquad \mathcal{P}_4=\mathcal{U}-\frac{B_1(L)}{2(1-L^{2-d})}\mathcal{M} \tag{3.131}$$

の(少なくとも)2つがあり，それぞれの指数は $\kappa[\mathcal{P}_2]=2$, $\kappa[\mathcal{P}_4]=4-d$ である*．摂動 $\mathcal{P}_2$ は常に有効であるが，摂動 $\mathcal{P}_4$ は次元 $2<d<4$ で有効，$d=4$ で中立的，$d>4$ で非有効である．

* $\mathcal{H}=\mathcal{H}_G^*+\lambda\mathcal{P}_4$ に対する $\mathcal{H}'$ を λ の1次まで計算せよ．

b) 誤差についての考察

くりこみ群の流れを調べる前に，これまでに行なったいくつかの近似の正当性に関して次の4つの点を注意しておく．

- これまで，くりこみ変換(3.76),(3.86)を小さな波数に注目して近似した(3.89)を用いて計算を進めてきた．正確なくりこみ変換(3.86)をもとにして，摂動展開を行なうことを考える．まず，(3.86)で $p\in\mathcal{K}_<$ に対応する ψ_p を積分する．δ 関数が消えて，$\mathcal{H}[\psi]$ のなかの ψ_p が $g_0(k)^{-1}L^{\theta}\psi'_{Lp}-\sum_{n\neq(0,\cdots,0)}(g_n(k)/g_0(k))\psi_{p+(2\pi n/L)}$ に置き換えられる．この段階で，摂動展開を行なうと，$g_n(k)$ を介して異なった波数の ψ_p が相互作用する項が付け加わる．摂動展開の範囲内では，これらの新しい相互作用は $|k|\leq L^{-\sigma}$ に対応するスピン変数には影響しないことが，(3.87)の評価から示される．
- 正確なくりこみ変換を用いても，Gauss型固定点が存在することは，比較的簡単に証明できる*．正確な固定点のハミルトニアンは(3.103)の $\epsilon^*(k)$ をある関数に置き換えたものになる．しかし $|k|$ が小さい領域では，$\epsilon^*(k)\simeq|k|^2$ であり，これまでの議論は破綻しない．
- ハミルトニアン $\mathcal{H}$ が(少なくとも1回の)くりこみ変換によって作られたものであるとする．$\mathcal{H}[\psi]$ は，$|p|\leq L^{-\sigma}$ の ψ_p についてのみ(3.108)の φ^4 模型の形をとると考えてよいだろう．くりこみ変換を施した $\mathcal{H}'[\psi']$ では，再び $|k|\leq L^{-\sigma}$ の ψ'_k に注目する．変数変換(3.90)によれば，領域 $|k|\leq L^{-\sigma}$ は，変換前の波数では $|p|\leq L^{-1-\sigma}$ という極めて小さな領域に対応する．少なくともくりこみ変換の摂動展開(3.106)の主要部分(平均 $\langle\cdots\rangle_{\geq}$ のかかっていない部分)を評価する際には，(3.108)を使ってよいことがわかる．
- 真の $\mathcal{H}'$ には，(3.125),(3.128),(3.129)の他にもさまざまな「小さな」

---

* 2点関数(3.50)と変換則(3.80)を用い，固定点での2点関数の表式を作る．さらに，Gauss模型の2点関数についての(3.40)を逆に用いれば，固定点のハミルトニアンの表現が得られる．K. Gawedzki, A. Kupiainen: Commu. Math. Phys. 77(1980)31 の Appendix を参照．Gauss型固定点が存在することは決して自明ではない．たとえば代表値ブロックスピン変換と呼ばれるくりこみ変換には，特別な場合以外はGauss型固定点はない．K. Hattori, T. Hattori and H. Watanabe: Phys. Lett. **A115**(1986)207 などを参照．

補正項*が含まれている．これらの「小さな」誤差が，くりこみ変換を幾度も繰り返すたびに増幅し，近似を破綻させるかもしれない．この可能性を一般に否定することはできないが，$d \geq 4-\varepsilon$(ただし $\varepsilon \ll 1$)という次元では，Gauss 型固定点では(3.131)以外の摂動はすべて非有効である．たとえハミルトニアンに非有効な摂動 $\mathcal{P}$ が加わっても，くりこみ変換の度に $L^{\kappa[\mathcal{P}]}$ という小さな数がかかり，その増幅は抑制されると期待される**．

Wilson に始まる φ^4 模型のくりこみ群の優れた点は，このように少数のパラメタについての変換だけを調べることが正当化されていることである．

以上の議論はあくまで直観的なもので，近似の正当性を完全に保証するものではない．しかし，3-8 節で触れるように，Gawedzki と Kupiainen の厳密なくりこみ群の完成によって，少なくとも $d \geq 4$ では，パラメタ空間での近似的なくりこみ変換の表現(3.128)，(3.129)によってくりこみ群の流れが厳密に再現できることがわかっている．

c）一般の場合のくりこみ群の流れ

(3.108)の φ^4 模型のハミルトニアン $\mathcal{H}=\mathcal{H}_{\mathrm{G}}^*+\mu\mathcal{M}+\lambda\mathcal{U}$ に，くりこみ変換を n 回施して得られるハミルトニアンを求めたい．くりこみ変換の表現(3.125)および前項での誤差についての考察によれば，$|k| \leq L^{-\sigma}$ に対応するスピン変数については，

$$\mathcal{H}^{(n)}[\phi] = \underbrace{\mathcal{R}_{L,\theta} \circ \cdots \circ \mathcal{R}_{L,\theta}}_{n}[\mathcal{H}][\phi] \simeq \mathcal{H}_{\mathrm{G}}^*[\phi]+\mu_n\mathcal{M}[\phi]+\lambda_n\mathcal{U}[\phi] \tag{3.132}$$

であり，パラメタ μ_n, λ_n は，初期値 $\mu_0=\mu$, $\lambda_0=\lambda$ に，写像(3.128)，(3.129)を n 回施したものである***．ただしこの過程で，パラメタ μ_i, λ_i は常に摂動展開が使える領域(3.130)の中にあると仮定する．以下，各次元において具体的に μ_n, λ_n を求める．

$d>2$, $d \neq 3$ のとき，

---

* 具体的には，$g_n(k)$ による相互作用，$|k|>L^{-\sigma}$ のスピン変数からの新しい寄与，および摂動の展開の高次の項．

** たとえば巻末の文献[Wilson-Kogut]の 5 節に，摂動展開の高次の項の評価がある．

*** (3.128)，(3.129)で $\mu'=\mu_{i+1}$, $\mu=\mu_i$, $\lambda'=\lambda_{i+1}$, $\lambda=\lambda_i$ とおき，μ_i, λ_i の漸化式とみなす．

$$\mu_c(\lambda) = -\frac{B_1(L)}{2(1-L^{2-d})}\lambda + D(L)\lambda^2 + O(\lambda^3) \tag{3.133}$$

とおく．$D(L)$ と $O(\lambda^3)$ がどのように決まるかは，すぐ後に議論する．(3.133)と(3.129)を用いれば，(3.128)は λ^2 までの精度で次のように書き換えられる．

$$\mu_{i+1} - \mu_c(\lambda_{i+1}) \simeq L^2\left(1 - \frac{B_2(L)}{2}\lambda_i\right)\{\mu_i - \mu_c(\lambda_i)\} \tag{3.134}$$

(3.134)と(3.133)から $D(L)$ が定まるが，その具体形は必要ない．(3.134)を $i=0, 1, \cdots, n-1$ についてかけ合わせれば，

$$\begin{aligned}\mu_n &\simeq L^{2n}\left\{\prod_{i=0}^{n-1}\left(1 - \frac{B_2(L)}{2}\lambda_i\right)\right\}\{\mu - \mu_c(\lambda)\} + \mu_c(\lambda_n) \\ &\simeq L^{2n}\exp\left[-\frac{B_2(L)}{2}\sum_{i=0}^{n-1}\lambda_i\right]\{\mu - \mu_c(\lambda)\} + \mu_c(\lambda_n)\end{aligned} \tag{3.135}$$

のように，μ_n が形式的に求まる．一般に $\mu > \mu_c(\lambda)$ ならば，μ_n は最終的には $\mu > 0$ の領域に入り，ほぼ L^{2n} に比例して増加する．(図 3-2 参照.) (3.133)の右辺の $O(\lambda^3)$ は，$\mu = \mu_c(\lambda)$ を初期値にもつ軌跡が $|\mu| \gg \lambda$ の領域に逃げ出さないという条件で決める．

次に λ_n を求める．$(\lambda_i)^2$ までの精度で，(3.129)を，

$$\frac{1}{\lambda_{i+1}} \simeq L^{d-4}\left(\frac{1}{\lambda_i} + \frac{3B_2(L)}{2}\right) \tag{3.136}$$

と書くことができる．さらに $d \neq 4$ では，

$$\lambda^* = \frac{2(L^{4-d}-1)}{3B_2(L)} \tag{3.137}$$

とすれば，(3.136)は，

$$\frac{1}{\lambda_{i+1}} - \frac{1}{\lambda^*} \simeq L^{d-4}\left(\frac{1}{\lambda_i} - \frac{1}{\lambda^*}\right) \tag{3.138}$$

と変形できる．(3.138)は簡単に解けて，

$$\lambda_n \simeq \left(\frac{L^{(d-4)n}}{\lambda}+\frac{1-L^{(d-4)n}}{\lambda^*}\right)^{-1} \tag{3.139}$$

が示される．

d）$d>4$ でのくりこみ群の流れ

$d>4$ では $\lambda^*<0$ であることに注意すれば，(3.139)より λ_n は n とともに単調減少し，n が十分大きくなると，

$$\lambda_n \simeq \frac{\lambda|\lambda^*|}{\lambda+|\lambda^*|}L^{-(d-4)n} \tag{3.140}$$

となることがわかる．これを(3.135)に代入すれば，n が十分大きいとき，

$$\mu_n \simeq A_1(L,\lambda)L^{2n}\{\mu-\mu_c(\lambda)\}+\mu_c(\lambda_n) \tag{3.141}$$

となる．ただし $A_1(L,\lambda)=\exp[-(B_2(L)/2)\sum_{i=0}^{\infty}\lambda_i]$ は，$0\leq\lambda\ll L^{-4}$ で特異性をもたない関数である．

(3.140) と(3.141)は，摂動領域(3.130)内のくりこみ群の流れを決定する．図 3-2 のように，Gauss 型固定点に無限の時間をかけて吸い込まれる軌跡があり，その周囲の軌跡は μ の正と負の方向にわかれて進んでいく．一般に固定点の近傍では，くりこみ群の流れはゆっくりしている．

e）$d=4$ でのくりこみ群の流れ

$d=4$ では，(3.136)をそのまま解けば，

$$\lambda_n \simeq \left(\frac{3B_2(L)}{2}n+\frac{1}{\lambda}\right)^{-1} \tag{3.142}$$

となる．

$$\sum_{i=0}^{n-1}\lambda_i \simeq \lambda\int_0^n di\{(3\lambda B_2(L)/2)i+1\}^{-1}$$
$$= 2(3B_2(L))^{-1}\ln[(3\lambda B_2(L)/2)n+1]$$

に注意すれば，(3.135)より

$$\mu_n \simeq \left(\frac{3\lambda B_2(L)}{2}n+1\right)^{-1/3}L^{2n}\{\mu-\mu_c(\lambda)\}+\mu_c(\lambda_n) \tag{3.143}$$

が示される．

$d=4$ でも Gauss 型固定点に吸い込まれる軌跡がある．(3.131) の固有摂動 $\mathcal{P}_4$ が中立的であることを反映して，この軌跡はゆっくりと($1/n$ に比例して)固定点にむかう．

f) $d=4-\varepsilon$ でのくりこみ群の流れ

$d=3$ では，(3.137) の λ^* は 1 のオーダーの正の量なので，(3.139) によれば λ_n は単調に増加し，いずれは摂動領域 (3.130) の外に出てしまう．3-7 節で見るように，これだけの情報では系の臨界現象を解析することはできない．意味のある結果を得るために，くりこみ変換の表現 (3.128), (3.129) での次元 d を連続パラメタとみなし，$0<\lambda^*\ll L^{-4}$ となるように $\varepsilon=4-d$ を十分小さくとることにする．半端な次元でも μ, λ のパラメタ空間でのくりこみ変換を考えることはできるが，対応する格子上のスピン系は定義されていない．それでも $d<4$ での臨界現象の本質を理解するために，このような拡張は深い意義をもっている*.

n が十分大きいとき，(3.139) は

$$\lambda_n \simeq \lambda^* + (\lambda-\lambda^*)\frac{\lambda^*}{\lambda}L^{-\varepsilon n} \tag{3.144}$$

となる．また $\exp[-B_2(L)\lambda^*/2] \simeq L^{-\varepsilon/3}$ に注意すると，

$$\mu_n \simeq A_2(L,\lambda)L^{(2-(\varepsilon/3))n}\{\mu-\mu_c(\lambda)\}+\mu_c(\lambda_n) \tag{3.145}$$

を得る．ただし関数 $A_2(L,\lambda)=\exp[-(B_2(L)/2)\sum_{i=0}^{\infty}(\lambda_i-\lambda^*)]$ は $0\leq\lambda\ll L^{-4}$ の範囲で特異性をもたない．

くりこみ群の流れ (3.144), (3.145) から，この系には Gauss 型固定点以外に，

$$\mathcal{H}^*_{\mathrm{WF}} \simeq \mathcal{H}^*_{\mathrm{G}} + \mu^*\mathcal{M} + \lambda^*\mathcal{U} \tag{3.146}$$

$$\lambda^* \simeq \frac{2\ln L}{3B_2(L)}\varepsilon, \qquad \mu^* \simeq \mu_c(\lambda^*) \tag{3.147}$$

で決められるもう 1 つの固定点があることがわかる．ただし高次の摂動展開の

---

* φ^4 模型のハミルトニアン (3.6) の $\mathcal{H}_0$ を $\int dk\,|k|^{\alpha}\varphi_k\varphi_{-k}$ などで置き換えて，非整数の次元の系と類似の振舞いをもつ系を作ることはできる．たとえば，K. Gawedzki and A. Kupiainen: Commun. Math. Phys. **89** (1983) 191; J. Stat. Phys. **35** (1984) 267.

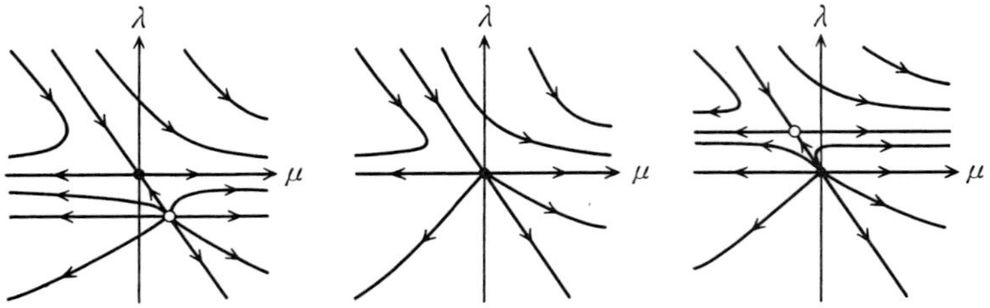

図 3-2 $d>4$(左), $d=4$(中), $d<4$(右)でのくりこみ群の流れ. 参考のため, 軌跡の関数形を形式的に $\lambda<0$ の領域に拡張して得られた流れも描いた. 2つの固定点の関係をわかりやすく示すために, $d\neq 4$ で Gauss 型固定点(●)と Wilson-Fisher 固定点(○)を同じ図に描いた. 実際には2つの固定点は異なった θ をもつので, これは不正確である.

結果によれば, $\theta\simeq\{(d+2)/2\}-(\varepsilon^2/108)$ のように, 指数 θ を Gauss 型固定点の値からずらさなければ $\mathcal{H}^*_{\mathrm{WF}}$ は固定点にはならない. 固定点 $\mathcal{H}^*_{\mathrm{WF}}$ を Wilson-Fisher 固定点と呼ぶ. (3.144), (3.145)によれば, Wilson-Fisher 固定点には, 有効な固有摂動 $\mathcal{P}'_2$ と非有効な固有摂動 $\mathcal{P}'_4$ があり, それぞれの指数は $\kappa[\mathcal{P}'_2]\simeq 2-(\varepsilon/3)$, $\kappa[\mathcal{P}'_4]\simeq-\varepsilon$ である*.

この場合のくりこみ群の流れは, $d\geq 4$ とは質的に異なっている(図 3-2). Gauss 型固定点からはすべての軌跡が湧きだし, Wilson-Fisher 固定点には吸い込む流れと湧きだす流れがある.

g) $\boldsymbol{d=3}$ でのくりこみ群の流れ

4-4 節での場の量子論の解析に備えて, $d=3$ での μ_n の動きを調べる. $d=3$ では(3.133), (3.134)を満たす $D(L)$ がないので, 特別の注意がいる.

$$\mu_{\mathrm{c}}(\lambda) = -\lambda B_1(L)/\{2(1-L^{2-d})\}+O(\lambda^3)$$
$$E(L) = (B_3(L)/6)+[B_1(L)B_2(L)/\{2(L^{d-2}-1)\}]$$

とおき, (3.128)を,

* この結果は, くりこみ群の流れを求めなくても(3.128), (3.129)を Wilson-Fisher 固定点の回りで線形化すれば得られる.

$$\mu_{i+1}-\mu_c(\lambda_{i+1}) \simeq L^2\left(1-\frac{B_2(L)}{2}\lambda_i\right)\{\mu_i-\mu_c(\lambda_i)\}-L^2E(L)\lambda_i^2 \qquad (3.148)$$

と書き直す．$\mu_i-\mu_c(\lambda_i)=\rho_i L^{2i}\prod_{j=0}^{i-1}\{1-(B_2(L)/2)\lambda_j\}$ によって ρ_i を定義し，(3.139)より $\lambda_i \simeq L^i\lambda$ となることに注意すれば，

$$\rho_{i+1} \simeq \rho_i - L^{-2i}E(L)\lambda_i^2 \simeq \rho_i - E(L)\lambda^2 \qquad (3.149)$$

を得る．よって，$\rho_n \simeq \rho_0 - nE(L)\lambda^2$ となり，最終的に，

$$\mu_n \simeq L^{2n}\exp\left[-\frac{B_2(L)}{2}\sum_{i=0}^{n-1}\lambda_i\right]\{\mu-\mu_c(\lambda)-nE(L)\lambda^2\}+\mu_c(\lambda_n) \qquad (3.150)$$

が示される．

h) 非摂動的領域でのくりこみ群の流れ

非線形性のパラメタ λ が大きくなると，摂動展開によってくりこみ変換を調べることはできない．今のところ非摂動的領域でのくりこみ変換についての信頼に足る結果はない．1つのヒントとして，ν 成分の φ^4 模型で $\nu\to\infty$ とした場合の結果を述べる．

ν 成分系のスピン変数は，$\boldsymbol{\varphi}_x=(\varphi_x^{(1)},\varphi_x^{(2)},\cdots,\varphi_x^{(\nu)})$ というベクトルであり，ハミルトニアンは，

$$\mathcal{H} = \frac{\nu}{2}\sum_{\langle x,y\rangle}(\boldsymbol{\varphi}_x-\boldsymbol{\varphi}_y)\cdot(\boldsymbol{\varphi}_x-\boldsymbol{\varphi}_y)+\nu\sum_x\left\{\frac{\mu}{2}(\boldsymbol{\varphi}_x\cdot\boldsymbol{\varphi}_x)+\frac{\lambda}{8}(\boldsymbol{\varphi}_x\cdot\boldsymbol{\varphi}_x)^2\right\} \qquad (3.151)$$

である．くりこみ変換の摂動展開を行ない，展開の各項で $\nu\to\infty$ の極限をとる．展開のほとんどの項が消えて，残ったものは無限次まで足し合わせることができる*．その結果，(3.127)に対応して，

$$\lambda_{i+1} = \frac{L^{4-d}\lambda_i}{1+(L^{4-d}B_2(L,\mu)/2)\lambda_i} \qquad (3.152)$$

を得る．

変換(3.152)は，λ_i が大きいときには強い非線形性を示す．特に，λ_i がどれほど大きくても $\lambda_{i+1}<2/B_2(L,\mu)$ が成り立つのは注目に値する．非線形性の

---

* 具体的には，  のようなはしご状の Feynman ダイヤグラムに対応する項のみを足す．

強い系も，有限回のくりこみ変換で1のオーダーの非線形性をもった系に変換されてしまう．数値計算などから，通常の φ^4 模型にも類似の描像があてはまると期待されている．この点が明らかになれば，臨界現象の普遍性や場の量子論の連続極限について深い理解が得られるはずである．

3-7　臨界現象の解析

前節で求めたくりこみ群の流れをもとにして，φ^4 模型の臨界現象を解析する．以下では主に，

$$\mathcal{H} = \mathcal{H}_{\mathrm{G}}^{*} + \mu\mathcal{M} + \lambda\mathcal{U} \tag{3.153}$$

というハミルトニアンをもった系で，$0<\lambda\ll L^{-4}$ を固定し，μ を変化させたときの臨界現象を扱う．臨界現象の存在やスケーリング等の仮定と組み合わせてくりこみ群を用いる文献も多いが，ここでは人工的な仮定を立てずに，臨界指数を完全に決定できることを見る．普遍性の問題との関連で，3-1節で定義した標準的な φ^4 模型の臨界現象も議論する．

a）臨界点

3-6節c〜f項によれば，$d\geq 4-\varepsilon$ では，$\mu=\mu_{\mathrm{c}}(\lambda)$ であれば $\mathcal{H}$ にくりこみ変換を n 回施した $\mathcal{H}^{(n)}$ は $n\to\infty$ で固定点 $\mathcal{H}^{*}$ に収束する．ただし次元に応じて $\mathcal{H}^{*}=\mathcal{H}_{\mathrm{G}}^{*}$ あるいは $\mathcal{H}^{*}=\mathcal{H}_{\mathrm{WF}}^{*}$ ととる．

$R=L^n$ とおき，相関関数の変換則(3.80)を n 回繰り返し用いれば，

$$\sum_{x,\,y\in B_R(o)} \langle\varphi_x\varphi_y\rangle_{\mathcal{H}} = R^{2\theta}\langle{\varphi_o}^2\rangle_{\mathcal{H}^{(n)}} \simeq R^{2\theta}\langle{\varphi_o}^2\rangle_{\mathcal{H}^{*}} \tag{3.154}$$

が得られる．$\simeq$ は n が十分大きいときに成り立つ．$B_R(o)$ は1辺の長さが R のブロック(3.74)である．

(3.154)は，相関関数 $\langle\varphi_x\varphi_y\rangle_{\mathcal{H}}$ が距離 $|x-y|$ のベキ乗で減衰することを示している．よって $\mu_{\mathrm{c}}(\lambda)$ は臨界点であることがわかる．臨界指数 η の定義(3.21)と(3.154)を比べれば，

$$\eta = d+2-2\theta \tag{3.155}$$

という関係が示される．

b）無秩序相

(3.135)より $\mu>\mu_c(\lambda)$ ならば，$\mathcal{H}^{(n)}$ のパラメタ μ_n は，最終的には L^{2n} に比例して n とともに増加する．整数 $n[\mu,\lambda]$ を

$$\mu_{n[\mu,\lambda]} \simeq 1 \tag{3.156}$$

という条件で定義する．もし $\lambda_{n[\mu,\lambda]} \ll 1$ であれば，対応する $\mathcal{H}^{(n[\mu,\lambda])}$ は，3-3節の単純な摂動展開が有効な領域(3.72)に含まれる．この場合には近似式(3.73)が使えるので，

$$\xi[\mathcal{H}^{(n[\mu,\lambda])}] \simeq 1, \quad \chi[\mathcal{H}^{(n[\mu,\lambda])}] \simeq 1, \quad u_4[\mathcal{H}^{(n[\mu,\lambda])}] \simeq -\lambda_{n[\mu,\lambda]} \tag{3.157}$$

が得られる．他方くりこみ変換による物理量の変換則(3.81),(3.82)を n 回用いて，

$$\xi[\mathcal{H}^{(n[\mu,\lambda])}] = L^{-n[\mu,\lambda]}\xi(\mu,\lambda) \tag{3.158}$$

$$\chi[\mathcal{H}^{(n[\mu,\lambda])}] = L^{(d-2\theta)n[\mu,\lambda]}\chi(\mu,\lambda) \tag{3.159}$$

$$u_4[\mathcal{H}^{(n[\mu,\lambda])}] = L^{(d-4\theta)n[\mu,\lambda]}u_4(\mu,\lambda) \tag{3.160}$$

を得る．ここで $\xi(\mu,\lambda)=\xi[\mathcal{H}]$ などと書いた．(3.157)と(3.158)-(3.160)を合わせれば，

$$\xi(\mu,\lambda) \simeq L^{n[\mu,\lambda]} \tag{3.161}$$

$$\chi(\mu,\lambda) \simeq L^{(2\theta-d)n[\mu,\lambda]} \tag{3.162}$$

$$u_4(\mu,\lambda) \simeq -L^{(4\theta-d)n[\mu,\lambda]}\lambda_{n[\mu,\lambda]} \tag{3.163}$$

が示される．これらの3つの関係が，くりこみ群を用いて臨界現象を解析するための基礎になる．

c）$n[\mu,\lambda]$ の評価

$\mu_n\simeq 1$ は2つ目の摂動展開が使える領域(3.130)の外なので，$n[\mu,\lambda]$ の計算は2つのステップに分けて行なう．$\tilde{n}[\mu,\lambda]$ を

$$\mu_{\tilde{n}[\mu,\lambda]} \simeq L^{-4} \tag{3.164}$$

という条件で決める．$\tilde{n}[\mu,\lambda]$ の計算には領域(3.130)内での流れを用いることができる．μ_n が $\simeq L^{-4}$ から $\simeq 1$ に増加する様子は，1つ目の摂動展開で得られた漸化式(3.126)を用いて調べる．$\lambda_{\tilde{n}[\mu,\lambda]} \ll L^{-4}$ であれば，(3.126)は $\mu'\simeq$

$L^2\mu$ となるから，

$$n[\mu,\lambda]=\tilde{n}[\mu,\lambda]+2 \tag{3.165}$$

であることがわかる．

d）臨界指数の導出

一般的な状況で，臨界現象と臨界指数を調べる．いくつかの仮定を立てるが，それらの是非は後に具体的に調べる．

（3.141）や（3.145）のように，定数 κ_2 と，$0\le\lambda\ll L^{-4}$ で特異性をもたない関数 $A(L,\lambda)$ があって，摂動領域（3.130）内での μ_n の流れが，

$$\mu_n\simeq A(L,\lambda)L^{n\kappa_2}\{\mu-\mu_c(\lambda)\}+\mu_c(\lambda_n) \tag{3.166}$$

と書けると仮定する．（3.130）内では $|\mu_c(\lambda_n)|\ll L^{-4}$ なので，$\tilde{n}[\mu,\lambda]$ を決める際には（3.166）の右辺の $\mu_c(\lambda_n)$ は無視できる．条件 $L^{-4}\simeq A(L,\lambda)L^{\tilde{n}[\mu,\lambda]\kappa_2}\{\mu-\mu_c(\lambda)\}$ を解いて，（3.165）と合わせれば，

$$n[\mu,\lambda]\simeq\frac{|\ln[\mu-\mu_c(\lambda)]|}{\kappa_2\ln L}+f(L,\lambda) \tag{3.167}$$

となる．ただし $f(L,\lambda)=-\{\ln A(L,\lambda)/(\kappa_2\ln L)\}-(4/\kappa_2)+2$ は $0<\lambda\ll L^{-4}$ で有限な関数である．

（3.161），（3.162）に（3.167）を代入すれば，

$$\xi(\mu,\lambda)\simeq L^{f(L,\lambda)}(\mu-\mu_c(\lambda))^{-1/\kappa_2} \tag{3.168}$$

$$\chi(\mu,\lambda)\simeq L^{(2\theta-d)f(L,\lambda)}(\mu-\mu_c(\lambda))^{-(2\theta-d)/\kappa_2} \tag{3.169}$$

が得られる．臨界現象の存在が示された．臨界指数の定義（3.20）と見比べれば，

$$\nu=1/\kappa_2,\qquad \gamma=(2\theta-d)/\kappa_2 \tag{3.170}$$

となる．

（3.155），（3.170）の η,ν,γ の表式から θ と κ_2 を消去すれば，臨界指数の間の関係 $\gamma=\nu(2-\eta)$ が得られる．これは，（3.22）の Fisher のスケーリング則に他ならない．

u_4 の臨界現象を調べるために，定数 $\bar{\lambda}$ があり，$\mu>\mu_c(\lambda)$ を動かしても

$$\lambda_{n[\mu,\lambda]}\simeq\bar{\lambda}>0 \tag{3.171}$$

であると仮定する．（3.163）に，（3.167）と（3.171）を代入すれば，

$$u_4(\mu,\lambda) \simeq -\bar{\lambda}L^{(4\theta-d)f(L,\lambda)}(\mu-\mu_c(\lambda))^{-(4\theta-d)/\kappa_2} \tag{3.172}$$

となり，臨界指数 Δ_4 の定義(3.20)より

$$\Delta_4 = \theta/\kappa_2 \tag{3.173}$$

を得る．(3.170)と(3.173)から θ, κ_2 を消去すると，$d\nu=2\Delta_4-\gamma$ となる．これは(3.23)のハイパースケーリング則である．

e) $d>4$ での臨界現象

以下 e, f, g の各項で，3つの場合について臨界現象を具体的に調べる．$d>4$ では，固定点 $\mathcal{H}^*$ は Gauss 型固定点 $\mathcal{H}_G^*$ である．(3.102)により $\theta=(d+2)/2$ であり，(3.141)と(3.166)から $\kappa_2=2$ となる．一般論がそのまま適用できて，(3.155),(3.170)より

$$\eta = 0, \quad \nu = 1/2, \quad \gamma = 1 \tag{3.174}$$

を得る．これは，Gauss 模型での(3.57),(3.55)と等しい古典的な値である．

u_4 の臨界現象の解析には注意が必要である．(3.140)より $\lambda_n \approx L^{-(d-4)n}$ なので，一般論で仮定した(3.171)は成り立たない．(3.163)に λ_n の振舞いを代入すれば，

$$\begin{aligned} u_4 &\approx -L^{(4\theta-d)n[\mu,\lambda]}L^{-(d-4)n[\mu,\lambda]} \\ &= -(\mu-\mu_c(\lambda))^{-(4\theta-2d+4)/\kappa_2} = -(\mu-\mu_c(\lambda))^{-4} \end{aligned} \tag{3.175}$$

となり，Δ_4 の定義(3.20)から

$$\Delta_4 = 3/2 \tag{3.176}$$

を得る．これは臨界指数 Δ_4 の古典的な値と考えられる．ハイパースケーリング則(3.23)は成立しない．

Δ_4 の評価では，(3.131)の $\mathcal{H}_G^*$ の非有効な摂動 $\mathcal{P}_4$ の指数 $\kappa[\mathcal{P}_4]=4-d$ が重要な役割を果たした．このように，臨界現象に重要な寄与をする非有効な摂動を**危険な非有効摂動**(dangerous irrelevant perturbation)と呼ぶことがある*．

* 他にも自発磁化，比熱に関する臨界指数 β, δ の評価にも，非有効摂動 $\mathcal{P}_4$ が効く．上のように，臨界指数の評価をきちんと行なえば，どの場合に非有効な摂動が重要かは自ずと明らかになるので，本当の「危険」はない．不正確な仮定に基づいて計算すると，「危険な非有効摂動」を見落とす可能性がある．

f) $d=4$ での臨界現象

$d=4$ は特殊な次元であり，一般論の(3.166)は成立しない．(3.143)から直接 $n[\mu,\lambda]$ を求めると，主要部分は，

$$n[\mu,\lambda] \simeq \frac{|\ln[\mu-\mu_c(\lambda)]|}{2\ln L}+\frac{\ln[|\ln[\mu-\mu_c(\lambda)]|]}{6\ln L}+\text{const.} \qquad (3.177)$$

となる．これを(3.161)，(3.162)，(3.163)に代入し，(3.142)を用いれば，

$$\xi(\mu,\lambda) \approx |\ln(\mu-\mu_c(\lambda))|^{1/6}(\mu-\mu_c(\lambda))^{-1/2} \qquad (3.178)$$

$$\chi(\mu,\lambda) \approx |\ln(\mu-\mu_c(\lambda))|^{1/3}(\mu-\mu_c(\lambda))^{-1} \qquad (3.179)$$

$$u_4(\mu,\lambda) \approx |\ln(\mu-\mu_c(\lambda))|^{1/3}(\mu-\mu_c(\lambda))^{-4} \qquad (3.180)$$

が導かれる．$d>4$ の場合の臨界現象に，**対数補正**(log corrections)がついている．$d=4$ は，古典的な臨界現象をもつ $d>4$ と古典的でない臨界現象をもつ $d<4$ の境界の**臨界次元**(critical dimension)である．一般に臨界次元では，臨界現象への対数補正が現われることが多い．

g) $d=4-\varepsilon$ での臨界現象

$d=4-\varepsilon$ では，臨界現象に関わる固定点 $\mathcal{H}^*$ は Wilson-Fisher 固定点 $\mathcal{H}^*_{\mathrm{WF}}$ である．この場合は，$\theta\simeq(d+2)/2$ であり，また(3.145)と(3.166)を比べれば，$\kappa_2\simeq 2-(\varepsilon/3)$ となる．さらに(3.144)より $\lambda_n\simeq\lambda^*$ であるから(3.171)も成立する．よって d 項の一般論が使える．(3.155)，(3.170)，(3.173)に θ と κ_2 を代入すれば，ε の 1 次までの精度で，

$$\eta\simeq 0,\quad \nu\simeq\frac{1}{2}+\frac{\varepsilon}{12},\quad \gamma\simeq 1+\frac{\varepsilon}{6},\quad \Delta_4\simeq\frac{3}{2} \qquad (3.181)$$

のように臨界指数が求まる．古典的な値からずれた臨界指数*が解析的に導かれたのは注目に値する．ハイパースケーリング則(3.23)も成立している．

臨界指数の $\varepsilon=4-d$ についてのベキ展開(3.181)を，**ε 展開**(ε-expansion)という．ここで導いた最低次の ε 展開から，たとえば $d=3$ での臨界指数についての信頼できる結果を期待することはできない．しかし Gauss 型固定点以外

---

* η は古典的な値をとるように見えるが，より詳しい $\theta\simeq\{(d+2)/2\}-(\varepsilon^2/108)$ を代入すれば $\eta\simeq\varepsilon^2/59$ となり古典的な値からずれる．

の固定点が出現して非古典的な臨界現象が現われるといった基本的な描像は，現実的な $d=3$ の系にもあてはまると考えられている．また摂動展開を高次まで計算し，得られた級数を巧みに処理して，$d=3$ で信頼できる臨界指数を求める試みもある*．

h）くりこみ群と臨界現象，普遍性

いくつかの場合に，くりこみ群の流れについての情報から，臨界現象を導き，臨界指数を決定することができた．臨界現象に特有の発散が導かれる機構は，特に興味深い．パラメタ空間でのくりこみ変換(3.128)，(3.129)は，どの μ, λ の値についても特異性を持たない．これは，くりこみ変換では短距離のゆらぎのみを積分したことの反映と考えられる．特異性が現われるのは，これらの変換を繰り返し用いて作られるくりこみ群の流れを考えるからである．固定点の近傍では，くりこみ群の流れは限りなく「遅く」なる．そのために固定点の近傍で非常に長い時間を費やした後に，$\mu>0$ の領域に脱出する軌跡が現われる．このような軌跡がどれほどの間固定点近傍に留まるかが，$n[\mu, \lambda]$ の特異的な振舞いを決定し，系の臨界現象を決める重要な要素になる．固定点 $\mathcal{H}^*$ の近傍での流れの様子が，基本的には臨界現象を決定するといってよいだろう．

しかし，臨界現象を理解するためには，くりこみ群の流れの知識だけでは不十分である．3-3節の摂動計算の結果を利用し，くりこみ変換の変換則とあわせることで，はじめて臨界現象を完全に記述することができた．この際，臨界点に近いパラメタも，くりこみ変換を繰り返せば，いつかは $\mu_n \simeq 1$ という臨界点からは遠い値に変換されるという事実が重要な役割を果たした**．多くの場合に，くりこみ群は単独で用いるよりも，系の具体的な挙動を知るための別の方法と組み合わせて用いる方が有効である．

---

* たとえば，J. C. Le Guillou and J. Zinn-Justin: Phys. Rev. **B21**(1980)3976; B. Nickel: Physica **A106**(1981)48.

** 臨界点直上での臨界現象の解析には，たとえばa項で見たように，$\mathcal{H}^{(n)} \to \mathcal{H}^*$ となることを利用する．本章では，秩序相での臨界現象には触れていない．秩序相では，(3.130)よりも μ が小さくなると，いかなる摂動展開も使えなくなるという本質的な困難がある．楽観的な仮定を設ければ臨界指数を求められるが，上のような正確な(原理的には厳密化できる)議論を展開することは，今のところ，できない．

固定点近傍でのくりこみ群の流れが臨界現象の本質を決定すると考えると，臨界現象の普遍性の起源をある程度理解できる．臨界点から出発したくりこみ群の流れが，ある固定点 $\mathcal{H}^*$ に吸い込まれるような一連の系は，同じ臨界指数をもつと考えるのである．

$\epsilon_0(k) = |k|^2 + O(|k|^4)$ を満たす $\epsilon_0(k)$ について，

$$\mathcal{H}_0 = \frac{1}{2}\int_{k\in[-\pi,\pi]^d} dk\,\epsilon_0(k)\psi_k\psi_{-k}$$

とする．μ, λ を摂動領域(3.130)の中のパラメタとして，ハミルトニアン $\mathcal{H} = \mathcal{H}_0 + \mu\mathcal{M} + \lambda\mathcal{U}$ をもつ系の臨界現象を考えたい．たとえば3-1節で考察した標準的な φ^4 模型は典型的な例である．

3-5節a項より，$n\to\infty$ で $\underbrace{\mathcal{R}_{L,\theta}\circ\cdots\circ\mathcal{R}_{L,\theta}}_{n}[\mathcal{H}_0]\to\mathcal{H}^*_{\mathrm{G}}$ であることがわかっている．そこで $\mathcal{H}$ が十分臨界点に近いときには，有限な $n_0[\mu,\lambda]$ があって*，$n \geq n_0[\mu,\lambda]$ では，

$$\mathcal{H}^{(n)} = \underbrace{\mathcal{R}_{L,\theta}\circ\cdots\circ\mathcal{R}_{L,\theta}}_{n}[\mathcal{H}] \simeq \mathcal{H}^*_{\mathrm{G}} + \mu_n\mathcal{M} + \lambda_n\mathcal{U} \tag{3.182}$$

と書けるはずである．μ_n, λ_n は，以前に求めたものと同じではないが，$n \geq n_0[\mu,\lambda]$ では漸化式(3.126)～(3.129)に従う．以前と同様に(3.156)によって $\bar{n}[\mu,\lambda]$ を定義する．上の結果から，

$$\bar{n}[\mu,\lambda] \simeq n_0[\mu,\lambda] + n[\mu_{n_0[\mu,\lambda]}, \lambda_{n_0[\mu,\lambda]}] \tag{3.183}$$

と書ける．右辺の $n[\cdot,\cdot]$ は，本節でこれまで求めたものである．$n_0[\mu,\lambda]$ が有限であることから，この系の臨界現象は右辺の $n[\cdot,\cdot]$ にのみ支配されていることがわかる．臨界現象を解析すれば，(3.153)のハミルトニアンをもった系と等しい臨界指数が得られる．

より一般に，ある固定点の十分近傍に有限回のくりこみ変換で写像されるような系は，すべて同じ臨界指数をもつと期待される．たとえばIsing模型は，φ^4 模型で $\lambda\to\infty$ の極限をとったものと見なすことができる．λ が大きい領域で

* 正確には，定数 n_0 があり，μ が臨界点を含む有限の範囲を動くとき，$n_0[\mu,\lambda] \leq n_0$ が成り立つとする．

のくりこみ変換が，たとえばν成分系($\nu\to\infty$)での(3.152)に類似しているのなら，Ising 模型はφ^4模型と同じ臨界現象を示すという普遍性に基礎を与えることができる．

3-8 厳密なくりこみ群

この節では，くりこみ群の方法論によって得られた数学的に厳密な結果について述べる．特に Gawedzki と Kupiainen によるφ^4模型の厳密なくりこみ群の方法を概観する．

a) Gawedzki-Kupiainen の結果

Gawedzki と Kupiainen は数学的に厳密なφ^4模型のくりこみ群を完成させた*．彼らは，$d=4$ のφ^4模型で，λ_nが十分に小さいときには，(3-6節e項で見たように)Gauss 型固定点にゆっくりと($1/n$ に比例して)吸い込まれるくりこみ群の軌跡が存在することを証明した．Feldman, Magnen, Rivasseau, Sénéor も本質的に同じ結果を得た**．$d=4$ は臨界次元であり，Gauss 型固定点近傍でのくりこみ群の流れの解析が最も難しい．証明は，そのまま任意の整数次元 $d\geq 3$ のφ^4模型に拡張され，Gauss 型固定点の十分近傍でのくりこみ群の様子を決定できる．これによって，Wilson が導入した現代的なくりこみ群が，数学的な解析にも応用できる強力な方法論であることが確立されたといってよい．

Gawedzki と Kupiainen の方法を拡張して，λは小さいがμは大きくなる無秩序相でのくりこみ群の流れを解析することができる．(これは，3-5節c項の1つ目の摂動展開が有効な領域に対応する.) これによって，転移点近傍を出発したくりこみ群の軌跡が，固定点のそばで長い時間を費やした後，無秩序相に脱出してくる様子を調べることができる．3-7節の処方箋を(厳密に)実行

* K. Gawedzki and A. Kupiainen: Commun. Math. Phys. **99**(1985)197.
** J. Feldman, J. Magnen, V. Rivasseau and R. Sénéor: Commun. Math. Phys. **109**(1987) 437.

すれば，臨界現象について厳密な結果が得られる．

このようにして，3-1節の標準的な φ^4 模型で λ が十分に小さい場合の臨界現象について，次のことが証明された*．$d>4$ ならば(3.174)のように $\gamma=1, \nu=1/2$ が成り立つ．臨界次元の $d=4$ では(3.178)，(3.179)のように相関距離 ξ と磁化率 χ の臨界現象に古典的な振舞いからの対数補正がつく．この結果そのものは，くりこみ群とは無関係な，φ^4 模型の臨界現象についての定理であり，くりこみ群は証明のための手段として用いられたことに注意したい．今のところ $d=4$ での対数補正の存在を証明する方法は，くりこみ群以外にはないようである**．

Gawedzki-Kupiainen の方法は，λ が小さい領域でのみ有効なので，$d=3$ での Wilson-Fisher 固定点の解析に使うことはできない．Wilson-Fisher 固定点が摂動的な領域にあるような特殊なモデルでは，彼らの方法により非古典的なスケーリングを厳密に導くことができるはずである***．

b）多スケール分解

以下，Gawedzki と Kupiainen の厳密なくりこみ群の方法を簡単に紹介する****．くりこみ群の解析の出発点は，Gauss 模型でのスピン変数の多スケール分解である*****．格子 Λ 上で，(3.7)，(3.34)の $\mathcal{H}_0$ をハミルトニアンにもった Gauss 模型を考える．この系は転移点直上にある．スピン変数を，

$$\varphi_x = \sum_{n=0}^{\infty} L^{-\{(d-2)/2\}n} z_{L^{-n}x}^{(n)} \tag{3.184}$$

のように分解する******．ここで $z_{L^{-n}x}^{(n)}$ ($n=0,1,2,\cdots$, $x\in\Lambda$) は Gauss 分布に

---

* T. Hara: J. Stat. Phys. **47**(1987)57; T. Hara and H. Tasaki: J. Stat. Phys. **47**(1987)99.

** $d>4$ で $\gamma=1$ であることは，一般の λ について証明されている．M. Aizenman: Commun. Math. Phys. **86**(1986)1.

*** 3-6節 f 項の脚注の Gawedzki，Kupiainen の論文を参照．単純化されたくりこみ変換では，$d=3$ の Wilson-Fisher 固定点の存在が厳密に示されている．H. Koch and P. Wittwer: Commun. Math. Phys. **106**(1986)495.

**** 次の解説は比較的読みやすい．K. Gawedzki and A. Kupiainen: in *Critical Phenomena, Random Systems, Gauge Theories* (*Les Houches 1984*), K. Osterwalder and R. Stora eds, (North-Holland, 1986).

***** 多スケール分解の厳密なくりこみ群への応用を開発したのは，Gallavotti らである．たとえば，G. Gallavotti: Rev. Mod. Phys. **57**(1985)471 を参照．

****** 簡単のため熱力学的極限での分解の式を書いた．

従うランダム変数で，

$$\langle \varphi_x \varphi_y \rangle_{\mathscr{H}_0} = \langle \varphi_x \varphi_y \rangle_{\mathrm{f}} \tag{3.185}$$

を満たす．ただし $\langle \cdots \rangle_{\mathrm{f}}$ は $z_{L^{-n}x}^{(n)}$ の分布についての平均で，右辺の $\varphi_x \varphi_y$ には(3.184)を代入する．Gauss 分布の性質から，任意の関数 $F[\varphi]$ についても同様に，$\langle F[\varphi] \rangle_{\mathscr{H}_0} = \langle F[\varphi] \rangle_{\mathrm{f}}$ が成り立つ．このとき，変数 $z_{\tilde{x}}^{(n)}$ $(\tilde{x} \in L^{-n}\Lambda)$ の相関が，

$$\langle z_{\tilde{x}}^{(n)} \rangle_{\mathrm{f}} = 0, \qquad |\langle z_{\tilde{x}}^{(n)} z_{\tilde{y}}^{(m)} \rangle_{\mathrm{f}}| \le \delta_{n,m} \exp[-m_0|\tilde{x}-\tilde{y}|] \tag{3.186}$$

を満たすように $z_{\tilde{x}}^{(n)}$ をとることができる．m_0 は n によらない定数である．

系が転移点上にあるので，スピン変数 φ はあらゆるスケールで強いゆらぎをもっている．(3.184)は，φ を異なったスケールのゆらぎの和として表現したものであると考えられる．変数 $z_{L^{-n}x}^{(n)}$ は L^n 程度の距離のゆらぎを表わしている．(3.186)が現わすように，異なったスケールの $z_{L^{-n}x}^{(n)}$ は互いに独立であり，同じスケールの中でもゆらぎ $z_{L^{-n}x}^{(n)}$ の相関は局所的である．

多くの(厳密でない)くりこみ群の文献で用いられる多スケール分解は，波数空間でのスピン変数 ψ_k を用いて

$$z_{L^{-n}x}^{(n)} = (2\pi)^{-d/2} L^{-\{(d+2)/2\}n} \int_{k \in \mathscr{K}_{\ge}} dk\, e^{ik\cdot(L^{-n}x)} \psi_{L^{-n}k} \tag{3.187}$$

としたものである．この分解を採用することは，波数空間での変換(3.89)をくりこみ変換の基本的な定義とすることに対応する．分解(3.187)を用いても(3.184)と(3.185)は成立するが，ゆらぎの変数の相関

$$\langle z_{\tilde{x}}^{(n)} z_{\tilde{y}}^{(n)} \rangle_{\mathrm{f}} \simeq (2\pi)^{-d} \int_{k \in \mathscr{K}_{\ge}} dk \frac{\exp[ik\cdot(\tilde{x}-\tilde{y})]}{|k|^2} \tag{3.188}$$

は，(一見指数的に減衰するかのようだが)振動しながらベキ的に減衰する．単純な分解(3.187)は，波数空間では局所的だが，実空間では局所的ではない*.

これに対して，(3.184)は実空間でも波数空間でも局所的な分解である．これは，ある意味で，相空間を単位体積に分割して場の理論を記述するという

* 3-4 節で(3.89)をくりこみ変換の定義とすることに問題があるかもしれないと書いたのは，このためである．

Wilson の初期の着想*に忠実であるともいえる.

c) ブロックスピン変換の表現

スピン変数の分解(3.184)が得られたので, Gauss 模型のくりこみ変換は, 各スケールの $z^{(n)}_{L^{-n}x}$ を順次積分していくことに対応する. 非線形性の入った系では, Gauss 模型からの摂動を考えて, くりこみ変換の表式を導く.

$i=0,1,2,\cdots$ について, φ^4 模型のハミルトニアン(3.6)にくりこみ変換を i 回施したハミルトニアンを,

$$\mathcal{H}^{(i)}[\varphi] = \frac{1}{2}\sum_{x,y}(G_i{}^{-1})_{xy}\varphi_x\varphi_y + \mathcal{V}_i[\varphi] \tag{3.189}$$

と書く. 行列成分 $(G_i)_{xy}$ は, $\mathcal{H}_0$ に i 回くりこみ変換を施して得られる Gauss 模型の相関関数であり, $G_i{}^{-1}$ は G_i の逆行列である.

$\mathcal{H}^{(i)}, \mathcal{H}^{(i+1)}$ が, それぞれ格子 Λ, Λ' 上に定義されているとする. ブロックスピン変換(3.76)は, 正確に次のように表現される.

$$\exp[-\mathcal{V}_{i+1}[\varphi']] = \mathcal{N}\int\Bigl(\prod_{u\in\tilde{\Lambda}} dZ_u\Bigr)\exp\Bigl[-\frac{1}{2}\sum_{u\in\tilde{\Lambda}} Z_u{}^2\Bigr]\exp[-\mathcal{V}_i[A\varphi'+MZ]] \tag{3.190}$$

ただし $\tilde{\Lambda}$ は Λ から $L\Lambda'$(ブロック(3.74)の中心点の集まり)を取り除いたものであり, $(A\varphi')_x = \sum_{y\in\Lambda'} A_{xy}\varphi'_y$, $(MZ)_x = \sum_{u\in\tilde{\Lambda}} M_{xu}Z_u$ である. 行列成分 A_{xy} と M_{xy} は $|x-y|$ について指数的に減衰する.

(3.190)は, ブロックスピン変換を短距離のゆらぎを表わす変数** Z_u についての積分として表現する. 相互作用 $\mathcal{V}_i$ が十分小さければ, 積分(3.190)の中で, ゆらぎの変数 Z_u は短距離の相関を持つ. $\mathcal{H}^{(i)}$ で定義されるスピン系が転移点近傍にあっても, ゆらぎの変数 Z_u は無秩序相にあるといってよい. 積分(3.190)は, 実質的には有限個の変数についての積分(の集まり)に帰着され, クラスター展開などの厳密統計力学の手法で評価できる可能性がある.

* K.G. Wilson: Rev. Mod. Phys. **55**(1983)583 の 3 節. また構成的場の理論での相空間展開の方法も, 同様の分解を基礎にしている. 本書第 6 章を参照.

** Z_u は, $z^{(i)}_{L^{-i}x}$ を用いて具体的に書くことができる.

d) 大きなゆらぎの問題

積分(3.190)から意味のある結果を得るためには，φ^4 模型の摂動展開に類した評価を行なう必要がある．摂動展開の厳密化には深刻な困難がある．それを見るために，$0<\lambda\ll 1$ として次のような1変数の積分の摂動展開を考える．

$$\int_{-\infty}^{\infty} dz \exp\left[-\frac{z^2}{2}-\lambda z^4\right] = \int_{-\infty}^{\infty} dz\left(\sum_{n=0}^{\infty}\frac{(-\lambda z^4)^n}{n!}\right)\exp\left[-\frac{z^2}{2}\right]$$
$$= \sqrt{2\pi}\sum_{n=0}^{\infty}\frac{(4n-1)!!}{n!}\left(\frac{-\lambda}{4}\right)^n \qquad (3.191)$$

摂動展開の n 次の項の絶対値は $n!$ に比例して大きくなり，無限和は明らかに収束しない*．厳密な評価を構成するために，これは致命的である．

(3.191)左辺の積分の中では，変数 z は1のオーダーの値をとるのが普通である．展開係数が大きな値をとるのは，z が例外的に大きくなってしまった部分からの寄与と考えられる．このように例外的な振舞いから，危険な寄与が生じる現象は，(厳密な)くりこみ群の取扱いでは頻繁に現われ，**大きなゆらぎの問題**(large field problem)と呼ばれている．大きなゆらぎの問題を回避する一般的な処方箋はなく，場合に応じて処理していくしかない．

φ^4 模型の摂動展開の場合には，Gawedzki と Kupiainen は積分を大きなゆらぎと小さなゆらぎからの寄与に分解することで，この問題を解決した．上の例で言えば，$R=\lambda^{-1/4}$ とおき，積分を，

$$\int_{-\infty}^{\infty} dz \exp\left[-\frac{z^2}{2}-\lambda z^4\right] = \int_{-R}^{R} dz \exp\left[-\frac{z^2}{2}-\lambda z^4\right]+2\int_{R}^{\infty} dz \exp\left[-\frac{z^2}{2}-\lambda z^4\right] \qquad (3.192)$$

のように分解し，第1項のみを摂動展開する．この場合には，大きなゆらぎの問題はなく，摂動展開は収束する**．実際の証明では，解析関数についての Cauchy の定理を用いて，積分を厳密に評価する．第2項については，非摂動

---

* $\lambda<0$ では積分が発散するので，この結果は当然である．

** 実際 $\int_{-R}^{R} dz z^{4n} \exp[-z^2/2] \le \sqrt{2\pi}R^{4n}$ である．

的に

$$\int_R^{\infty} dz \exp[z^2/2-\lambda z^4] \le e^{-1}\int_R^{\infty} dz \exp[-z^2/2] \sim \exp[-1/(2\sqrt{\lambda})]$$

と評価する．

e）証明の方針

Gewedzki と Kupiainen の証明は，くりこみ変換のステップについての帰納法である．すなわち(3.189)の $\mathcal{V}_i$ が一連の仮定を満たすときに，ブロックスピン変換(3.190)によって得られる $\mathcal{V}_{i+1}$ も同様の仮定を満たすことを証明する．

帰納法の仮定自身は複雑であり，ここに列挙することはできない．大雑把に言うと，小さなゆらぎに対応する $|\varphi_x|\le R$ については，

$$\mathcal{V}_i[\varphi] = (\varphi \text{ の具体的な多項式}) + (\text{のこり}) \tag{3.193}$$

のように書き，「のこり」の部分は，全体として絶対値で評価する*．「φ の具体的な多項式」の部分は，本章でこれまで議論してきたような摂動的な評価を用いる．大きなゆらぎに対応する $|\varphi_x|>R$ では，$\mathcal{V}_i$ を直接見るのではなく，非摂動的な条件 $|e^{-\mathcal{V}_i[\varphi]}|\le$(小さな定数) を要請する．実際には，多くのスピン変数の中に大きなゆらぎの領域に入るものと，小さなゆらぎの領域に入るものがあり，帰納法の仮定は上の 2 つを融合したものになる．

実際の証明は，これまでに述べたアイディアを，膨大な計算によって具体化したものである．

f）その他の厳密なくりこみ群

くりこみ群のアイディアを応用して，長距離のゆらぎのある困難な問題を解決するのが，近年の数理物理学の 1 つの主流になっている．最近の成果としては，統計物理学，確率論の分野で，それぞれ長年の未解決問題とされてきたランダム磁場中の Ising 模型**とランダム媒質中のランダムウォーク***の問題が Bricmont と Kupiainen によって解決されたことが挙げられる．これらの厳密

* φ_x を小さなゆらぎの領域に限っているので，関数を絶対値で評価することに意味がある．

** J. Bricmont and A. Kupiainen: Commun. Math. Phys. **116**(1988)539. 平易な解説としては，田崎晴明：物性研究 **55**(1991)472.

*** J. Bricmont and A. Kupiainen: Commun. Math. Phys. **142**(1991)345.

なくりこみ群においても，「大きなゆらぎの問題」が証明を難しくしている．特に，ランダム媒質中のランダムウォークについてのくりこみ群は，技巧的な評価に満ちた難解なものである．くりこみ群の哲学と基本的な方法論は美しく単純なものだが，それに比べて，厳密なくりこみ群は複雑になる傾向があるようだ．より自然な形でのくりこみ群の厳密化を模索することは将来の課題である*．

離散時間力学系でのカオスへの分岐の問題では，Feigenbaum にはじまる関数空間でのくりこみ群によるアプローチがあり，その厳密版**も完成している．また偏微分方程式の解の漸近的挙動の解析にも厳密なくりこみ群が使われている***．

パーコレーションの厳密な研究では，ブロックスピン変換に類似した方法がすでに標準になっている****．量子スピン系などの量子多体系の厳密な解析にも，ブロックスピン変換*****や粗視化******のアイディアが活用されている．これらの系で強力なくりこみ群の手法を開発するのは重要な問題である*******．

Wilson 以来，数多くの物理学の問題がさまざまなくりこみ群の方法によって解析されている．しかし，これらのすべてが，適切な努力によって「厳密

---

* 最近，dipole gas 等の問題では，大きなゆらぎと小さなゆらぎを分離しない厳密なくりこみ群の方法も開発されている．D. Brydges and H. T. Yau: Commun. Math. Phys. **129**(1990)351; J. Dimock and T. R. Hurd: J. Stat. Phys. **66**(1992)1227, Commun. Math. Phys. **156**(1993)547.

** たとえば J. P. Eckmann and P. Wittwer: *Computer Methods and Borel Summability applied to Feigenbaum's equation*(Lecture Notes in Physics 227, Springer, 1985).

*** J. Bricmont and A. Kupiainen: Commun. Math. Phys. **150**(1992)193. 巻末の文献[Goldenfeld]の 10 章に基本的なアイディアの解説がある．

**** G. Grimmett: *Percolation*(Springer, 1989)を参照．M. Aizenman and C. M. Newman: Commun. Math. Phys. **107**(1986)611 では，長距離相互作用を持った 1 次元のパーコレーションでの Thouless 効果の証明にブロックスピン変換のアイディアが用いられた．

***** T. Kennedy and H. Tasaki: Commun. Math. Phys. **147**(1992)431 の 4,5 節の量子スピン系の基底状態についての一般的な摂動展開の定理は，一種のブロックスピン変換とクラスター展開を組み合わせて証明された．

****** T. Koma and H. Tasaki: Phys. Rev. Lett. **70**(1993)93, Commun. Math. Phys. **158**(1993)191 では，「エネルギーの空間での粗視化」という手法を用いて，長距離では量子系も古典系に近づくことが示され，一般の量子多体系での自発的対称性の破れに関する定理が証明された．

******* ごく最近，G. Benfatto, G. Gallavotti, A. Procacci and B. Scoppola: Commun. Math. Phys. **160**(1994)93 で，1 次元の多フェルミオン系でのいわゆる朝永-Luttinger 液体の存在と普遍性が厳密に示された．これは摂動的なくりこみ群の最も美しい応用の 1 つである．

化」され，数学的な証明の手段になり得ると期待してはいけないだろう．くりこみ群の方法が成功するためには，くりこみ変換が特異性をもたないこと，そして，くりこみ群の流れが少数のパラメタで記述できることが必要である．これらの条件が，どのような状況で満足されるかについての一般的な知見はまったくない．くりこみ群の美しい哲学と方法論のもつ可能性は，未だに完全には理解されていないといってよいだろう．

4

φ^4 場の量子論の連続極限

本章では，φ^4 場の量子論を例にとり，Wilson が展開した，くりこみ群を基礎にした場の量子論へのアプローチを紹介する*．場の量子論に特有の「発散の困難」を除き，物理的に意味のある連続極限を構成する際に，くりこみ群の固定点が重要な役割を果たし得ることを示す．このアプローチでは，摂動論に依存せずに場の量子論のくりこみを理解することができる．さらに強結合の場の量子論や(摂動的には)くりこみ不可能な場の量子論も自然と視野に入ってくる．

本章を理解するには，第3章のくりこみ群の流れについての知識は不可欠である．原則として場の量子論の知識を前提としないが，物理的，数学的背景に触れる余裕はないので，本書の第5章や巻末に挙げた文献を参照されたい．

4-1 φ^4 場の量子論と発散の困難

この節では，φ^4 場の量子論を形式的に定義し，摂動展開に「発散の困難」が現われることを見る．

* 巻末の文献[Wilson-Kogut]の 12.2 節，[Le Bellac]の 7.3.3 節にアイディアの概略が述べられている．

a）形式的な定義

有限の質量をもち，自分自身と相互作用するスカラー粒子の場の量子論を考えたい．$\mathbf{R}^d$ を d 次元の Euclid 時空間とし，時空間の点を，$x=(x^{(1)}, x^{(2)}, \cdots, x^{(d)})\in\mathbf{R}^d$ と書く（$\mathbf{R}$ は実数の集合）．時空間の各点 x に，実数値をとる場の変数 $\tilde{\varphi}_x$ を対応させる．波数ベクトル（あるいはエネルギー・運動量ベクトル）$k=(k^{(1)}, k^{(2)}, \cdots, k^{(d)})\in\mathbf{R}^d$ に対応する場の変数は，$\tilde{\varphi}_k=(2\pi)^{-d/2}\int dx e^{-ik\cdot x}\tilde{\varphi}_x$ である．本章では，第3章との混乱を避けるために，場の量子論の変数にはティルダを付ける．また本章での議論では，主に波数空間の変数を用いる．

Euclid 形式の場の量子論の主要な研究対象は，次の経路積分で定義される **Schwinger 関数**（Schwinger function）である．

$$S(k_1, \cdots, k_m)=\frac{\int \mathcal{D}\tilde{\varphi}(\tilde{\varphi}_{k_1}\cdots\tilde{\varphi}_{k_m})\exp[-\mathcal{A}[\tilde{\varphi}]]}{\int \mathcal{D}\tilde{\varphi}\exp[-\mathcal{A}[\tilde{\varphi}]]} \tag{4.1}$$

ここで積分要素は形式的に $\int \mathcal{D}\tilde{\varphi}(\cdots)=\prod_{k\in\mathbf{R}^d}\left(\int_{-\infty}^{\infty}d\tilde{\varphi}_k\right)(\cdots)$ とする．φ^4 場の量子論の作用は，

$$\mathcal{A}[\tilde{\varphi}]=\frac{1}{2}\int dk(|k|^2+m_0{}^2)\tilde{\varphi}_k\tilde{\varphi}_{-k}+\frac{g_0}{24(2\pi)^d}\int\left(\prod_{i=1}^{4}dk_i\right)\delta\left[\sum_{i=1}^{4}k_i\right]\left(\prod_{i=1}^{4}\tilde{\varphi}_{k_i}\right) \tag{4.2}$$

である．パラメタ m_0, g_0 はそれぞれ，粒子の質量，理論の結合定数を表わすと期待される*．しかし，これから見るように(4.1),(4.2)の形式的な定義には問題があり，このままでは意味をなさない．くりこみ群を用いて，これらに明確な意味を与えるのが，本章の目標である．

b）自由場

(4.1),(4.2)で $m_0>0$，$g_0=0$ とすると，粒子間の相互作用のない**自由場の理論**（free field theory）が得られる．この場合には，Schwinger 関数の定義に本質

---

* 長さの次元を L と表わすと，(4.2)に現われた諸量の次元は，$[\tilde{\varphi}]=[\mathrm{L}^{(d+2)/2}]$，$[m_0]=[\mathrm{L}^{-1}]$，$[g_0]=[\mathrm{L}^{d-4}]$ となる．

的な問題はない．3-2 節 b 項と同様な解析*から 2 点 Schwinger 関数について，

$$S(k,k') = \frac{\delta(k+k')}{|k|^2+m_0{}^2} \tag{4.3}$$

が導かれる．同様に，(3.48)の Wick の定理も

$$S(k_1,\cdots,k_{2n}) = \sum_P \prod_{i=1}^{n} S(p_i,q_i) \tag{4.4}$$

と拡張され，$S(k_1,\cdots,k_{2n+1})=0$ も成立する．

c）摂動展開

$m_0>0$，$g_0>0$ の系を，3-3 節と同じように，g_0 についての摂動展開によって調べる．(3.68)を得たのと同様な計算により，

$$S(k,k') = \frac{\delta(k+k')}{|k|^2+m_0{}^2} - \frac{g_0}{2}\frac{\delta(k+k')}{(|k|^2+m_0{}^2)^2}\int\frac{dk''}{(2\pi)^d}\frac{1}{|k''|^2+m_0{}^2} + O(g_0{}^2) \tag{4.5}$$

という形式的なベキ展開が得られる．ところが $d\geq 2$ であれば g_0 の係数の積分は $|k''|\to\infty$ から発散する．

連結 4 点 Schwinger 関数を，

$$\begin{aligned} &S^{\mathrm{c}}(1;2;3;4) \\ &\quad = S(1,2,3,4)-S(1,2)S(3,4)-S(1,3)S(2,4)-S(1,4)S(2,3) \end{aligned}$$

と定義する**．(3.71)を導いたのと同様の計算から，$|k_i|\to 0$ のとき，

$$\begin{aligned} S^{\mathrm{c}}(k_1;k_2;k_3;k_4) &= -\frac{\delta\left[\sum_{i=1}^{4} k_i\right]}{(2\pi)^d} \\ &\times\left\{\frac{g_0}{m_0{}^8} - \frac{3g_0{}^2}{2m_0{}^8}\int\frac{dk}{(2\pi)^d}\frac{1}{(|k|^2+m_0{}^2)^2} - \frac{2g_0{}^2}{m_0{}^{10}}\int\frac{dk}{(2\pi)^d}\frac{1}{|k|^2+m_0{}^2} + O(g_0{}^3)\right\} \end{aligned} \tag{4.6}$$

が得られる．再び $g_0{}^2$ の係数に発散が現われた．

---

* 正確には，4-2 節の正則化を行ない，$\zeta(a)=1$，$\mu(a)=m_0{}^2$，$\lambda(a)=0$ とする．Schwinger 関数は，3-2 節の結果に変数変換を施せば得られる．最後に $a\to 0$ の極限をとる．

** これは，3-3 節 a 項のキュムラントに他ならない．

展開係数が無限大では，摂動展開からは信頼すべき情報は得られない．また形式的な定義(4.1)，(4.2)は，病的であることも示唆される．これが，有名な「発散の困難」の現われである．

4-2 くりこみ理論

「発散の困難」を除き，物理的に意味のある結果を得るためのくりこみ理論の枠組みをまとめる．統計力学との対応を明確にするために，格子正則化の方法を用いる．

a) 正則化

まず発散を取り除く**正則化**(regularization)を行なう．連続時空 $\mathbf{R}^d$ を，格子間隔が a の d 次元立方格子で置き換える．格子点 x に場の変数 $\tilde{\varphi}_x$ が対応する．波数空間での場の変数は，$\tilde{\varphi}_k=(2\pi)^{-d/2}a^d\sum_x e^{-ik\cdot x}\tilde{\varphi}_x$ である．ここで波数ベクトルは，$k\in[-\pi/a,\pi/a]^d$ の範囲を動く．k の領域を制限したことを，運動量空間に**切断**(cutoff)を入れたという．

格子上の φ^4 場の量子論の Schwinger 関数と作用を，(4.1)と(4.2)を格子上の量として近似することで，

$$S_a(k_1,\cdots,k_m)=\frac{\displaystyle\int\mathcal{D}\tilde{\varphi}(\tilde{\varphi}_{k_1}\cdots\tilde{\varphi}_{k_m})\exp[-\mathcal{A}_a[\tilde{\varphi}]]}{\displaystyle\int\mathcal{D}\tilde{\varphi}\exp[-\mathcal{A}_a[\tilde{\varphi}]]} \tag{4.7}$$

$$\begin{aligned}\mathcal{A}_a[\tilde{\varphi}]&=\frac{1}{2}\int_{k\in[-\pi/a,\pi/a]^d}dk\,\{\zeta(a)|k|^2+\mu(a)\}\tilde{\varphi}_k\tilde{\varphi}_{-k}\\&\quad+\frac{\lambda(a)}{24(2\pi)^d}\int_{k_i\in[-\pi/a,\pi/a]^d}\left(\prod_{i=1}^4 dk_i\right)\delta\left[\sum_{i=1}^4 k_i\right]\left(\prod_{i=1}^4\tilde{\varphi}_{k_i}\right)\end{aligned} \tag{4.8}$$

と定義する*．ただし $\displaystyle\int\mathcal{D}\tilde{\varphi}(\cdots)=\prod_{k\in[-\pi/a,\pi/a]^d}\left(\int_{-\infty}^{\infty}d\tilde{\varphi}_k\right)(\cdots)$ である**．

---

* 正確には，まず格子間隔 a，1辺の格子点の数が N の有限の d 次元立方格子の上に場の理論を定義する．$N\to\infty$ の熱力学的極限をとったものが，(4.7)の Schwinger 関数である．熱力学的極限については，本質的な困難はない．

** 積分要素は，(3.32)と同様に定義する．

Schwinger 関数(4.7)は，前章の統計力学の φ^4 模型の m 点相関関数(3.4)に，適当な変数変換を施したものと一致する．

b) 連続極限とくりこみ処方

次に格子間隔 a を 0 にする極限をとり，連続時空上の理論を構成する．すなわち，**連続極限**(continuum limit)での Schwinger 関数

$$S(k_1, \cdots, k_m) = \lim_{a \to 0} S_a(k_1, \cdots, k_m) \tag{4.9}$$

が定義されるように，格子化された作用(4.8)のパラメタ $\zeta(a), \mu(a), \lambda(a)$ を格子間隔 $a>0$ の関数として巧みに選ぶ．

このとき，連続極限の理論のもつ物理的な意味を明確にするために，**くりこみ処方**(renormalization prescription)と呼ばれる条件を設ける．質量 m_{ren} と結合定数 g_{ren} を，有限な値にとる．これらは**くりこまれたパラメタ**(renormalized parameters，あるいは物理的なパラメタ)と呼ばれ，物理的に観測可能な量に対応すると考える．これに対し，作用(4.8)のパラメタ $\zeta(a), \mu(a), \lambda(a)$ は，観測にはかからない量である．後者を**裸のパラメタ**(bare parameters)と呼ぶ．

くりこみ処方とは，連続極限の Schwinger 関数(4.9)が，

$$S(k, k') = \frac{\delta(k+k')}{m_{\mathrm{ren}}{}^2 + |k|^2 + O(|k|^4)} \tag{4.10}$$

および，$|k_i| \to 0$ のときに，

$$S^{\mathrm{c}}(k_1; k_2; k_3; k_4) = -\frac{\delta\left[\sum_{i=1}^{4} k_i\right]}{(2\pi)^d} \frac{g_{\mathrm{ren}}}{m_{\mathrm{ren}}{}^8} \tag{4.11}$$

という 2 つの条件を満たすという要請である*．ただし $S^{\mathrm{c}}(\cdots)$ は前節で定義した連結 Schwinger 関数である．

くりこみ処方(4.10)，(4.11)は，それぞれ，素朴な摂動展開(4.5)，(4.6)の最

* 本章では，低エネルギー(長距離)の極限 $|k| \to 0$ での Schwinger 関数の挙動に注目したくりこみ処方を用いる．他には質量殻上でのくりこみ処方がよく用いられる．第 5 章を参照．

低次の項のみを残し，裸のパラメタ m_0, g_0 をくりこまれたパラメタ $m_{\text{ren}}, g_{\text{ren}}$ に置き換えたものである．物理的に自然な振舞いをもつ最低次の項に，病的な高次の項を「くりこむ」という思想である．

残された課題は，くりこみ処方(4.10),(4.11)が満たされるように裸のパラメタ $\zeta(a), \mu(a), \lambda(a)$ を決めることである．これこそが，くりこみ理論の本質的な問題である．伝統的な摂動的くりこみ理論では，摂動展開の各次数で，発散が打ち消されるように裸のパラメタを決定していくが，ここでは，まったく別の方法論を用いる．

4-3 くりこみ群と連続極限

連続極限の構成のために，統計力学のくりこみ群の流れを活用する．固定点と，そこから湧きでる流れがあれば，裸のパラメタの a 依存性は自動的に決定され，場の量子論の連続極限を構成できる．高エネルギー極限での系の振舞いと固定点の関係を議論する．

a） 格子間隔 $a=1$ の理論

連続極限の準備として，間隔 $a=1$ の格子上に，くりこみ処方(4.10),(4.11)を満たす場の量子論を構成する．くりこまれたパラメタ $m_{\text{ren}}, g_{\text{ren}}$ を $m_{\text{ren}}=O(1)$，$g_{\text{ren}} \ll 1$ のようにとる．$\mu_0=O(1)$，$\lambda_0 \ll 1$ として，次のような統計力学の φ^4 模型のハミルトニアンを作る*.

$$
\begin{aligned}
\mathcal{H}^{(0)}[\psi] &= \mathcal{H}_{\mathrm{G}}^{*}[\psi]+\mu_0\mathcal{M}[\psi]+\lambda_0\mathcal{U}[\psi] \\
&= \frac{1}{2}\int_{k\in[-\pi,\pi]^d} dk(|k|^2+\mu_0)\psi_k\psi_{-k} \\
&\quad +\frac{\lambda_0}{24(2\pi)^d}\int_{k_i\in[-\pi,\pi]^d}\left(\prod_{i=1}^4 dk_i\right)\delta\left[\sum_{i=1}^4 k_i\right]\left(\prod_{i=1}^4 \psi_{k_i}\right) \qquad (4.12)
\end{aligned}
$$

このハミルトニアンをもつスピン系に対応させて，$a=1$ の格子上の場の量

* 正確には，2つ目の等号は $|k|\leq L^{-\sigma}$ でのみ近似的に成立するわけだが，本章では一貫して(4.12)のように簡略に書く．

子論を,

$$\tilde{\varphi}_k = \varphi_k \quad (k \in [-\pi, \pi]^d), \qquad \mathcal{A}_1[\tilde{\varphi}] = \mathcal{H}^{(0)}[\varphi] \tag{4.13}$$

により定義する.(4.7)と(3.33)から,この場の量子論のSchwinger関数と,対応するスピン系の相関関数の間には,

$$S_1(k_1, \cdots, k_m) = \langle \varphi_{k_1} \cdots \varphi_{k_m} \rangle_{\mathcal{H}^{(0)}} \tag{4.14}$$

の関係があることがわかる.3-3節のスピン系についての摂動展開の結果(3.68),(3.71)と対応関係(4.14)を合わせれば,

$$S_1(k, k') = \langle \varphi_k \varphi_{k'} \rangle_{\mathcal{H}^{(0)}} \simeq \frac{\delta(k+k')}{\mu_0 + |k|^2 + O(|k|^4)} \tag{4.15}$$

および,$|k_i| \to 0$ のとき,

$$S_1{}^{\mathrm{c}}(k_1; k_2; k_3; k_4) = -\frac{\delta\left[\sum_{i=1}^{4} k_i\right]}{(2\pi)^d} u_4[\mathcal{H}^{(0)}] \simeq -\frac{\delta\left[\sum_{i=1}^{4} k_i\right]}{(2\pi)^d} \frac{\lambda_0}{\mu_0{}^4} \tag{4.16}$$

となる.そこで,

$$\mu_0 \simeq m_{\mathrm{ren}}{}^2, \qquad \lambda_0 \simeq g_{\mathrm{ren}} \tag{4.17}$$

と選んでやれば,Schwinger関数 $S_1(\cdots)$ はくりこみ処方(4.10),(4.11)を満たす.

b) くりこみ群の活用

次に,より小さな格子間隔 a の格子上に,上で定義した $a=1$ の理論と低エネルギー($|k| \leq L^{-\sigma}$)では同じ振舞いをもつ場の量子論を構成する.このためには,異なったスケールの理論を関係づけるくりこみ変換が有用である.

統計力学のハミルトニアン $\mathcal{H}^{(-n)}$ で,

$$\underbrace{\mathcal{R}_{L,\theta} \circ \cdots \circ \mathcal{R}_{L,\theta}}_{n}[\mathcal{H}^{(-n)}] = \mathcal{H}^{(0)} \tag{4.18}$$

を満たし,適当なパラメタ μ_{-n}, λ_{-n} によって,

$$\mathcal{H}^{(-n)}[\psi] = \frac{1}{2}\int_{k\in[-\pi,\pi]^d} dk(|k|^2+\mu_{-n})\psi_k\psi_{-k}$$
$$+\frac{\lambda_{-n}}{24(2\pi)^d}\int_{k_i\in[-\pi,\pi]^d}\left(\prod_{i=1}^4 dk_i\right)\delta\left[\sum_{i=1}^4 k_i\right]\left(\prod_{i=1}^4 \psi_{k_i}\right) \qquad (4.19)$$

と書けるものがあると仮定する．このような $\mathcal{H}^{(-n)}$ が存在するかどうかは極めて微妙な問題で，個々の場合に調べる必要がある．くりこみ変換の変数変換(3.90)を n 回繰り返せば，変換則

$$\langle\psi_{k_1}\cdots\psi_{k_m}\rangle_{\mathcal{H}^{(0)}} = L^{-nm\theta}\langle\psi_{L^{-n}k_1}\cdots\psi_{L^{-n}k_m}\rangle_{\mathcal{H}^{(-n)}} \qquad (4.20)$$

が，$|k_i|\leq L^{-\sigma}$ について示される．ただし σ は3-4節c項で固定した $0<\sigma<1$ を満たす定数(たとえば $\sigma=0.1$)である．

ハミルトニアン $\mathcal{H}^{(-n)}$ をもつスピン系に対応する場の量子論を，格子間隔が $a=L^{-n}$ の格子上に構成する．場の変数と作用を，

$$\tilde{\varphi}_k = L^{-n\theta}\psi_{L^{-n}k} \quad (k\in[-L^n\pi, L^n\pi]^d), \qquad \mathcal{A}_{L^{-n}}[\tilde{\varphi}] = \mathcal{H}^{(-n)}[\psi] \qquad (4.21)$$

により定義する．作用 $\mathcal{A}_{L^{-n}}[\tilde{\varphi}]$ を(4.8)のように書き直せば，裸のパラメタは，

$$\zeta(L^{-n}) = L^{(2\theta-d-2)n}, \qquad \mu(L^{-n}) = L^{(2\theta-d)n}\mu_{-n}, \qquad \lambda(L^{-n}) = L^{(4\theta-3d)n}\lambda_{-n} \qquad (4.22)$$

となる．

$a=1$ の場合と同様に，(4.21)と(4.7),(3.33)から Schwinger 関数と相関関数の関係

$$S_{L^{-n}}(k_1,\cdots,k_m) = L^{-nm\theta}\langle\psi_{L^{-n}k_1}\cdots\psi_{L^{-n}k_m}\rangle_{\mathcal{H}^{(-n)}} \qquad (4.23)$$

が示される．スピン系のくりこみ変換に関する(4.20)に(4.14)と(4.23)を代入すれば，$a=1$ と $a=L^{-n}$ の場の量子論を対応づける重要な関係

$$S_{L^{-n}}(k_1,\cdots,k_m) = S_1(k_1,\cdots,k_m) \qquad (4.24)$$

が，$|k_i|\leq L^{-\sigma}$ について成立することがわかる．

c) 連続極限

任意の正の整数 n について，(4.18),(4.19)を満たす $\mathcal{H}^{(-n)}$ がとれると仮定し，対応する場の量子論の Schwinger 関数を $S_{L^{-n}}(\cdots)$ と書く．連続極限での

Schwinger 関数を，

$$S(k_1, \cdots, k_m) = \lim_{n\to\infty} S_{L^{-n}}(k_1, \cdots, k_m) \tag{4.25}$$

のように定義する．(4.24)の対応関係で $n\to\infty$ とすれば，$|k_i|\le L^{-\sigma}$ について，

$$S(k_1, \cdots, k_m) = S_1(k_1, \cdots, k_m) \tag{4.26}$$

が得られる．$a=1$ の理論の Schwinger 関数 $S_1(\cdots)$ が(4.15),(4.16)を満たすこと，および対応関係(4.26)から，連続極限の Schwinger 関数 $S(\cdots)$ はくりこみ処方(4.10),(4.11)を満たすことが結論できる．「発散の困難」をもたず，かつ有限の結合定数 g_{ren} をもった場の量子論の連続極限が作られたことになる．

もちろんすべての正の整数 n について $\mathcal{H}^{(-n)}$ が存在するというのはまったく自明でない仮定であり，問題の本質はこの仮定に凝縮されたといってもよい．Wilson 流の場の量子論へのアプローチの利点は，この仮定を認めさえすれば，連続極限の存在は直ちに保証され，また裸のパラメタの a 依存性も(4.22)のようにくりこみ群の流れから自動的に決定されるという点である．摂動展開の枠組みの中で，裸のパラメタを逐次決定していく摂動的くりこみ理論とは，まったく異なった視点である．

対応関係(4.26)を導いたのと同じ手続きをたどれば，任意の正の整数 n と $|k_i|\le L^{n-\sigma}$ について，

$$S(k_1, \cdots, k_m) = S_{L^{-n}}(k_1, \cdots, k_m) \tag{4.27}$$

が示される．(4.27)は，波数空間の任意の領域で，連続時空の Schwinger 関数が適当な格子上の理論によって完全に再現されることを意味している．格子上の理論には発散の困難がないので，原理的には右辺の Schwinger 関数は摂動展開や数値的な手法で計算できる．すなわち(4.27)は，連続時空上での場の量子論の計算可能性を保証する関係であり，深い意義をもっている．

d) くりこみ群の固定点の役割

統計力学のくりこみ群の流れを考える．固定点 $\mathcal{H}^*$ が存在し，そこから外に湧きでるくりこみ群の流れがあると仮定する．ハミルトニアン $\mathcal{H}^{(0)}$ をこの流れの上にとる．くりこみ群の流れを逆にたどることで，(4.18)を満たす $\mathcal{H}^{(-1)}$,

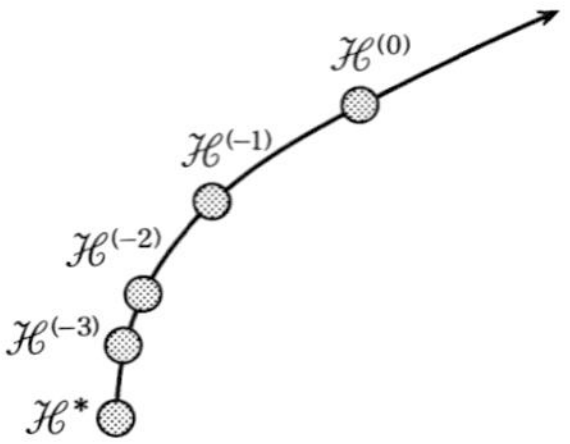

図 4-1 統計力学のくりこみ群の固定点 $\mathcal{H}^*$ から湧きでる流れの上に，$\mathcal{H}^{(0)}, \mathcal{H}^{(-1)}, \mathcal{H}^{(-2)}, \cdots$ をとる．このハミルトニアンの列によって，場の量子論の連続極限を構成することができる．

$\mathcal{H}^{(-2)}, \cdots$ を順次選ぶことができる．この操作を繰り返せば，任意の正の整数 n について $\mathcal{H}^{(-n)}$ が得られる*．$n\to\infty$ では $\mathcal{H}^{(-n)}\to\mathcal{H}^*$ となる(図 4-1)．

前項で見たように，任意の正の整数 n について $\mathcal{H}^{(-n)}$ があれば，場の量子論の連続極限を構成することができる．連続極限の構成のためには，統計力学のくりこみ群の流れの中に，湧きだす流れをもった固定点を見つければよいことになった．

e）場の変数の次元

統計力学のくりこみ群の固定点 $\mathcal{H}^*$ をもとにして，連続極限の Schwinger 関数 $S(\cdots)$ が構成されたとする．場の変数の次元 $d_{\tilde{\varphi}}$ を，高エネルギー極限 $|k|\to\infty$ での Schwinger 関数の振舞い

$$S(k, k') \approx \frac{\delta(k+k')}{|k|^{(2d_{\tilde{\varphi}}-d)}} \tag{4.28}$$

によって定義する．$S(k, k')$ は $\tilde{\varphi}_k\tilde{\varphi}_{k'}$ の期待値なので，(4.28)は次元解析に基づいた自然な定義である．

次元 $d_{\tilde{\varphi}}$ を具体的に評価するために，$|p_0|\le L^{-\sigma}$ を満たす p_0 を固定する．正の整数 n について，(4.27)と(4.23)より

$$S(L^n p_0, L^n p) = S_{L^{-n}}(L^n p_0, L^n p) = L^{-2n\theta}\langle\psi_{p_0}\psi_p\rangle_{\mathcal{H}^{(-n)}} \tag{4.29}$$

を得る．n が十分に大きければ，$\mathcal{H}^{(-n)}\simeq\mathcal{H}^*$ なので，

* $\mathcal{H}^{(0)}=\mathcal{H}^*$ と選べば，すべての n について $\mathcal{H}^{(-n)}=\mathcal{H}^*$ である．この場合に構成される場の量子論はスケール不変で，質量 0 の粒子を記述する．

$$S(L^n p_0, L^n p) \simeq L^{-2n\theta}\langle \psi_{p_0}\psi_p\rangle_{\mathcal{H}^*} = L^{-2n\theta} f^*(p_0)\delta(p_0+p)$$
$$= f^*(p_0)\frac{\delta(L^n p_0 + L^n p)}{L^{n(2\theta-d)}} \tag{4.30}$$

とできる．$f^*(p)$ は $\mathcal{H}^*$ によって定まる関数である．(4.30)に $k=L^n p_0$ を代入し，$n\to\infty$ での漸近系を(4.28)と比べれば，

$$d_{\tilde{\psi}} = \theta \tag{4.31}$$

が導かれる．場の次元 $d_{\tilde{\psi}}$ は，統計力学のくりこみ群の固定点を特徴づける指数 θ と一致する．

より一般に，$|p_i| \le L^{-\sigma}$ について，

$$\lim_{n\to\infty}(L^n)^{m\theta} S(L^n p_1, \cdots, L^n p_m) = \langle \psi_{p_1}\cdots\psi_{p_m}\rangle_{\mathcal{H}^*} \tag{4.32}$$

が成り立つことから，高エネルギー極限での Schwinger 関数の性質は，固定点のハミルトニアン $\mathcal{H}^*$ で完全に決定されると考えられる．

f） 場の量子論における普遍性

臨界現象の場合と同様に，くりこみ群によるアプローチから，場の量子論の普遍性の問題を考察することができる．前項で議論したように，固定点 $\mathcal{H}^*$ が理論の高エネルギーでの振舞いを定めている．(本章の方法で作られた)場の量子論の高エネルギーでの普遍的な性質は，統計力学のくりこみ群の固定点と 1 対 1 に対応していると考えられる．

特に，$\mathcal{H}^*$ が Gauss 型固定点であるとき，対応する場の量子論は高エネルギーでは自由場と同じ振舞いを示す．このような場の量子論は，**漸近的自由**(asymptotic free)であるという*.

系の低エネルギーでの挙動は，はじめに選んだハミルトニアン $\mathcal{H}^{(0)}$ で定まる**．高エネルギーで同じ性質をもった系も，$\mathcal{H}^*$ から湧きだす流れの方向に応じて，低エネルギーでは異なった振舞いを示す．場の量子論を特徴づける独

* 正確には，紫外(＝高エネルギー)漸近的自由というべきだが，以下この意味で単に漸近的自由という．

** d 項での脚注のように $\mathcal{H}^{(-n)}=\mathcal{H}^*$ として構成したスケール不変な場の量子論では，$\mathcal{H}^*$ が全エネルギー領域での振舞いを定める．

立な「くりこまれたパラメタ」の個数は，$\mathcal{H}^*$ からの(独立な)湧きだしの方向の数に等しいことになる．

g) 場の量子論におけるくりこみ群

Wilson 以前から知られていた場の量子論のくりこみ群とは，連続極限の理論にスケール変換を施したとき，くりこまれたパラメタ(たとえば $m_{\mathrm{ren}}, g_{\mathrm{ren}}$)がどのように変化するかを表わす関係である．このようなくりこみ群については第5章で詳しく議論するが，ここでは Wilson 流のアプローチとの関係について簡単に触れる．

たとえば本節の処方箋をわずかに変更して，$n=0,1,2,\cdots$ について，$a=L^{-n}$ の格子上の理論をハミルトニアン $\mathcal{H}^{-(n+1)}$ に基づいて作ることにする．連続極限 $n\to\infty$ では，これまでと本質的に同じ理論が得られるはずだが，この理論のくりこまれたパラメタは $m_{\mathrm{ren}}\simeq\sqrt{\mu_{-1}}$，$g_{\mathrm{ren}}\simeq\lambda_{-1}$ を満たす．これらと，(4.17)のくりこまれたパラメタの関係を付けるのが，場の量子論のくりこみ群である*．

本章の方法では，場の量子論の連続極限は，統計力学のくりこみ群で固定点から湧きだす流れの上にとられている．上の議論と照らし合わせれば，統計力学でのくりこみ群を，ある固定点とそこから湧きだす流れの集まり**の上に制限したものが，場の量子論におけるくりこみ群に他ならないことがわかる***．本章の枠組みで捉えられる連続極限については，統計力学のくりこみ群は，場の量子論のくりこみ群よりも広い概念であるといえるだろう．

---

* この場合は長さのスケールを $1/L$ に変換したことになるが，一般には連続的なスケール変換を考える．

** 力学系の用語では，不安定多様体．

*** このような見方は，たとえば A. Kupiainen と A. Sokal が明確にしている．A. D. Sokal: Europhys. Lett. **27**(1994)661, **30**(1995)123(E). B. Li, N. Madras and A. D. Sokal: J. Stat. Phys. **80**(1995)661.

4-4 連続極限の例

この節では，φ^4 模型のくりこみ群の流れをもとにして，具体的な連続極限を考察する．自由場，$d=3$ の φ^4 場の量子論という標準的な例の他に，強結合の場の量子論を構成する．また $d\geq 4$ の理論の困難にも触れる．

a) 自由場の理論

3-6 節 a 項で見たように，$d>2$ では Gauss 型固定点 $\mathcal{H}_{\mathrm{G}}^*$ には有効な固有摂動 $\mathcal{P}_2$ がある．$\mathcal{H}_{\mathrm{G}}^*$ から $\mathcal{P}_2$ の方向に湧きだす流れを用いれば，連続極限が構成できる．くりこみ群の流れは Gauss 模型だけを通るので，構成される場の量子論は非線形性のない自由場である．

くりこまれたパラメタを $m_{\mathrm{ren}}=O(1)$，$g_{\mathrm{ren}}=0$ ととり，前節の処方箋に従う．$\mathcal{H}_{\mathrm{G}}^*$ の指数は(3.102)より $\theta=(d+2)/2$ であり，また，パラメタ空間におけるくりこみ変換(3.126)，(3.127)より正の整数 i について $\lambda_{-i}=0$ および $\mu_{-i}=L^{-2i}m_{\mathrm{ren}}{}^2$ となる．これらを(4.22)に代入すれば，裸のパラメタは $a=L^{-n}$ $(n=0,1,2,\cdots)$ について，

$$\zeta(a)=1, \quad \mu(a)=m_{\mathrm{ren}}{}^2, \quad \lambda(a)=0 \tag{4.33}$$

と決定される．4-1 節 b 項ですでに見たように，自由場には自明でないくりこみは必要ない．また場の変数の次元は，(4.31)より $d_{\tilde{\varphi}}=(d+2)/2$ となり，次元解析で求めたもの(4-1 節 a 項の脚注)と一致する．

b) $d=3$ での φ^4 場の量子論

時空間の次元が $d=3$ の場合に，有限な相互作用をもった連続時空の φ^4 場の量子論を構成する*．固定点 $\mathcal{H}^*$ として Gauss 型固定点 $\mathcal{H}_{\mathrm{G}}^*$ をとる．$\mathcal{H}_{\mathrm{G}}^*$ から湧きだし，最終的には $\lambda>0$，$\mu>0$ の領域に向かう流れを考える(3-6 節図 3-2 参照)．この流れを利用すれば，漸近的自由な理論が構成される．

くりこまれたパラメタを，$m_{\mathrm{ren}}=O(1)$，$0<g_{\mathrm{ren}}\ll 1$ ととる．$\lambda_0\simeq g_{\mathrm{ren}}\ll 1$ よ

---

* 摂動的くりこみ理論では，$d=3$ の φ^4 場の量子論は「超くりこみ可能」と分類される．

り，(3.139)を用い，$\lambda_{-i}\simeq L^{-i}\lambda_0$ を得る．$\mathscr{H}_G^*$ に対応して $\theta=(d+2)/2$ とする．これらを(4.22)に代入すれば，$a=L^{-n}$ $(n=0,1,2,\cdots)$ について，

$$\zeta(a)=1, \quad \lambda(a)\simeq\lambda_0\simeq g_{\mathrm{ren}} \tag{4.34}$$

のように裸のパラメタが決まる．次に，$d=3$ で μ_n の動きを表わす(3.150)で $i\to i-n$ と置き換えれば，

$$\mu(L^{-n})=L^{2n}\mu_{-n}\simeq\exp\left[\frac{B_2(L)}{2}\sum_{i=1}^{n}\lambda_{-i}\right]\{\mu_0-\mu_c(\lambda_0)\}$$
$$+L^{2n}\mu_c(\lambda_{-n})+L^{2n}nE(L)(\lambda_{-n})^2 \tag{4.35}$$

が得られる*．はじめの等号は，(4.22)の2つ目の式である．(4.35)に $\mu_c(\lambda)$ と λ_{-i} の表式を代入すれば，$a=L^{-n}$ について，

$$\mu(a)\simeq\exp\left[\frac{B_2(L)}{2}\frac{\lambda_0}{L-1}\right]\left\{\mu_0+\frac{B_1(L)}{2(1-L^{-1})}\lambda_0\right\}-\frac{a^{-1}B_1(L)}{2(1-L^{-1})}\lambda_0+\frac{|\ln a|E(L)}{\ln L}{\lambda_0}^2 \tag{4.36}$$

となる．(4.36)で $\lambda_0=0$ とおけば，自由場の(4.33)と一致する．相互作用 $\lambda_0\simeq g_{\mathrm{ren}}$ による補正の中で，(4.36)の最後の2つの項は連続極限 $a\to0$ で発散する．「発散の困難」を除去するために無限大の補正が必要だったと解釈できる．省略されている ${\lambda_0}^3$ 以上の係数は $a\to0$ で有限である**．(4.31)より，この理論の場の変数の次元は，$d_{\bar\varphi}=(d+2)/2$ で，自由場と一致する．

こうして有限な相互作用をもった φ^4 場の量子論が構成され，裸のパラメタは(4.34),(4.36)のように，有限のパラメタ $\mu_0\simeq {m_{\mathrm{ren}}}^2$, $\lambda_0\simeq g_{\mathrm{ren}}$ と格子間隔 $a=L^{-n}$ の関数として表わされた．これは摂動的くりこみ理論で求められるものと一致している．

c) $d=4-\varepsilon$ での強結合の φ^4 場の量子論

くりこみ群に基づいたアプローチでは，いわゆる強結合の場の量子論を自然に

---

* 正確には，$i=0,1,2$ については $|\mu_{-i}|\ll L^{-2}$ ではないので，(3.126),(3.127)を用いて解析する必要がある(3-7節c項を参照)．それでも，得られる結果は同じである．

** $\mu_c(\lambda)$ には λ^3 以上の項が含まれている．(4.35)の右辺第1項からの寄与は有限である．発散の可能性のある $L^{2n}\mu_c(\lambda_{-n})$ で $(\lambda_{-n})^3$ の項の寄与を考えると，$L^{2n}(\lambda_{-n})^3\simeq L^{-n}\lambda_0$ となり，$n\to\infty$ でこの項は消える．

議論することができる．ここでは，漸近的自由でなく，場の変数が異常次元をもつ理論を調べる．このような場の量子論を，摂動的くりこみ理論で取り扱うのは困難であろう．

摂動展開で Wilson-Fisher 固定点が解析できる $d=4-\varepsilon$ を考える．非整数の次元は非現実的だが，場の量子論の可能性を理解する上で，人工的な例の研究にも意義がある*．Wilson-Fisher 固定点 $\mathcal{H}^*_{\mathrm{WF}}$ から有効な摂動 $\mathcal{P}'_2$ の方向に湧きだすくりこみ群の流れがある．$\mathcal{H}^{(0)}$ を，$n\to\infty$ で $\mathcal{H}^{(-n)}\to\mathcal{H}^*_{\mathrm{WF}}$ となるように選ぶ．(3.144) よりすべての n について $\lambda_{-n}\simeq\lambda^*$ であり，(4.17) より $g_{\mathrm{ren}}\simeq\lambda^*$ となる．さらに，$\theta\simeq(d+2)/2$ を用いれば $a=L^{-n}$ $(n=0,1,2,\cdots)$ について，

$$\zeta(a)\simeq 1, \qquad \lambda(a)\simeq L^{\varepsilon n}\lambda^* = a^{-\varepsilon}\lambda^* \tag{4.37}$$

が得られる．裸の結合定数 $\lambda(a)$ が $a\to 0$ で発散するのは特徴的である．また，より詳しい $\theta\simeq\{(d+2)/2\}-(\varepsilon^2/108)$ (3-6 節 f 項を参照) を用いれば，$\zeta(a)\simeq a^{\varepsilon^2/59}$ となる．

裸のパラメタ $\mu(a)$ を求めるには，μ_n の動きを表わす (3.135) で $i\to i-n$ と置き換えた式と (4.22) を合わせて用いる．さらに $\mu_{\mathrm{c}}(\lambda^*)=\mu^*$ と $\lambda_{-i}\simeq\lambda^*$ を代入すれば，$a=L^{-n}$ について，

$$\begin{aligned}\mu(a) &\simeq L^{2n}\mu_{-n} \simeq \exp\left[\frac{B_2(L)}{2}\sum_{i=1}^{n}\lambda_{-i}\right]\{\mu_0-\mu_{\mathrm{c}}(\lambda_0)\}+L^{2n}\mu_{\mathrm{c}}(\lambda_{-n})\\ &\simeq L^{(\varepsilon/3)n}\{\mu_0-\mu_{\mathrm{c}}(\lambda^*)\}+L^{2n}\mu_{\mathrm{c}}(\lambda^*)\\ &\simeq a^{-(\varepsilon/3)}\mu_0+(a^{-2}-a^{-(\varepsilon/3)})\mu^*\end{aligned} \tag{4.38}$$

が得られる．

場の変数の次元 (4.28) は，θ の ε^2 までとった値を用いると，

$$d_{\bar{\phi}}\simeq\frac{d+2}{2}-\frac{\varepsilon^2}{108} \tag{4.39}$$

のように，自由場や前項の $d=3$ の理論の値からずれる．このずれを，場の変

---

* ここでは次元正則化（第 5 章参照）を行なっているのではない．ε は固定して，連続極限 $a\to 0$ をとる．

数の**異常次元**(anomalous dimension)と呼ぶ.

最後に，低エネルギーでは上で考察した理論と一致するが，高エネルギーでは漸近的自由な理論について触れる．$a=1$ の理論のもとになったハミルトニアン $\mathcal{H}^{(0)}$ のパラメタ λ_0 の値をわずかに小さくとる．3-6 節 f 項のくりこみ群の流れ(図 3-2 参照)より，$\mathcal{H}^{(-n)}\to\mathcal{H}^*_{\mathrm{G}}$ が読み取れる．よって，新しい $\mathcal{H}^{(0)}$ をもとに前節の処方箋に従って構成した場の量子論は，漸近的自由になる．2つの場の量子論は，低エネルギー($|k|\le L^{-\sigma}$)では同じように振る舞うが，高エネルギーの極限ではまったく異なっている．逆に λ_0 をわずかに大きくとると λ_{-n} は n とともに大きくなり，摂動的領域の外に出てしまう．このような場合には連続極限は存在しないと考えられる(次の項を参照)．よって g_{ren} が許される最大値をとるときに，強結合の場の量子論が現われるということができる．摂動展開で解析することはできないが，おそらく $d=3$ でも同様の状況があり，可能な最大の g_{ren} に対応して強結合の φ^4 場の量子論が存在するだろう．

d) $d\ge 4$ での φ^4 場の量子論

パラメタ λ_n の動きを表わす(3.140),(3.142)より，$d\ge 4$ では λ_{-n} は n について単調増加し，有限の n で摂動領域(3.130)の外に出ることがわかる．前章で得られたくりこみ群の流れから，場の量子論の連続極限を構成することはできない．摂動領域の外でのくりこみ群の流れについての情報が不可欠になる．

もし摂動領域の外でのくりこみ変換が，ν 成分系($\nu\to\infty$)の結果(3.152)に類似していれば，有限の n について $\lambda_{-n}=\infty$ となってしまう．それ以上大きい n については $\mathcal{H}^{(-n)}$ をとることができないので，$d\ge 4$ の φ^4 場の量子論は構成できないことになる*(4-5 節を参照).

摂動的くりこみ理論では，$d=4$ の φ^4 場の量子論はくりこみ可能と分類され，くりこみによって有限な摂動展開の係数を得ることができる．しかし，この摂動展開は $g_{\mathrm{ren}}>0$ の領域では意味をもたず，$g_{\mathrm{ren}}<0$ にしたときのみ意味をもたせ得ると考えられている．この問題については，第 5, 6 章でさらに議論する．

---

* この現象は，$d=4$ の QED について，1950 年代に Landau らによって見いだされ，Landau ゴーストとして知られている．

e) $g_{\mathrm{ren}}<0$ の理論

ある種の解析接続により* $\lambda<0$ の φ^4 模型を定義することができる．このような系のくりこみ群の流れは，3-6 節，3-7 節の結果で形式的に λ_n を負のパラメタと読み換えたものになる．$\lambda_0<0$ の $\mathcal{H}^{(0)}$ をもとにして構成した連続極限を議論する．連続極限は意味のある場の量子論には対応しないが**，理論的な実験と考えれば興味深い．

摂動的くりこみ理論によれば，$g_{\mathrm{ren}}<0$ とした $d=4$ の φ^4 理論はくりこみ可能である．くりこみ群の流れ(3.142)で $\lambda<0$ とおけば，$\mathcal{H}_{\mathrm{G}}^*$ から λ の負の方向に湧きだす流れがあることがわかる．この流れをもとにすれば，形式的な連続極限がとれる(先に挙げた Gawedzki，Kupiainen の論文を参照)．これは，くりこみ可能で漸近的自由な場の量子論の例である．同様の性質をもった理論に，より現実的な $d=4$ の非可換格子ゲージ理論がある．

次に，$d=4+\varepsilon$ での $g_{\mathrm{ren}}<0$ の φ^4 理論を考察する．設定は病的だが，場の量子論の新しい可能性を示唆する例である．摂動的くりこみ理論では，この理論はくりこみ不可能と分類される．3-6 節の解析を拡張すれば，この系では $\lambda<0$ の領域に固定点(Wilson-Fisher 固定点)があることが示される．この固定点から湧きだす流れを用いれば，c 項と同様に漸近的自由でない連続極限を作ることができる．このように，摂動的くりこみ理論がくりこみ不可能と判定する系でも，強結合の連続極限が存在する可能性がある．Gross-Neveu 模型においても同様な例***が考察されている．

f) 高エネルギーに切断の入った理論

場の量子論において，必ずしも完全な連続極限 $a\to 0$ は必要ないという立場もある．現実の世界では，高エネルギー(短距離)の領域で新しい物理現象が現われるために，低エネルギーで有効な場の量子論は，ある限界のエネルギー以上では無効になる．限界のエネルギーが，理論に対して「切断エネルギー」の役

---

* K. Gawedzki and A. Kupiainen: Nucl. Phys. **B257**[FS14](1985)474.

** Schwinger 関数が構成できても，対応する Minkowski 時空での量子論が作れない．

*** K. Gawedzki and A. Kupiainen: Nucl. Phys. **B262**(1985)33.

割を果たすと期待される*.

切断の入った理論には,「発散の困難」はない. それでも, 切断付近の高エネルギーでの法則と, 低エネルギーでの系の挙動とを関連づけるためには, くりこみ理論(に類した解析)が重要になる.

まず連続極限の存在する理論で, 完全に $a\to 0$ の極限をとらず, 小さな格子間隔 $a=a_c$ に「切断」を入れたものを考える. これは, 4-3 節の連続極限の処方箋を適当な n で打ち切ったことに相当する. 連続極限が存在するというのは, n をいくら大きくとってもよいということだから, 任意の n で構成のステップを打ち切ることに問題はない. 言い換えれば, 理論の低エネルギーでの挙動に, 切断 a_c の値はまったく影響を及ぼさない.

連続極限の存在しない理論に $a=a_c$ で切断を入れた系にも,「発散の困難」はない. しかし, 下で具体的に見るように, この場合には低エネルギーでの系の振舞いは, 高エネルギーの切断 a_c の値によって厳しく制限される. 高エネルギーの切断に関する安定性は, 連続極限の存在する理論の本質的な側面である**.

具体例として, $d=4$ の φ^4 場の量子論($\lambda>0$)を考察する. d 項で述べたように, この理論には連続極限は存在しない可能性が高い. 切断エネルギーを M とする. これは, 格子間隔 $a_c=m_{\rm ren}/M$ の理論を考える, つまり 4-3 節の構成のステップを $n\simeq -\ln a_c/\ln L=\ln(M/m_{\rm ren})/\ln L$ で打ち切ることに相当する. この理論のくりこまれた結合定数 $g_{\rm ren}$ がどのような値をとり得るかを調べたい. そこで λ_{-n} は, 可能な限り最大の値($\lambda_{-n}=\infty$)をとるものとする. 非摂動領域のくりこみ変換が ν 成分系($\nu\to\infty$)の結果(3.152)に類似していると仮定すれば, 有限回のくりこみ変換で λ_{-n+i} は十分小さくなり, 摂動領域での(3.142)が使

---

* たとえば弱電統一理論については, いわゆる大統一エネルギー($10^{17}\sim 10^{20}$ GeV)が,「切断エネルギー」と考えられている.

** 稚拙な比喩だが, 有限な関数 $f(x), g(x)$ について, $\int_0^\infty dxf(x)<\infty$ および $\int_0^\infty dxg(x)=\infty$ とする. 積分の上限を大きな R で置き換える「正則化」により 2 つの積分はいずれも有限になる. しかし, $\int_0^R dxf(x)$ はさほど R によらないが, $\int_0^R dxg(x)$ は敏感に R に依存するという際だった相違がある. 前者が連続極限の存在する理論, 後者がそうでない理論に対応すると考える.

える．くりこまれた結合定数g_{ren}に許される最大値は，$g_{\max}\simeq\lambda_0$であり，$B_2(L)\sim\ln L$を用いて，

$$g_{\max}\sim\left\{\frac{3B_2(L)}{2}n\right\}^{-1}\sim\left[\ln\left(\frac{M}{m_{\mathrm{ren}}}\right)\right]^{-1} \tag{4.40}$$

のように評価される（$d=4$ではg_{ren}は無次元量である）．高エネルギーの切断Mの値が，低エネルギーでの結合定数を厳しく制限することが見てとれる*．

4-5　構成的場の理論

前節でいくつかの量子論の連続極限を議論した．この節では，場の量子論の連続極限を数学的に厳密に構成する試みについて，くりこみ群との関連で，簡単に触れる．

構成的場の理論の目標は，場の量子論についての一連の公理を満たす理論を厳密に構成し，その物理的な性質を調べることである**．現在までに，$d=3$のφ^4場の量子論などの超くりこみ可能な理論は，厳密に構成できるようになった***．くりこみ群は，今では構成的場の理論の中心的な道具の1つになっている．

厳密なくりこみ群を用いた最近の結果としては，$d=3$のAbelian Higgs系の構成****，（有限体積の）$d=4$の非可換ゲージ理論の構成*****などがある．特に後者は，はじめて$d=4$で相互作用をもった場の量子論が厳密に構成され

---

* このようなアイディアに基づいて，Higgs粒子の質量の上限を議論する試みがある．P. Hasenfratz: Nucl. Phys. **B**(Proc. Suppl.)**9**(1989)3; D. J. E. Callaway: Phys. Rep. **167**(1988)241などを参照.

** J. Glimm and A. Jaffe: *Quantum Physics-A Functional Integral Point of View* (Springer, 1981).

*** D. C. Brydges, J. Fröhlich and A. D. Sokal: Commun. Math. Phys. **91**(1983)141で，くりこみ群を用いない比較的簡単な$d=3$のφ^4場の量子論の構成法が考案された．これ以前の構成（前掲論文の文献リストを参照）は，何らかの意味でくりこみ群に類したアイディアを用いている．

**** J. Imbrie: in *Critical Phenomena, Random Systems, Gauge Theories*(*Les Houches 1984*), K. Osterwalder and R. Stora eds. (North-Holland, 1986)およびその中の文献.

***** T. Balaban: Commun. Math. Phys. **122**(1989)355; J. Magnen, V. Rivasseau and R. Sénéor: Commun. Math. Phys. **155**(1993)325.

た例として重要な意義をもっている．

逆に，$d>4$ の φ^4 場の量子論では，格子を用いた正則化を行なう限りは，自由場以外の連続極限が存在し得ないこと（自明性）が証明されている*．$d=4$ でも同様のことが成り立つと考えられているが，証明はない．φ^4 理論の自明性の定理は，摂動論にまったく依存しない場の量子論の結果という意味でも，興味深い．非線形性の強い系で，摂動論に依存しない厳密なくりこみ群が開発されれば，$d=4$ の φ^4 場の量子論の自明性や，非可換ゲージ理論の低エネルギーでのクォークの閉じ込め**などの重要な未解決問題にも進展が期待できるだろう．

---

* M. Aizenman: Commun. Math. Phys. **86**(1982)1; J. Fröhlich: Nucl. Phys. **B200** [FS4](1982)281. R. Fernandez, J. Fröhlich and A. D. Sokal: *Random Walks, Critical Phenomena, and Triviality in Quantum Field Theory*(Springer, 1992). これらの証明では，くりこみ群の方法は用いられていない．

** 簡単化されたくりこみ変換については，強い結果がある．K. R. Ito: Phys. Rev. Lett. **55**(1985)558.

5 場の量子論におけるくりこみ群

Green 関数と頂点関数は場の量子論の主要な道具である．この章では，それらを定義することからはじめて，簡単な模型でそれらの摂動計算を復習し，くりこみ法の説明をする．くりこみの処方は，いくつかあるが，いずれもスケール因子を含むので，それを変えたときの Green 関数などの応答をみるという形でくりこみ群の偏微分方程式がたてられる．その方程式を，摂動計算で係数を定めて解けば有効結合定数や Green 関数，頂点関数などの高エネルギーあるいは低エネルギー領域での漸近的な振舞いを推測することができる．特に，有効結合定数が漸近的に 0 にゆく“漸近的自由性”をもつ模型では摂動論の結果をインプットに用いたことも漸近的には正当化される．量子色力学で用いられる Yang-Mills 模型はその希な例である．漸近的自由性のない模型では内部矛盾を疑わせるような問題が提起される．

5-1 場の量子論

d 次元 Minkowski 時空 M^d をとり，その点の座標を $x=(x^\mu)=(x^0, x^1, \cdots, x^s)=(\boldsymbol{t}, \boldsymbol{r})$ とし，計量を

$$x^2 = x_\mu x^\mu = x_0{}^2 - x_1{}^2 - \cdots - x_s{}^2 = t^2 - \boldsymbol{r}\cdot\boldsymbol{r} \qquad (d=s+1) \tag{5.1}$$

で定める．$\hbar=c=1$ の自然単位系を用いる．当分のあいだスカラー場 $\varphi(x)$ を例にとり，そのラグランジアンを

$$L = \int_{\mathbf{M}^d}\left(\frac{1}{2}\frac{\partial\varphi}{\partial x_\mu}\frac{\partial\varphi}{\partial x^\mu} - \frac{1}{2}m_0{}^2\varphi^2 - g_0 V(\varphi)\right)dx \tag{5.2}$$

とし，$V(\varphi)=V(-\varphi)$ の対称性を仮定する*．積分領域を示す $\mathbf{M}^d$ は以後，特に必要なときのほか省略する．

場の基底状態 $|\Omega\rangle$ の存在を仮定し，これを物理的真空という．場の量子論では x_2 で生れた粒子が x_1 まで走る確率振幅 $(x_2{}^0 > x_1{}^0)$ は $\langle\Omega|\varphi(x_1)\varphi(x_2)|\Omega\rangle$ で与えられ，2つの粒子の散乱過程は $\langle\Omega|\mathrm{T}\varphi(x_1)\cdots\varphi(x_4)|\Omega\rangle$ で記述される，等々．一般に，場の演算子の T 積の真空期待値を Green 関数（Green's function）という．T 積の定義から Green 関数は変数 $x_1, \cdots, x_n$ の置換に関して対称であり，ラグランジアン(5.2)の並進対称性から変数の相互の差のみに依存する．依存の仕方は Lorentz 不変である．

特に，自由場 $\phi(x)$ $(g_0=0)$ の場合，真空状態を $|0\rangle$ と書く．Green 関数

$$G_0{}^{(n)}(x_1, \cdots, x_n) = \langle 0|\mathrm{T}\phi(x_1)\cdots\phi(x_n)|0\rangle \tag{5.3}$$

のうち，奇数次のものは消え，偶数次のものは2点 Green 関数の積の和として書けてしまう．たとえば

$$\begin{aligned} G_0{}^{(4)}(x_1, \cdots, x_4) = {} & G_0{}^{(2)}(x_1, x_2)G_0{}^{(2)}(x_3, x_4) + G_0{}^{(2)}(x_1, x_3)G_0{}^{(2)}(x_2, x_4) \\ & + G_0{}^{(2)}(x_1, x_4)G_0{}^{(2)}(x_2, x_3) \end{aligned} \tag{5.4}$$

同様に高次の $G^{(2n)}$ も，その変数を2個ずつの組に分ける仕方の数だけの項の和になる．

2点 Green 関数 $G_0{}^{(2)}(x, y)$ を特に（自由場の）伝搬関数（propagator）という．これは変数の差のみに依存するので $G_0{}^{(2)}(x-y)$ と書く．すると，T 積の対称性から $G_0{}^{(2)}(x) = G_0{}^{(2)}(-x)$．そして，$\varphi$ の運動方程式と正準交換関係から

* 場の量子論の一般的事項については，たとえば大貫義郎『場の量子論』（本講座5），九後汰一郎『ゲージ場の量子論 I, II』（培風館，1989）などを参照．

$$\left[\left(\frac{\partial}{\partial x^0}\right)^2-\left(\frac{\partial}{\partial x^1}\right)^2-\cdots-\left(\frac{\partial}{\partial x^s}\right)^2+m_0{}^2\right]G_0{}^{(2)}(x) = -i\delta^{(d)}(x) \qquad (5.5)$$

という方程式が得られるから

$$G_0{}^{(2)}(x) = \frac{i}{(2\pi)^d}\int\frac{e^{-ipx}}{p^2-m_0{}^2+i\epsilon}d^dp \qquad (5.6)$$

分母の $\epsilon>0$ のために p^0 積分がすぐにできて

$$G_0{}^{(2)}(x) = \frac{1}{(2\pi)^s}\int\frac{1}{2\omega_p}e^{-i\omega_p|x^0|}e^{i\boldsymbol{p}\cdot\boldsymbol{r}}d^s\boldsymbol{p} \qquad (\omega_p\equiv\sqrt{\boldsymbol{p}^2+m_0{}^2})$$

となる．これは，時間変数を複素化し，実軸の正の部分は虚軸の負の部分に，負の部分は正の部分にゆくように解析接続することができて(図 5-1)

$$G_0{}^{(2)}(\boldsymbol{r}, i\tau) = \frac{1}{(2\pi)^s}\int\frac{1}{2\omega_p}e^{-\omega_p|\tau|}e^{i\boldsymbol{p}\cdot\boldsymbol{r}}d^s\boldsymbol{p}$$

となる．これを 2 点 Schwinger 関数とよぶ．これは

$$G_0{}^{(2)}(\boldsymbol{r}, i\tau) = \frac{1}{(2\pi)^d}\int_{\mathrm{E}^d}\frac{1}{\mathbf{p}^2+m^2}e^{-i(p^0\tau+\boldsymbol{p}\cdot\boldsymbol{r})}d^d\mathbf{p} \qquad (5.7)$$

とも書ける．ここに，$\mathbf{p}^2\equiv(p^0)^2+\boldsymbol{p}^2$ は $p^0\tau+\boldsymbol{p}\cdot\boldsymbol{r}$ とともに Euclid 内積であり，その回転不変性によって $G_0{}^{(2)}(\boldsymbol{r}, i\tau)$ は $\boldsymbol{r}^2+\tau^2$ の関数となり，$\boldsymbol{r}\neq0$ なら τ 軸上で実解析的である．この性質は，相互作用のある場合にもひきつがれる．

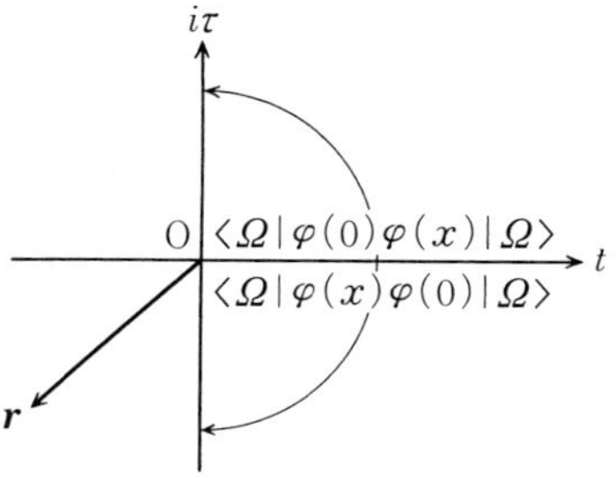

図 5-1 虚時間への解析接続．時間 t の正負は $\varphi(x)$ と $\varphi(0)$ の積の順序と見直すこともできる．$\langle\Omega|\varphi(0)\varphi(x)|\Omega\rangle=G_0{}^{(2)}(-x)$ と $\langle\Omega|\varphi(x)\varphi(0)|\Omega\rangle=G_0{}^{(2)}(x)$ とは虚時間軸上までそれぞれ解析接続すると同一の関数になる．これらの解析接続の道(図の矢印)は，引数のもつ符号が違うため互いに逆向きになる．

5-2 Green 関数と頂点関数

この節では，Green 関数

$$G^{(n)}(x_1, \cdots, x_n) = \langle \Omega | \mathrm{T}\varphi(x_1)\cdots\varphi(x_n)|\Omega\rangle, \qquad n = 1, 2, \cdots \tag{5.8}$$

は与えられたものとする．必要なら，これから場の演算子も物理的真空状態も構成できる(GNS 再構成定理*)．$G^{(2)}$ を伝搬関数という．場のラグランジアンは変換 $\varphi \to -\varphi$ に関して不変であるとし，この対称性のため

$$G^{(n)} = 0, \qquad n = 1, 3, \cdots \tag{5.9}$$

となっていると仮定する．一般には，ラグランジアンは対称でも真空状態に対称性の自発的な破れがあって(5.9)が成り立たないということもおこるが，いまは考えをきめるために，それがない場合に限定するのである．(5.9)が成り立たない場合の議論も難しくはない．

いま，外場(external field)とよぶ c 数値関数 $J(x)$ を導入し

$$\begin{aligned} Z[J] &= \left\langle \mathrm{T}\exp\left[\, i\int J(x)\varphi(x)dx \right]\right\rangle \\ &= \sum_{n=0}^{\infty} \frac{i^n}{n!}\int G^{(n)}(x_1, \cdots, x_n)J(x_1)\cdots J(x_n)dx_1\cdots dx_n \end{aligned} \tag{5.10}$$

から

$$G_c[J] = \log Z[J]$$

によって汎関数 $G_c[J]$ を定義する．ただし，$\langle \Omega | \cdots | \Omega \rangle$ を $\langle \cdots \rangle$ と略記した．Z を J に関して汎関数微分すれば

$$\frac{\delta}{i\delta J(x)}G_c[J] = \langle \varphi(x) \rangle_J$$

$$\frac{\delta^2}{i^2\delta J(x_1)\delta J(x_2)}G_c[J] = \langle \mathrm{T}\varphi(x_1)\varphi(x_2)\rangle_J - \langle \varphi(x_1)\rangle_J \langle \varphi(x_2)\rangle_J \qquad 等々 \tag{5.11}$$

---

* 参照：湯川秀樹・豊田利幸編『量子力学 II』(岩波講座・現代物理学の基礎，1976)，荒木不二洋『量子場の数理』(本講座 21，1993)．

が得られる．ここに

$$\langle \mathrm{T}\varphi(x)\cdots\varphi(z)\rangle_J = \frac{1}{Z[J]}\langle \mathrm{T}\varphi(x)\cdots\varphi(z)\,e^{i\int J\varphi dx}\rangle \qquad (5.12)$$

とおいた．$J=0$ とすれば，仮定(5.9)により奇数階の微係数は消え，偶数階では

$$\left.\frac{\delta^2}{i^2\delta J(x_1)\delta J(x_2)}G_c[J]\right|_{J=0} = \langle \mathrm{T}\varphi(x_1)\varphi(x_2)\rangle$$

$$\left.\frac{\delta^4}{i^4\delta J(x_1)\cdots\delta J(x_4)}G_c[J]\right|_{J=0} = \langle \mathrm{T}\varphi(x_1)\cdots\varphi(x_4)\rangle - \langle \mathrm{T}\varphi(x_1)\varphi(x_2)\rangle\langle \mathrm{T}\varphi(x_3)\varphi(x_4)\rangle$$
$$-\langle \mathrm{T}\varphi(x_1)\varphi(x_3)\rangle\langle \mathrm{T}\varphi(x_2)\varphi(x_4)\rangle - \langle \mathrm{T}\varphi(x_1)\varphi(x_4)\rangle\langle \mathrm{T}\varphi(x_2)\varphi(x_3)\rangle \qquad (5.13)$$

等となる．これらは，いわゆる連結 Green 関数（connected Green's function）$G_c^{(n)}$ になっており，クラスター性

$$\langle \mathrm{T}\varphi(x_1)\cdots\varphi(x_4)\rangle \underset{|\boldsymbol{r}_k-\boldsymbol{r}_l|\to\infty}{\sim} \langle \mathrm{T}\varphi(x_1)\varphi(x_2)\rangle\langle \mathrm{T}\varphi(x_3)\varphi(x_4)\rangle \quad (k=1,2;\ l=3,4)$$

等々によって変数 $x_1, x_2, \cdots$ が空間的に離れれば 0 になるはずである．

(5.13)は，$G_c[J]$ が連結 Green 関数 $G_c^{(n)}$ の母関数になっていることを意味する．$n=$奇数 では $G_c^{(n)}=0$ だから

$$G_c[J] = \sum_{n\,:\,\mathrm{even}} \frac{i^n}{n!}\int dx_1\cdots\int dx_n\, G_c^{(n)}(x_1,\cdots,x_n)J(x_1)\cdots J(x_n) \qquad (5.14)$$

いま，$\varphi_c(x)$ を与えられた c 数値関数として

$$\frac{\delta}{i\delta J(x)}G_c[J] = \varphi_c(x) \qquad (5.15)$$

が J について一意的に解けると仮定し，その解を $J_c(x, \varphi_c(x))$ とおく．以前の仮定(5.9)から

$$J_c(x,\varphi_c(x)) = 0 \Longleftrightarrow \varphi_c(x) = 0 \qquad (5.16)$$

となる．この J_c を用いて頂点関数（vertex function）を次の Legendre 変換によって定義する*．力学とのアナロジーでいえば，$i^{-1}G_c[J]$ がラグランジアン

* G. Jona-Lasinio: Nuovo Cimento **34**(1964)1790. 統計力学においては，C. Dominicis: J. Math. Phys. **4**(1963)255; C. De Dominicis and P. C. Martin: J. Math. Phys. **5**(1964)14, 31.

にあたり，J が速度変数にあたると見て，共役運動量 φ_c とそれで表わした速度 $J=J_c(x,\varphi_c(x))$ を用いてハミルトニアン(の符号を変えた量)にあたる汎関数

$$\Gamma[\varphi_c] = \left\{\frac{1}{i}G_c[J] - \int dx J(x)\varphi_c(x)\right\}\bigg|_{J=J_c(x,\varphi_c(x))} \tag{5.17}$$

をつくる．これが，頂点関数 $\Gamma^{(n)}$ の母関数である：

$$\Gamma[\varphi_c] = \sum_{n=0}^{\infty}\frac{1}{n!}\int\cdots\int dx_1\cdots dx_n \Gamma^{(n)}(x_1,\cdots,x_n)\varphi_c(x_1)\cdots\varphi_c(x_n) \tag{5.18}$$

その第1項は $\varphi_c=0$ での値にほかならず，(5.16)から $J_c=0$ とすれば得られ，(5.17)により $-iG_c[0]=0$ に等しい．第2項も0である．なぜなら，(5.17)を微分した式

$$i\frac{\delta}{\delta\varphi_c(x)}\Gamma[\varphi_c] = \int dy\left\{\left[\frac{\delta G_c[J_c]}{\delta J_c(y,\varphi_c(y))} - i\varphi_c(y)\right]\frac{\delta}{\delta\varphi_c(x)}J_c(y,\varphi_c(y))\right\} - iJ_c(x,\varphi_c(x))$$

に(5.15)を用いて

$$\frac{\delta}{\delta\varphi_c(x)}\Gamma[\varphi_c] = -J_c(x,\varphi_c(x)) \tag{5.19}$$

を得るが，これは $\varphi_c=0$ とおくと(5.16)によって消えるからである．こうして

$$\Gamma^{(0)} = 0, \qquad \Gamma^{(1)}(x) = 0$$

$\Gamma^{(2)}$ を求めるには，(5.15)が $J=J_c$ に対して成り立つことを思いだし $\varphi_c(y)$ で微分する：

$$\int dz \frac{\delta^2 G_c[J]}{i\delta J(x)\delta J(z)}\bigg|_{J(\cdot)=J_c(\cdot,\varphi_c(\cdot))}\cdot\frac{\delta J_c(z,\varphi_c(z))}{\delta\varphi_c(y)} = \delta(x-y) \tag{5.20}$$

ここで(5.19)を用い，(5.16)を参照して $\varphi_c=0$ とおけば

$$\int dz \Gamma^{(2)}(y,z)G_c^{(2)}(z,x) = i\delta(x-y) \tag{5.21}$$

が得られる．$-i\Gamma^{(2)}$ は積分演算子として $G_c^{(2)}$ の逆演算子になっているのである．両辺に $G_c^{(2)}(x_1,y)$ をかけて y で積分すれば

$$G_c^{(2)}(x_1, x_2) = \int dz_1 dz_2 G_c^{(2)}(x_1, z_1)\Gamma^{(2)}(z_1, z_2)G^{(2)}(z_2, x_2)$$

という形にもなる．$J=0$ のとき $G_c^{(n)}$ は Minkowski 空間 M^d における平行移動に関して不変だから，$G_c^{(2)}$ も $\Gamma^{(2)}$ もそうであり，座標変数の差にのみ依存する．その差に関する Fourier 変換は Lorentz 不変でもあるから $G_c^{(2)}(p^2)$，$\Gamma^{(2)}(p^2)$ と書ける．よって，(5.21)から

$$\Gamma^{(2)}(p^2)G_c^{(2)}(p^2) = i \tag{5.22}$$

ところが，粒子の自己エネルギー部分(mass operator)を $\Sigma(p)$ とすれば

$$G_c^{(2)}(p^2) = \frac{i}{p^2-m_0{}^2-\Sigma(p)} \tag{5.23}$$

となるから

$$\Gamma^{(2)}(p^2) = p^2-m_0{}^2-\Sigma(p^2) \tag{5.24}$$

次に(5.20)を $\varphi_c(u)$ で微分し $\varphi_c=0$ とおけば $\int dz G_c^{(2)}(z,x)\Gamma^{(3)}(u,y,z)=0$ となり，(5.21)により $\Gamma^{(3)}=0$ が知れる．一般に，$n=$奇数 のとき $\Gamma^{(n)}=0$ となる．続いて

$$G_c^{(4)}(x_1,x_2,x_3,x_4) = i\int dz_1\cdots dz_4 G_c^{(2)}(x_1,z_1)\cdots G_c^{(2)}(x_4,z_4)\Gamma^{(4)}(z_1,z_2,z_3,z_4)$$

$$\begin{aligned} G_c^{(6)}(x_1,\cdots,x_6) = i\Bigg[&\int dz_1\cdots dz_6 G_c^{(2)}(x_1,z_1)\cdots G_c^{(2)}(x_6,z_6)\Gamma^{(6)}(z_1,\cdots,z_6) \\ &-\sum_{\text{div.}}\int dz_1\cdots dz_4 G_c^{(2)}(x_i,z_1)G_c^{(2)}(x_j,z_2)G_c^{(2)}(x_k,z_3) \\ &\times\Gamma^{(4)}(z_1,\cdots,z_4)G_c^{(4)}(z_4,x_l,x_m,x_6)\Bigg] \end{aligned} \tag{5.25}$$

ここに，和は $\{1,\cdots,5\}$ を 3 個と 2 個からなる 2 つの集合 $\{i,j,k\}, \{l,m\}$ に分ける分割のすべてにわたる．集合の中の順序は区別しないから ${}_5\mathrm{C}_2=10$ 項の和になる．そして，一般に $G_c^{(n)}$ $(n=4,6,\cdots)$ は，

$$\begin{aligned} &\Gamma^{(l)} \quad (3\leq l\leq n) \quad \text{と} \\ &G_c^{(k_1)},\cdots,G_c^{(k_l)} \quad (2\leq k_1\leq\cdots\leq k_l,\ k_1+\cdots+k_l=n+l) \end{aligned} \tag{5.26}$$

の積の積分の 1 次結合となる．その構造は $G_c^{(2)}$ を線分で表わして図 5-2 のよ

うにグラフで示すことができる．$G^{(6)}$ のグラフには1本の内線を切ると2つに分かれるものがあるが，$G^{(4)}$ のグラフは分かれない．後者のように1本の内線を切っただけでは2つに分かれないグラフを，一般に1粒子既約(1-particle irreducible)であるという*．

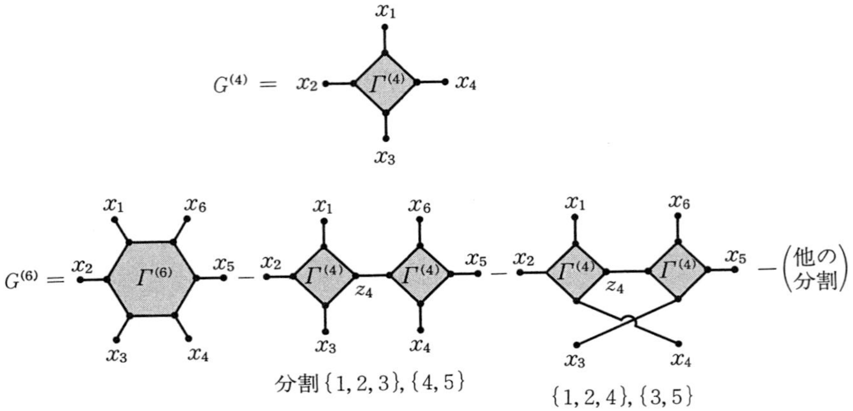

図 5-2 Green 関数 $G^{(n)}$ の構造．(5.25)は，そのすぐ上の式によれば，頂点関数 $\Gamma^{(k)}(k \leq n)$ を伝搬関数 $G_c{}^{(2)}$ でつないで構成されたと見ることもできる．

(5.25)を(5.21)によって逆に解けば

$$\Gamma^{(6)}(z_1, \cdots, z_6) = -\int dx_1 \cdots dx_6 G_c{}^{(2)}(z_1, x_1) \cdots G_c{}^{(2)}(z_6, x_6) G_c{}^{(6)}(x_1, \cdots, x_6)$$

$$+ \sum_{\text{div.}} \int dx_l dx_m dy \Gamma^{(2)}(z_l, x_l) \Gamma^{(2)}(z_m, x_m) \Gamma^{(2)}(z_6, x_6) \Gamma^{(4)}(z_i, z_j, z_k, y)$$

$$\times G_c{}^{(4)}(y, x_l, x_m, x_6)$$

となる．和は(5.25)と同様．$\Gamma^{(n)}$ を摂動論によって構成すれば，やはりグラフで表わされ，どれも1粒子既約となる(図 5-3)**．詳しくは Feynman グラフについて p.126 以降で見よう．

* 正確には，"$G_c{}^{(2)}$ に関して1粒子既約" といわねばならない．Feynman グラフでは既約性を自由粒子の伝搬関数を表わす線の切断に関していう．

** J. Zinn-Justin: *Quantum Field Theory and Critical Phenomena*, 2nd ed. (Clarendon Press, Oxford, 1993) Sec. 6.4.

$\Gamma^{(6)}$ =

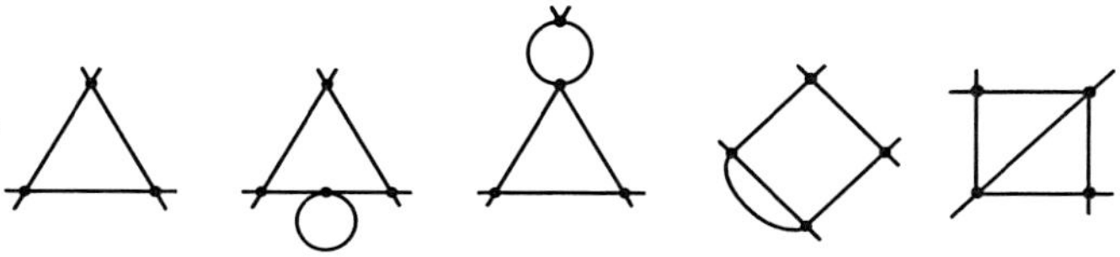

+(5次以上のグラフ)

図 5-3 頂点関数の摂動論的な構造. $\Gamma^{(6)}$ の例で示す. 線は $G_c{}^{(2)}$. それに関して1粒子既約なグラフのみからなる. たとえば線の両端から3本ずつ手がでるグラフはない.

5-3 くりこみの処方

場の量子論における摂動計算には一般に発散積分が現われる. その発散が有限個のくりこみ定数に吸収できるモデルは“くりこみ可能”, 発散積分が摂動のある有限次数にのみ現われるモデルは“超くりこみ可能”であるという. くりこみ可能の条件は, $\hbar=c=1$ の単位系で結合定数が無次元になることでもある. L で長さを表わせば, d 次元 Minkowski 時空ではスカラー場の次元は $[\varphi]=[\mathrm{L}^{-(d-2)/2}]$ であるから*, この場が自己相互作用 $g\varphi^n$ するモデルでは結合定数の次元は $[g]=[\mathrm{L}^{(n/2)(d-2)-d}]$ となる. したがって, このモデルは $n=2d/(d-2)$ ならくりこみ可能であり, $n>0$ がこれより小さければ超くりこみ可能である.

以下, $d=4$ とする. このとき $n=4$ がくりこみ可能な場合である. これを本節では例にとる. ラグランジアン密度を $\mathcal{L}=\mathcal{L}_0+\mathcal{L}_1$ と書けば

$$\mathcal{L}_0=\frac{1}{2}\frac{\partial\varphi_0}{\partial x_\mu}\frac{\partial\varphi_0}{\partial x^\mu}-\frac{m^2}{2}\varphi_0{}^2, \qquad \mathcal{L}_1=\frac{\delta m^2}{2}\varphi_0{}^2-\frac{g_0}{4!}\varphi_0{}^4 \tag{5.27}$$

* φ の次元は, ラグランジアンの次元が $[\mathrm{L}^{-1}]$ であることから得られる.

ただし，前節の φ を φ_0 と書いた．m_0, g_0 は，それぞれ裸の質量，裸の結合定数とよばれ，ラグランジアンが本来もつ定数である．しかし，いずれも相互作用のために補正を受けるので，物理的に測定される値 m, g とは異なる．量子電磁力学の例が分かりやすい．電子は自身の電荷がつくる場のエネルギーを付加的な質量として背負い込むことになるし，その場が電子のまわりに生成・消滅させる電子-陽電子の対は分極して電子の電荷を遮蔽する．そこで，物理的に測定される値を普通

$$\varphi = Z_3{}^{-1/2}\varphi_0, \qquad g = Z_3{}^2 Z_4{}^{-1} g_0, \qquad m^2 = m_0{}^2 + \delta m^2 \qquad (5.28)$$

と書く．そして"くりこまれた場" φ の Green 関数，頂点関数を $G_{\mathrm{R}}{}^{(n)}, \Gamma_{\mathrm{R}}{}^{(n)}$ と書く．相互作用による補正は摂動計算すると発散積分を含む．発散が不可避であることの摂動によらない厳密な証明はまだないが，摂動計算の発散を Z_3, Z_4 と δm^2 に吸収させ，物理量が"くりこまれた" φ, g, m で表わしきれて有限になることを示す——これがくりこみ理論の目標である．Z_3 を波動関数のくりこみ(wave function renormalization)因子とよび，g と m をくりこまれた結合定数(renormalized coupling constant)，くりこまれた質量(renormalized mass)とよぶ．物理的結合定数，物理的質量とよぶことも多い．電子の電荷の測定といっても，たとえば散乱の実験をするとして，補正が上記のように自身のまわりにおこる分極からくる以上，その全体を包み込むような長波長での散乱で見るか，分極分布から芯まで識別し得る短波長で見るかによって測定値は異なるはずである．くりこみ群は，ここに着目する．いうまでもなく，波長の短・長は散乱の際の運動量変化の大・小にほかならない．

くりこみで発散を処理するといっても，発散積分をそのまま扱うことはできない．ひとまず積分領域を制限し，あるいは収束因子を挿入するなど何らかの処方で積分を有限にした上で(正則化，regularization)必要な処置をする．その後で積分領域の制限あるいは収束因子を除く極限を調べて結果が有限に留まることを確認するのである．この本では次元正則化の方法を採用する．補遺(5-13 節)を参照．

a）質量殻の上でのくりこみ

質量殻とは，粒子（物理的質量 m）の 4 元運動量 $p=(p^0, \boldsymbol{p})$ の空間 M^4 における曲面 $p^2=m^2$ をいう．場の伝搬関数を p^2 の関数と見れば物理的に

$$G_{\mathrm{R}}^{(2)}(p^2) \text{ は } p^2=m^2 \text{ に 1 位の極をもち留数は } i \text{ である} \tag{5.29}$$

ことが期待される．なぜなら，伝搬関数の $x^2\to\infty$ での振舞いは p 空間での特異点できまり，(5.29)が成り立つときに限って

$$G_{\mathrm{R}}^{(2)}(x) \underset{t\to\infty}{\sim} \frac{i}{(2\pi)^4}\int\frac{e^{-ipx}}{p^2-m^2+i\epsilon}d^4p = \frac{1}{(2\pi)^3}\int\frac{d^3\boldsymbol{p}}{2\omega_p}e^{i(\boldsymbol{p}\cdot\boldsymbol{r}-\omega_p t)}$$

となり，自由粒子の運動の形をとるからである．このとき，(5.22)から

$$\lim_{p^2\to m^2}\Gamma_{\mathrm{R}}^{(2)}(p^2, m^2, g)/(p^2-m^2) = 1 \tag{5.30}$$

運動量空間 $\mathrm{M}^4\times\cdots\times\mathrm{M}^4$（4 個の直積）における 4 点関数 $\Gamma_{\mathrm{R}}^{(4)}$ の台（関数値が 0 でないところ，support）は，運動量を後の図 5-4 のようにすべて内向きにとると場の並進不変性から面 $p_1+\cdots+p_4=0$ の上に限られる．この 4 個の条件から Lorentz 不変な変数 p_ip_j $(i\leq j\leq 4)$ の 10 個のうち独立なものは 6 個となる．普通，変数の対称性を保つため $p_l{}^2$ $(l=1,\cdots,4)$ と

$$s_1=(p_1+p_2)^2, \qquad s_2=(p_1+p_3)^2, \qquad s_3=(p_1+p_4)^2$$

との 7 個をとり，$s_1+s_2+s_3=\sum_{l=1}^{4}p_l{}^2$ の条件をおく．

結合定数の物理的な値は 2 体散乱振幅 $\Gamma_{\mathrm{R}}^{(4)}$ の対称点，

$$p_1{}^2=\cdots=p_4{}^2=m^2, \qquad s_1=s_2=s_3=\frac{4m^2}{3}$$

での値で定義するのが普通である．すなわち

$$g = \Gamma_{\mathrm{R}}^{(4)}(s_i, p_l{}^2, m^2, g)\Big|_{p_l{}^2=m^2,\, s_i=4m^2/3} \tag{5.31}$$

とする．しかし，そうしなければならない理由はない．(5.29),(5.30)とともに一般化して

$$\lim_{p^2\to\lambda^2}\Gamma_{\mathrm{R}}^{(2)}(p^2, m^2, g(\lambda))/(p^2-m^2) = 1 \tag{5.32}$$

$$g(\lambda)=\Gamma_{\mathrm{R}}{}^{(4)}(s_i, p_l{}^2, m^2, g(\lambda))\Big|_{p_l{}^2=\lambda^2,\, s_i=4\lambda^2/3} \tag{5.33}$$

として実験との比較にも差し支えがない．λ^2 を**くりこみ点**(renormalization point)という．これが任意に動かせるという自由度をくりこみ群は利用するので，われわれの以下の計算もこの一般化された質量殻条件を用いる．

問題を具体的にするため，2 点の Green 関数，頂点関数を摂動の 2 次まで計算してみよう．次元正則化(5-13 節)を採用する．Feynman グラフの規則は次のとおりである：

φ の伝搬 ——→ $\dfrac{1}{(2\pi)^4}\dfrac{i}{p^2-m^2+i\epsilon}$ （矢印は運動量の正の向き）

頂点　• $-ig_0(2\pi)^4\delta(\sum p_l)$

この規則でつくった表式を内線の運動量 p_l について積分する．対称性のよいグラフ G では対称性因子 $1/S(\mathrm{G})$ をかけなければならない場合がある．以後，外線の運動量 p^{ext} の総和の保存を表わす $-i(2\pi)^4\delta(\sum p_j{}^{\mathrm{ext}})$ は書かないことにする．

頂点関数からはじめる．これは図 5-2 に対応する Green 関数 $G^{(n)}$ のグラフから外線につながる低次の Green 関数をはずして 1 粒子既約の部分をとりだせば得られる．

前節で見たとおり，$\Gamma^{(0)}, \Gamma^{(1)}, \Gamma^{(3)}$ は 0 である．$\Gamma^{(2)}$ は後にまわし，4 点関数 $\Gamma^{(4)}$ から計算しよう．問題になるのは図 5-4 のグラフ(a)-(d)である．各グラフの寄与はグラフを明示して $\Gamma^{[4\mathrm{a}]}$ のように書き表わす．摂動の最低次は図(a)のグラフで

$$\Gamma^{[4\mathrm{a}]}=g_0 \tag{5.34}$$

を与える．

次の 2 次のグラフは(b)-(d)の 3 つである．(b)の寄与は

$$\Gamma^{[4\mathrm{b}]}(s_1)=\frac{g_0{}^2}{2(2\pi)^4}\boldsymbol{\Phi}(s_1) \tag{5.35}$$

ただし

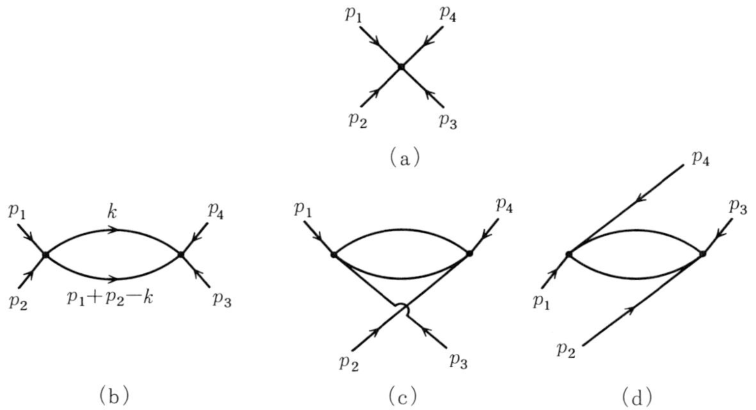

図 5-4 4 点頂点関数の Feynman グラフ．結合定数に関して 2 次までのもの．矢印は運動量をはかる向きを示す．運動量を書かない線には矢印もなし．

$$\boldsymbol{\Phi}(s) = i\int_{\mathrm{M}^4}\frac{1}{[k^2-m^2+i\epsilon][(p-k)^2-m^2+i\epsilon]}d^4k \qquad (s=p^2) \qquad (5.36)$$

とおいた．ここに，$p=p_1+p_2$ で，この積分は Lorentz 不変性から $s=p^2$ の関数になるはずなのである．(5.35)の因子 1/2 は対称性因子である．他のグラフの寄与は s_1 を s_2, s_3 に置き換えれば得られる：

$$\Gamma^{[4\mathrm{c}]}(s_2) = \frac{{g_0}^2}{2(2\pi)^4}\boldsymbol{\Phi}(s_2), \qquad \Gamma^{[4\mathrm{d}]}(s_3) = \frac{{g_0}^2}{2(2\pi)^4}\boldsymbol{\Phi}(s_3) \qquad (5.37)$$

積分(5.36)は対数的に発散する．次元正則化は，運動量空間の次元をひとまず $d=4-\varepsilon<4$ に下げて積分を収束させるのである．その手続きを簡単に説明しよう．積分 $\boldsymbol{\Phi}$ は被積分関数を，Feynman のパラメタ積分の公式

$$\frac{1}{a_1\cdots a_N} = \int_0^1 dx_1\cdots\int_0^1 dx_N\frac{(N-1)!}{[a_1x_1+\cdots+a_Nx_N]^N}\delta(x_1+\cdots+x_N-1) \qquad (5.38)$$

を $N=2$，$a_1=k^2-m^2+i\epsilon$，$a_2=(p-k)^2-m^2+i\epsilon$ として用い，$k-(1-x)p$ を改めて k とおけば

$$\boldsymbol{\Phi}(s) = i\int_0^1 dx\int_{\mathrm{M}^4}\frac{d^4k}{[k^2+x(1-x)p^2-m^2+i\epsilon]^2}$$

に帰着する．ここで $s=p^2<4m^2$ とすれば k^0 の積分路を実軸から反時計まわりに虚軸までまわすことができて k 積分は Euclid 空間 E^4 上のものに変わる：

$$\Phi(s) = -\int_0^1 dx \int_{\mathsf{E}^4} \frac{d^4\mathbf{k}}{[\mathbf{k}^2-x(1-x)p^2+m^2]^2} \qquad (s=p^2<4m^2)$$

ただし，$\mathbf{k}^2$ は Euclid 内積を，p^2 は Minkowski 内積を表わす．次に積分領域の空間の次元を 4 から非整数の $d=4-\varepsilon$ に下げて補遺の公式(5.186)

$$\int_{\mathsf{E}^d} f(\mathbf{k}^2)d^d\mathbf{k} = \frac{2\pi^{d/2}}{\Gamma(d/2)}\int_0^\infty f(\mathsf{k}^2)\mathsf{k}^{d-1}d\mathsf{k} \qquad (\mathsf{k}=|\mathbf{k}|)$$

および

$$\int_0^\infty \frac{\mathsf{k}^n}{(\mathsf{k}^2+A)^l}d\mathsf{k} = \frac{1}{2}A^{\alpha-l}\int_0^\infty \frac{t^{\alpha-1}}{(t+1)^l}dt = \frac{1}{2}A^{\alpha-l}\frac{\Gamma(\alpha)\Gamma(l-\alpha)}{\Gamma(l)}$$

を利用する．ここに，$\alpha=(n+1)/2$ で，Γ は Γ 関数である．こうして

$$\Phi(s) = -\pi^{d/2}\Gamma\left(\frac{\varepsilon}{2}\right)\int_0^1 \frac{1}{[m^2-sx(1-x)]^{\varepsilon/2}}dx \qquad (5.39)$$

が得られる．ただし，(5.35)，(5.37)が正しい次元 $[\mathrm{L}^{d-4}]$ をもつように g_0 に次元 $[\mathrm{L}^{d-4}]$ をもたせねばならない*．ここで，ϵ と ε を混同しないように注意！

(5.39)のままで $\varepsilon\downarrow 0$ とすると $\Gamma(\varepsilon/2)\sim 2/\varepsilon$ が発散する．そこで，(5.33)を目標に $s=4\lambda^2/3(\equiv\bar{\lambda}^2)$ における値を分離し

$$\Phi(s) = \Phi(\bar{\lambda}^2)+\Phi_f(s)$$

とおけば

$$\Phi_f(s) = -\pi^{d/2}\Gamma\left(\frac{\varepsilon}{2}\right)\int_0^1\left\{\frac{1}{[m^2-sx(1-x)]^{\varepsilon/2}}-\frac{1}{[m^2-\bar{\lambda}^2x(1-x)]^{\varepsilon/2}}\right\}dx$$

は $\varepsilon\downarrow 0$ でも有限に留まる．実際

$$[m^2-sx(1-x)]^{-\varepsilon/2} = m^{-\varepsilon}\exp\left[\frac{\varepsilon}{2}\log\frac{m^2}{m^2-sx(1-x)}\right]$$

---

* $[\varphi]=[\mathrm{L}^{(2-d)/2}]$ から $[G^{(n)}]=[\mathrm{L}^{n(2-d)/2}]$ がでて，(5.26)から $[\Gamma^{(n)}(x_1,\cdots,x_n)]=[\mathrm{L}^{-(2+d)n/2}]$．これに $\exp i[p_1x_1+\cdots+p_nx_n]$ をかけ積分 $\int d^dx_1\cdots d^dx_n$ をして $\Gamma^{(n)}(p_1,\cdots,p_n)\delta^{(d)}(p_1+\cdots+p_n)$ を得ることから $[\Gamma^{(n)}(p_1,\cdots,p_n)]=[\mathrm{L}^{(d-2)n/2-d}]$．ここで $n=4$ として，(5.34)の右辺の次元は $[\mathrm{L}^{d-4}]$．

$$= m^{-\varepsilon}\left(1+\frac{\varepsilon}{2}\log\frac{m^2}{m^2-sx(1-x)}+O(\varepsilon^2)\right)$$

と $\lim_{\varepsilon\downarrow 0}(\varepsilon/2)\Gamma(\varepsilon/2)=1$ から

$$\Phi_f(s) = \pi^2\int_0^1 \log\left[\frac{m^2-sx(1-x)}{m^2-\bar{\lambda}^2x(1-x)}\right]dx$$

となり，$\Gamma(\varepsilon/2)$ の発散は処理され積分も収束する．こうして，4 点頂点関数への図 5-4(a)-(d)の寄与は

$$\Gamma^{(4)}(s_i, g_0, m^2, \varepsilon) = g_0+g_0{}^2C(\lambda^2, m, \varepsilon)+\frac{g_0{}^2}{2(2\pi)^d}\sum_{i=1}^{3}\Phi_f(s_i)+O(g_0{}^3) \quad (5.40)$$

となる．ただし

$$g_0{}^2C(\lambda^2, m^2, \varepsilon) \equiv \frac{3g_0{}^2}{2(2\pi)^d}\Phi(\bar{\lambda}^2) \underset{\varepsilon\downarrow 0}{\sim} -\frac{3g_0{}^2}{32\pi^2}\cdot\frac{2}{\varepsilon} \quad (5.41)$$

ところで，Green 関数 $G^{(n)}$ は(5.8)で場の積の真空期待値として定義されたので，(5.28)の波動関数のくりこみにより $Z_3{}^{-n/2}$ 倍される：

$$G_{\rm R}{}^{(n)} = Z_3{}^{-n/2}G^{(n)} \quad (5.42)$$

(5.21)によれば，このとき $\Gamma^{(2)}$ は Z_3 倍される．一般に，(5.26)から

$$\Gamma_{\rm R}{}^{(n)} = Z_3{}^{n/2}\Gamma^{(n)} \quad (5.43)$$

となる．くりこまれた結合定数は，条件(5.33)により

$$g(\lambda) = Z_3{}^2Z_4{}^{-1}g_0 = Z_3{}^2\Gamma^{(4)}(s_i, p_l{}^2, m^2, g(\lambda))\Big|_{p_l{}^2=\lambda^2,\, s_i=\bar{\lambda}^2}$$

と定義されるので，(5.40)において $\Phi_f(\bar{\lambda}^2)=0$ であることから

$$Z_4{}^{-1} = 1+g_0C(\lambda^2, m^2, \varepsilon) \quad (5.44)$$

が得られる．これを用いて上の結果を書き直せば，発散を含まない表式

$$\Gamma_{\rm R}{}^{(4)}(s_i, p_l{}^2, \lambda^2, m^2, g) = g(\lambda)+\frac{g(\lambda)^2}{32\pi^2}\int_0^1\log\left[\prod_{i=1}^{3}\frac{m^2-s_ix(1-x)}{m^2-\bar{\lambda}^2x(1-x)}\right]dx+O(g_0{}^4) \quad (5.45)$$

が得られる．これが 2 次までの近似の 4 点頂点関数である．Z_3 は後に(5.56)で見るとおり 1 と $O(g_0{}^2)$ しか違わないので(5.45)は変えない．

いま2次の項の結合定数をくりこまれた$g(\lambda)^2$で置き換えたが，ここまでの近似では${g_0}^2$との差は$O({g_0}^4)$の中に霞んでしまって，実は見えていない．摂動の4次の計算を遂行したとき$g(\lambda)^2$での置き換えが正当であったことが分かるはずである．そのとき，また$O({g_0}^6)$の中に霞むところがあり，次の次数の計算で見えてくる．同じことが高次まで続いて，それに応じてgの表式も進化してゆくが，結局くりこまれた量ですべてが書けてしまう．これが，“くりこみ可能”ということである．もちろん，結合定数のくりこみだけで事がすむわけではない．質量のくりこみも波動関数のくりこみも含めてのことである．

質量のくりこみを調べるには，2点頂点関数(5.24)の自己エネルギー部分$\Sigma(p^2)$を見る．対応するFeynmanグラフを2次まで描けば図5-5(a)-(e)となる．(a),(b)の寄与は

$$\Sigma^{[5a]} = \frac{g_0}{2(2\pi)^4}\int_{\mathrm{M}^4} d^4k\,\frac{i}{k^2-m^2+i\epsilon}$$

$$\Sigma^{[5b]} = -\frac{{g_0}^2}{4(2\pi)^8}\left[\int_{\mathrm{M}^4} d^4k\,\frac{1}{(k^2-m^2+i\epsilon)^2}\right]\left[\int_{\mathrm{M}^4} d^4l\,\frac{1}{l^2-m^2+i\epsilon}\right]$$

であって，次元正則化により上と同様に計算される：

$$\Sigma^{[5a]}(\varepsilon) = \frac{g_0}{2(2\pi)^4}\int_{\mathrm{E}^d}\frac{d^d\mathbf{k}}{\mathbf{k}^2+m^2} = \frac{g_0}{2(4\pi)^2}m^{2-\varepsilon}\Gamma\left(-1+\frac{\varepsilon}{2}\right)$$

$$\begin{aligned}\Sigma^{[5b]}(\varepsilon) &= -\frac{{g_0}^2}{4(2\pi)^8}\left[\int_{\mathrm{E}^d}\frac{d^d\mathbf{k}}{(k^2+m^2)^2}\right]\left[\int\frac{d^d\mathbf{l}}{\mathbf{l}^2+m^2}\right] \\ &= -\left(\frac{g_0}{32\pi^2}\right)^2 m^{2-2\varepsilon}\Gamma\left(\frac{\varepsilon}{2}\right)\Gamma\left(-1+\frac{\varepsilon}{2}\right)\end{aligned}$$

もう1つのグラフ(c)の寄与

$$\Sigma^{[5c]} =$$

$$-\frac{{g_0}^2}{6(2\pi)^8}\int_{\mathrm{M}^4\times\mathrm{M}^4} d^4k\,d^4l\,\frac{1}{(k^2-m^2+i\epsilon)(l^2-m^2+i\epsilon)[(p-k-l)^2-m^2+i\epsilon]}$$

は，次元正則化の処方で書き直しFeynmanのパラメタ積分表示をして運動量積分をすると

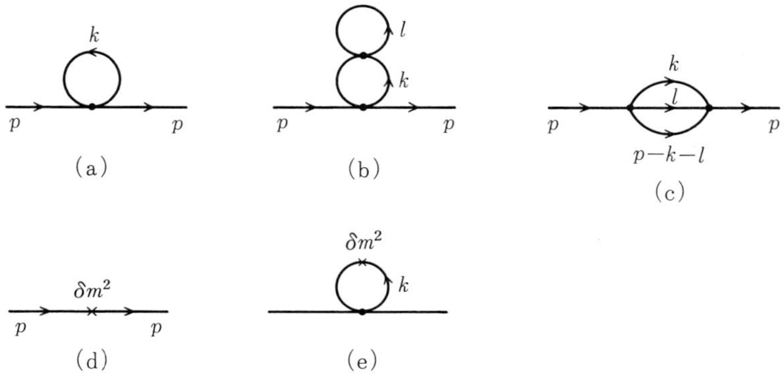

図 5-5 自己エネルギー型の Feynman グラフ.

$$\Sigma^{[5c]}(p^2,\varepsilon) = -\frac{{g_0}^2}{6(4\pi)^4}\Gamma(-1+\varepsilon)\int_0^1 dx_1\int_0^1 dx_2\int_0^1 dx_3\delta(x_1+x_2+x_3-1)$$
$$\times\frac{m^{1-\varepsilon}}{D(x_i)^{d/2}}\left[\frac{N(p^2,m^2,x_i)}{m^2D(x_i)}\right]^{1-\varepsilon} \tag{5.46}$$

となる．ただし

$$D(x_i) = x_1x_2+x_2x_3+x_3x_1$$
$$N(p^2,m^2,x_i) = D(x_i)m^2-x_1x_2x_3p^2$$

とした．自己エネルギー部分には，さらに質量の引算項(counter term)

$$\Sigma_{\text{counter}} = -g_0(\delta m^2)_1-{g_0}^2(\delta m^2)_2+O({g_0}^3) \tag{5.47}$$

からくる寄与がある．以上の総和が $\Sigma(p^2,m^2,g_0,\varepsilon)$ であり，これを(5.24)に代入すると頂点関数 $\Gamma^{(2)}(p^2)$ の 2 次までの近似

$$\Gamma^{(2)}(p^2) = p^2-m^2-\Sigma(p^2,\varepsilon) \qquad \left(\Sigma\equiv\sum_{\alpha=\mathrm{a,b,c}}\Sigma^{[5\alpha]}+\Sigma_{\text{counter}}\right) \tag{5.48}$$

が得られる．

そこで，一般化された質量殻の条件(5.32)によって発散を分離しよう．それには上の Σ を次の形に書くのがよい：

$$\Sigma(p^2,\varepsilon) = \Sigma(m^2,\varepsilon)+(p^2-m^2)[B(\lambda^2,\varepsilon)+\Sigma_f(p^2,m^2,\lambda^2)] \tag{5.49}$$

すなわち，$\Sigma(p^2,\varepsilon)$ から $p^2=m^2$ における値

$$\Sigma(m^2,\varepsilon) = \Sigma^{[5a]}(\varepsilon)+\Sigma^{[5b]}(\varepsilon)+\Sigma^{[5c]}(m^2,\varepsilon)+\Sigma_{\rm counter}$$

を分離し，さらに (p^2-m^2) の係数から $p^2=\lambda^2$ での値を

$$B(\lambda^2,\varepsilon) = \frac{\Sigma^{[5c]}(\lambda^2,\varepsilon)-\Sigma^{[5c]}(m^2,\varepsilon)}{\lambda^2-m^2} \tag{5.50}$$

として分離する．その結果

$$\Sigma_f(p^2,m^2,\lambda^2)|_{p^2=\lambda^2} = 0 \tag{5.51}$$

となる．ここで質量の引算項 $\Sigma_{\rm counter}$ を $\Sigma(m^2,\varepsilon)=0$ となるように定めれば，2点頂点関数(5.24)は

$$\Gamma^{(2)}(p^2,\varepsilon) = (p^2-m^2)[1-B(\lambda^2,\varepsilon)]\cdot[1-\Sigma_f(p^2,m^2,\lambda^2)]+O(g^3) \tag{5.52}$$

と書ける．$\Sigma_f(p^2,m^2,\lambda^2)$ が有限なことを示そう．まず，(5.49)から

$$B(\lambda^2,\varepsilon)+\Sigma_f(p^2,m^2,\lambda^2) = \frac{\Sigma(p^2,\varepsilon)-\Sigma(m^2,\varepsilon)}{p^2-m^2}$$

を出す．右辺に(5.46)などを用い，

$$\Gamma(-1+\varepsilon) = \frac{1}{-1+\varepsilon}\frac{1}{\varepsilon}\Gamma(1+\varepsilon)$$

$$\Gamma(1+\varepsilon) = \int_0^\infty t^\varepsilon e^{-t}dt = 1-\varepsilon\gamma+\frac{1}{2}[\gamma^2+\zeta(2)]\varepsilon^2+O(\varepsilon^3)$$

$$\gamma = 0.577\,215\cdots \quad (\text{Euler 定数}), \qquad \zeta(2) = 1.645 \tag{5.53}$$

に注意し，ε で展開して主要項をとれば，$N(p^2,m^2,x_i)$ を $N(p^2)$ と略記するなどして

$$\Sigma(p^2,\varepsilon)-\Sigma(m^2,\varepsilon) = -\frac{g_0{}^2m^{1-\varepsilon}}{6(4\pi)^d}\int_0^1 dx_1\int_0^1 dx_2\int_0^1 dx_3\delta(x_1+x_2+x_3-1)$$
$$\times\left[\frac{N(p^2)-N(m^2)}{D(x_i)^3}\left\{-\frac{1}{\varepsilon}-(1-\gamma)+\log\frac{N(m^2)}{m^2D(x_i)^{3/2}}\right\}+\frac{N(p^2)}{D(x_i)^3}\log\frac{N(p^2)}{N(m^2)}\right]$$

を得る．$N(p^2)-N(m^2)=x_1x_2x_3(p^2-m^2)$ であることに注意して p^2-m^2 で割って(5.50)を引けば，ここでも(5.45)でしたように $g_0{}^2$ を $g(\lambda)^2$ にかえて

$$\Sigma_f(p^2, m^2, \lambda^2) = -\frac{g(\lambda)^2}{6(4\pi)^4}\int_0^1 dx_1 \int_0^1 dx_2 \int_0^1 dx_3 \delta(x_1+x_2+x_3-1)$$
$$\times \frac{1}{D(x_i)^3}\left[\frac{N(p^2, m^2, x_i)}{p^2-m^2}\log\left\{\frac{N(p^2, m^2, x_i)}{N(m^2, m^2, x_i)}\right\}\right.$$
$$\left. -\frac{N(\lambda^2, m^2, x_i)}{\lambda^2-m^2}\log\left\{\frac{N(\lambda^2, m^2, x_i)}{N(m^2, m^2, x_i)}\right\}\right] \tag{5.54}$$

が得られ，確かに有限である．後に必要になるので $p^2 \gg m^2$ での値を記す：

$$\Sigma_f(p^2, 0, \lambda^2) = \frac{g(\lambda)^2}{6(4\pi)^4}\log\frac{p^2}{\lambda^2}\int_0^1 dx_1 \int_0^1 dx_2 \int_0^1 dx_3 \delta(x_1+x_2+x_3-1)\frac{x_1 x_2 x_3}{D(x_i)^3}$$
$$= \frac{1}{3}\left(\frac{g(\lambda)}{32\pi^2}\right)^2 \log\frac{p^2}{\lambda^2} \tag{5.55}$$

(5.52)と質量殻の条件(5.32)とから，波動関数のくりこみ因子が

$$Z_3 = [1-B(\lambda^2, \varepsilon)]^{-1} \tag{5.56}$$

と定まり，(5.43)から

$$\Gamma_R^{(2)}(p^2, m^2, \lambda^2, g(\lambda)) = (p^2-m^2)[1-\Sigma_f(p^2, m^2, \lambda^2)] \tag{5.57}$$

が結論される．そして，$G_R^{(2)} = i/\Gamma_R^{(2)}$.

こうして，摂動の2次までの2点関数，4点関数のくりこみ点 λ におけるくりこみが済み，くりこんだ結合定数 $g(\lambda)$ を用いてそれぞれ(5.57), (5.45)で与えられる．

b) 't Hooft の最小引算法

前に5-3節で注意したとおり，本来くりこみは相互作用のために質量や結合定数の有効値が変わることを考慮するためのもので，発散がなくても行なうべきものである．だが，これから述べる最小引算法は，ひとまず“くりこみ”とは発散積分から有限部分を取り出すことだという立場をとる．有効値への調整は，その後ですればよいと考える．

しかし，これでは任意性が残り，種々の異なった処方が可能になる．そのなかで，'t Hooft の**最小引算法**(minimal subtraction method)*を改良した $\overline{\mathrm{MS}}$

* G.'t Hooft: Nucl. Phys. B51(1973)455.

法*は，Lorentz 不変性を保つだけでなくゲージ不変性もこわさないので注目されている．これは次元正則化による計算結果を $4-d=\varepsilon$ の Laurent 級数に展開して逆ベキの項を引き去るのである．その引算のため，ラグランジアンを“くりこんだ部分”と引算項 $\mathcal{L}_{\text{counter}}$ に分けておく：

$$\mathcal{L} = \frac{1}{2}\frac{\partial\varphi}{\partial x_\mu}\frac{\partial\varphi}{\partial x^\mu} - \frac{1}{2}m_{\text{R}}{}^2\varphi^2 - \frac{g_{\text{R}}}{4!}\varphi^4 + \mathcal{L}_{\text{counter}} \tag{5.58}$$

ここに

$$\mathcal{L}_{\text{counter}} = \frac{1}{2}(Z_3-1)\frac{\partial\varphi}{\partial x_\mu}\frac{\partial\varphi}{\partial x^\mu} - \frac{1}{2}(Z_3 m_0{}^2 - m_{\text{R}}{}^2)\varphi^2 - \frac{1}{4!}(Z_3{}^2 g_0 - g_{\text{R}})\varphi^4 \tag{5.59}$$

時空の次元を $d=4-\varepsilon$ として次元正則化を用いるので場 φ の次元 $[\text{L}^{-(d-2)/2}]$ が変わり，裸の結合定数 g_0 も無次元ではなくなって $[g_0]=[\text{L}^{-\varepsilon}]$ に変わる．そこで，質量の次元をもつパラメタ μ を導入して g_{R} を無次元化し，ε について Laurent 展開

$$g_0 = \mu^\varepsilon\left[g_{\text{R}} + \sum_{\nu=1}^{\infty}\frac{a_\nu(g_{\text{R}})}{\varepsilon^\nu}\right], \qquad a_\nu(g_{\text{R}}) = \sum_{j=\nu+1}^{\infty} a_{\nu j} g_{\text{R}}{}^j \tag{5.60}$$

ができたとする．(5.59)の引算項の係数も $Z_3{}^2 g_0 - \mu^\varepsilon g_{\text{R}}$ に変える．同様に

$$m_0{}^2 = m_{\text{R}}{}^2\left[1 + \sum_{\nu=1}^{\infty}\frac{b_\nu(g_{\text{R}})}{\varepsilon^\nu}\right], \qquad b_\nu(g_{\text{R}}) = \sum_{j=\nu}^{\infty} b_{\nu j} g_{\text{R}}{}^j \tag{5.61}$$

$$Z_3 = 1 + \sum_{\nu=1}^{\infty}\frac{c_\nu(g_{\text{R}})}{\varepsilon^\nu}, \qquad c_\nu(g_{\text{R}}) = \sum_{j=\nu}^{\infty} c_{\nu j} g_{\text{R}}{}^j \tag{5.62}$$

4 点頂点関数は，まず図 5-4(b)の寄与を見ると，(5.39)から

$$\Gamma^{[4\text{b}]}(s) = \frac{g_{\text{R}}{}^2\mu^{-\varepsilon}}{2(4\pi)^2}\left(-\frac{2}{\varepsilon} + \int_0^1 dx \log\left[\frac{m^2 - sx(1-x)}{\bar{\mu}^2}\right] + O(\varepsilon)\right) \tag{5.63}$$

となる．いま，結合定数を(5.58)で g_{R} としていることに注意．また

$$\bar{\mu}^2 = 4\pi\mu^2 e^{-\gamma}, \qquad (\gamma : \text{Euler 定数})$$

* J.C. Collins and A.J. Macfarlane: Phys. Rev. D10(1974)1201; W.A. Bardeen, A.J. Buras, D.W. Duke and T. Muta: Phys. Rev. D18(1978)3998.

である．実際，(5.39)は，μ^ε をかけて被積分関数を無次元化し，全体を μ^ε で割れば

$$\Gamma^{[4b]}(s) = -\frac{1}{2}\frac{g_R{}^2\mu^{-\varepsilon}}{(4\pi)^{2-\varepsilon/2}}\cdot\Gamma\left(\frac{\varepsilon}{2}\right)\int_0^1\left(\frac{\mu^2}{[m^2-sx(1-x)]}\right)^{\varepsilon/2}dx$$

となり，(5.53)で見た $\Gamma(1+z)$ の展開から

$$\Gamma\left(\frac{\varepsilon}{2}\right) = \frac{2}{\varepsilon}-\gamma+O(\varepsilon)$$

が得られるからである．

(5.63)に図 5-4(a)-(d)の寄与を加え，さらに引算項(5.59)から 2 次の $Z_3{}^2g_0-\mu^\varepsilon g_R$ がくることに注意して，4 点頂点関数

$$\Gamma^{(4)}(s_i) = g_R+\frac{1}{\varepsilon}\left(a_{12}-\frac{3}{16\pi^2}\right)g_R{}^2+\frac{g_R{}^2}{32\pi^2}\int_0^1\log\left[\prod_{i=1}^{3}\frac{m^2-s_ix(1-x)}{\bar{\mu}^2}\right]dx \tag{5.64}$$

を得る．ただし，いまの近似では波動関数のくりこみ因子 Z_3 は 1 としてよい．それは $O(g_R{}^3)$ の計算に初めて姿を現わす．(5.64)の a_{12} の項が(5.59)の引算項からきたもので，これを

$$a_{12} = \frac{3}{16\pi^2} \tag{5.65}$$

にとれば，(5.63)から発散が除かれて，くりこまれた頂点関数

$$\Gamma_R{}^{(4)}(s_i) = g_R+\frac{g_R{}^2}{32\pi^2}\int_0^1\log\left[\prod_{i=1}^{3}\frac{m^2-s_ix(1-x)}{\bar{\mu}^2}\right]dx \tag{5.66}$$

が得られる．

(5.66)は質量殻上の条件でくりこんだ(5.45)と比較すべきものであるが

前者に：　$-\dfrac{g_R{}^2}{32\pi^2}\cdot 3\displaystyle\int_0^1 dx\log\left[\frac{\bar{\mu}^2}{m^2}\right]$

後者に：　$-\dfrac{g^2}{32\pi^2}\displaystyle\sum_{i=1}^{3}\int_0^1 dx\log\left[\frac{m^2-\bar{\lambda}^2x(1-x)}{m^2}\right]$

が現われているところしか違わない．いずれも任意のパラメタに関わるところ

で，これは違いではない．実質的に両者は一致している．

2点頂点関数も同様に計算される．波動関数のくりこみ因子(5.62)は

$$Z_3 = 1-\frac{1}{3\varepsilon}\left(\frac{g_{\mathrm{R}}}{32\pi^2}\right)^2 \tag{5.67}$$

となり，くりこまれた2点頂点関数は

$$\Gamma_{\mathrm{R}}{}^{(2)}(p^2, m_{\mathrm{R}}{}^2, g_{\mathrm{R}}{}^2, \bar{\mu}^2) = p^2-m_{\mathrm{R}}{}^2-\Sigma_f(p^2, m_{\mathrm{R}}{}^2, g_{\mathrm{R}}, \bar{\mu}^2) \tag{5.68}$$

ここに

$$\begin{aligned}\Sigma_f(p^2, m_{\mathrm{R}}{}^2, g_{\mathrm{R}}, \bar{\mu}^2) &= \frac{g_{\mathrm{R}}}{32\pi^2}m_{\mathrm{R}}{}^2\left[\log\frac{m_{\mathrm{R}}{}^2}{\bar{\mu}^2}-1\right] \\ &-\frac{1}{3}\left(\frac{g_{\mathrm{R}}}{32\pi^2}\right)^2\left[p^2+2G(p^2, m_{\mathrm{R}}{}^2, \bar{\mu}^2)+3m_{\mathrm{R}}{}^2\left\{3\log\frac{m_{\mathrm{R}}{}^2}{\bar{\mu}^2}-2\left(\log\frac{m_{\mathrm{R}}{}^2}{\bar{\mu}^2}\right)^2-4-\zeta(2)\right\}\right]\end{aligned} \tag{5.69}$$

ただし

$$\begin{aligned}G(p^2, m_{\mathrm{R}}, \bar{\mu}^2) &= \int_0^1 dx_1\int_0^1 dx_2\int_0^1 dx_3\,\delta(x_1+x_2+x_3-1) \\ &\times\left[\frac{N(p^2, m_{\mathrm{R}}{}^2, x_i)}{D(x_i)^3}\log\left(\frac{N(p^2, m_{\mathrm{R}}{}^2, x_i)}{\bar{\mu}^2 D(x_i)^{3/2}}\right)-m_{\mathrm{R}}{}^2\sum_{(i,j)}\left\{\frac{1}{(x_i+x_j)^2}\log\left(\frac{m_{\mathrm{R}}{}^2}{\bar{\mu}^2\sqrt{x_i+x_j}}\right)\right\}\right]\end{aligned} \tag{5.70}$$

ここに(i,j)に関する和は$(1,2)$, $(2,3)$, $(3,1)$にわたる．裸の結合定数g_0および質量m_0とくりこまれたもの$g_{\mathrm{R}}, m_{\mathrm{R}}$との関係(5.60), (5.61)は，それぞれ

$$g_0\mu^{-\varepsilon} = g_{\mathrm{R}}+\frac{1}{\varepsilon}\frac{6}{32\pi^2}g_{\mathrm{R}}{}^2+\cdots \tag{5.71}$$

$$\begin{aligned}m_0{}^2 &= m_{\mathrm{R}}{}^2 Z_m{}^2 \\ &= m_{\mathrm{R}}{}^2\left[1+\left\{\frac{2}{32\pi^2}g_{\mathrm{R}}-\frac{5}{3}\left(\frac{g_{\mathrm{R}}}{32\pi^2}\right)^2+\cdots\right\}\frac{1}{\varepsilon}+\left\{8\left(\frac{g_{\mathrm{R}}}{32\pi^2}\right)^2+\cdots\right\}\frac{1}{\varepsilon^2}+\cdots\right]\end{aligned} \tag{5.72}$$

この$\overline{\mathrm{MS}}$法による結果は，一般に質量殻の条件をみたしていない：

$$\Gamma_{\mathrm{R}}{}^{(2)}\Big|_{p^2=m_{\mathrm{R}}{}^2} \neq 0, \qquad \Gamma_{\mathrm{R}}{}^{(4)}\Big|_{p_l{}^2=m_{\mathrm{R}}{}^2,\, s_i=4m_{\mathrm{R}}{}^2} \neq g_{\mathrm{R}}$$

したがって，この方法でくりこまれた質量と結合定数は物理的な観測値 m, g に一致しない．あたえられた m と g に対して質量殻の条件

$$\Gamma_{\mathrm{R}}{}^{(2)}(p^2, m_{\mathrm{R}}{}^2+\Delta m_{\mathrm{R}}{}^2, g_{\mathrm{R}}+\Delta g_{\mathrm{R}}, \bar{\mu}^2)\Big|_{p^2=m^2} = 0 \qquad (5.73)$$

$$\Gamma_{\mathrm{R}}{}^{(4)}(s_i, p_l{}^2, m_{\mathrm{R}}{}^2+\Delta m_{\mathrm{R}}{}^2, g_{\mathrm{R}}+\Delta g_{\mathrm{R}}, \bar{\mu}^2)\Big|_{p_l{}^2=m^2,\, s_i=4m^2/3} = g \qquad (5.74)$$

が成り立つようにパラメタ $m_{\mathrm{R}}{}^2$ と g_{R} を $\Delta m_{\mathrm{R}}{}^2$ と Δg_{R} だけずらさなければならない．この決定にも任意パラメタ μ が介在することを記憶しておこう．

質量殻によるくりこみと $\overline{\mathrm{MS}}$ 法によるくりこみでは Z_3 が異なるので，両者の頂点関数 $\Gamma_{\mathrm{R}}{}^{(n)}$ もある有限な因子 $z^{1/2}$ の n 乗だけ異なっている．

5-4 くりこみ群 1——質量殻上でくりこむ場合

前節で見たように，くりこみ操作は理論に質量の次元をもつ任意パラメタをもちこむ．すなわち，質量殻上でのくりこみでは<u>くりこみ点</u> λ，最小引算法では次元正則化にともなう<u>次元あわせ</u>の μ．これらを変えたとき Green 関数や頂点関数がどう変わるかを調べるのが“くりこみ群”の視点である．それが，物理的には，質量が無視できるような高エネルギー領域における有効結合定数の振舞いにつながり，また散乱断面積のスケーリング則として現われる．

φ^4 模型を例にとり，2 点 Green 関数 $G_{\mathrm{R}}{}^{(2)}$ と 4 点頂点関数 $\Gamma_{\mathrm{R}}{}^{(4)}$ について，この節では質量殻の上でくりこむ場合を調べる．それには，それらから自明の因子をくくりだし，残りの因子が無次元であって無次元量の関数として書けるはずであることを考慮して

$$G_{\mathrm{R}}{}^{(2)}(p^2, m^2, \lambda^2, g(\lambda)) = \frac{i}{p^2-m^2+i\epsilon} d_{\mathrm{R}}\left(\frac{p^2}{\lambda^2}, \frac{m^2}{\lambda^2}, g(\lambda)\right) \qquad (5.75)$$

$$\Gamma_{\rm R}{}^{(4)}(\{s_i\},\{p_l{}^2\},m^2,\lambda^2,g(\lambda)) = g(\lambda)\square_{\rm R}\left(\left\{\frac{\bar{s}_k}{\lambda^2}\right\},\frac{m^2}{\lambda^2},g(\lambda)\right) \qquad (5.76)$$

と書き $d_{\rm R}$, $\square_{\rm R}$ を見てゆくのが便利である．ただし，$\bar{s}_k$ を

$$\bar{s}_i = \frac{3}{4}s_i, \qquad \bar{s}_{3+l} = p_l{}^2, \qquad (i=1,\cdots,3;\ l=1,\cdots,4)$$

によって定義した．まえに5-3節で注意したとおり

$$\frac{4}{3}\sum_{i=1}^{3}\bar{s}_i = \sum_{l=4}^{7}\bar{s}_l$$

の関係があるので，独立なものは6個である．ひとまず $s_1,\cdots,s_6$ をとり $\{s_i\}$ のように書く．

なお，裸の関数を添字 u で表わせば，(5.28), (5.42), (5.43) から

$$d_{\rm R}\left(\frac{p^2}{\lambda^2},\frac{m^2}{\lambda^2},g(\lambda)\right) = Z_3{}^{-1}(m^2,g_0,\lambda^2,\varepsilon)d_{\rm u}(p^2,m_0{}^2,g_0,\varepsilon)$$

$$\square_{\rm R}\left(\left\{\frac{\bar{s}_k}{\lambda^2}\right\},\frac{m^2}{\lambda^2},g(\lambda)\right) = Z_4(m^2,g_0,\varepsilon)\square_{\rm u}(\{s_i\},\{p_l{}^2\},m_0{}^2,g_0,\lambda^2,\varepsilon)$$

$$g(\lambda) = Z_3{}^2(m^2,g_0,\lambda^2,\varepsilon)Z_4{}^{-1}(m^2,g_0,\lambda^2,\varepsilon)g_0$$

これらの式の右辺では，各因子が ε に依存する形をしているが，どれも $\varepsilon\to 0$ の漸近形の主要項を表わし，積は ε によらないとする．

さて，$d_{\rm R}$ と $\square_{\rm R}$ はくりこみ条件(5.32), (5.33)から

$$d_{\rm R}\left(1,\frac{m^2}{\lambda^2},g(\lambda)\right) = 1, \qquad \square_{\rm R}\left(\{1\},\frac{m^2}{\lambda^2},g(\lambda)\right) = 1 \qquad (5.77)$$

に従う．これらを規格化の条件とよぶことにしよう．また，$g(\lambda)$ の関数として自由場の場合に連続につながることを仮定して

$$d_{\rm R}\left(\frac{p^2}{\lambda^2},\frac{m^2}{\lambda^2},0\right) = 1, \qquad \square_{\rm R}\left(\frac{\bar{s}_k}{\lambda^2},\frac{m^2}{\lambda^2},0\right) = 1 \qquad (5.78)$$

とおく．この条件も前節の結果は満足している．前節では摂動計算をしたので，そうなるのは当然であるが，仮にその摂動級数が発散したとしても $g\to 0$ での漸近級数になっていれば(5.78)は意味をもつ．

くりこみ点 λ を λ_1 から λ まで動かすと，裸の量が変わらないことから

$$d_{\mathrm{R}}\left(\frac{p^2}{\lambda^2}, \frac{m^2}{\lambda^2}, g(\lambda)\right) = z_3(\lambda_1, \lambda, m) d_{\mathrm{R}}\left(\frac{p^2}{{\lambda_1}^2}, \frac{m^2}{{\lambda_1}^2}, g(\lambda_1)\right) \tag{5.79}$$

$$\Box_{\mathrm{R}}\left(\left\{\frac{\bar{s}_l}{\lambda^2}\right\}, \frac{m^2}{\lambda^2}, g(\lambda)\right) = z_4{}^{-1}(\lambda_1, \lambda, m) \Box_{\mathrm{R}}\left(\left\{\frac{\bar{s}_l}{{\lambda_1}^2}\right\}, \frac{m^2}{{\lambda_1}^2}, g(\lambda_1)\right) \tag{5.80}$$

$$g(\lambda) = z_4(\lambda_1, \lambda, m) z_3{}^{-2}(\lambda_1, \lambda, m) g(\lambda_1) \tag{5.81}$$

というくりこまれた量だけを含む関係式が得られる．ただし

$$z_k(\lambda_1, \lambda, m) \equiv Z_k\left(\frac{m^2}{{\lambda_1}^2}, g_0, \varepsilon\right) \Big/ Z_k\left(\frac{m^2}{\lambda^2}, g_0, \varepsilon\right) \qquad (k=3, 4) \tag{5.82}$$

の右辺の分母と分子で $\varepsilon \to 0$ の特異性が相殺する．これが要点である．それは，$\varepsilon \to 0$ における Z_k の振舞いは λ によらないと考えられ，実際(5.44)，(5.56)の例ではそうなっている．このように，くりこみ点を変えることを**くりこみ変換**という．明らかに

$$z_k(\lambda_1, \lambda_2, m) z_k(\lambda_2, \lambda_3, m) = z_k(\lambda_1, \lambda_3, m), \qquad z_k(\lambda, \lambda, m) = 1 \tag{5.83}$$

が成り立つので，くりこみ変換は群をなす．これが Stueckelberg-Peterman*-Gell-Mann-Low**の**くりこみ群**(renormalization group)である．

(5.79)-(5.81)から z_3, z_4 を消去すれば

$$g(\lambda) d_{\mathrm{R}}{}^2\left(\frac{p^2}{\lambda^2}, \frac{m^2}{\lambda^2}, g(\lambda)\right) \Box_{\mathrm{R}}\left(\left\{\frac{\bar{s}_l}{\lambda^2}\right\}, \frac{m^2}{\lambda^2}, g(\lambda)\right) \tag{5.84}$$

が λ によらないこと，すなわち，くりこみ群の不変量であることが分かる．特に $\bar{s}_l = p^2$ とおいて

$$g(\lambda) d_{\mathrm{R}}{}^2\left(\frac{p^2}{\lambda^2}, \frac{m^2}{\lambda^2}, g(\lambda)\right) \Box_{\mathrm{R}}\left(\left\{\frac{p^2}{\lambda^2}\right\}, \frac{m^2}{\lambda^2}, g(\lambda)\right) \equiv \bar{h}\left(\frac{p^2}{\lambda^2}, \frac{m^2}{\lambda^2}, g(\lambda)\right) \tag{5.85}$$

を**くりこみ不変な結合定数**とよぶ．

ここで，最初に記した摂動計算の結果をみると

$$d_{\mathrm{R}} = 1 + O(g(\lambda)^2), \qquad \Box_{\mathrm{R}} = 1 + g(\lambda) \cdot (\{s_i\} \text{ の関数}) + O(g(\lambda)^2)$$

* E. C. G. Stueckelberg and A. Peterman: Helv. Phys. Acta **26**(1953)499.

** M. Gell-Mann and F. E. Low: Phys. Rev. **95**(1954)1300.

であるから，摂動の最低次では上記の不変性は成り立っていない．不変性は摂動計算を高次まで遂行して初めて回復するものと考えられる．逆に言えば，摂動の低次の計算でも，くりこみ不変性を目標に修正すれば高次の寄与をとりこむことになるのである．ここに，くりこみ群の1つの効用がある．

これからは $\lambda, g(\lambda), m^2, p^2, \bar{s}_l$ の代わりに

$$x \equiv \frac{p^2}{\lambda^2}, \quad y \equiv \frac{m^2}{\lambda^2}, \quad g, \quad t \equiv \left(\frac{\lambda_1}{\lambda}\right)^2, \quad x_l = \frac{\bar{s}_l}{\lambda^2} \quad (l=1, \cdots, 6) \tag{5.86}$$

と書き，$g(\lambda_1)=g_1$ とおく．そうすると，くりこみ不変な結合定数の定義式(5.85)は

$$\bar{h}(x, y, g) = g d_{\mathrm{R}}{}^2(x, y, g) \square_{\mathrm{R}}(x, y, g) \tag{5.87}$$

となる．p^2 をくりこみ点 λ^2 にのせれば，規格化条件(5.77)から

$$g = \bar{h}(1, y, g) \tag{5.88}$$

これは不変結合定数に対する規格化条件である．くりこみ不変性(5.85)を使って

$$g_1 d_{\mathrm{R}}\left(\frac{x}{t}, \frac{y}{t}, g_1\right) \square_{\mathrm{R}}\left(\frac{x}{t}, \frac{y}{t}, g_1\right) = \bar{h}(x, y, g), \quad g_1 = g(\lambda_1)$$

としてから p^2 をくりこみ点 ${\lambda_1}^2$ にのせれば，規格化条件から

$$g_1 = \bar{h}(t, y, g) \tag{5.89}$$

が知れる．これを，くりこみ不変性の式 $\bar{h}(x, y, g) = \bar{h}(x/t, y/t, g_1)$ に代入すれば関数方程式

$$\bar{h}(x, y, g) = \bar{h}\left(\frac{x}{t}, \frac{y}{t}, \bar{h}(t, y, g)\right) \tag{5.90}$$

が得られる．

同様に，(5.79)と，そこで p^2 をくりこみ点 ${\lambda_1}^2$ に合わせた式とから z_3 を消去すれば

$$d_{\mathrm{R}}(x, y, g) = d_{\mathrm{R}}(t, y, g) d_{\mathrm{R}}\left(\frac{x}{t}, \frac{y}{t}, g_1\right) \tag{5.91}$$

が得られる．(5.80)からは

$$\square_{\mathrm{R}}(\{x_l\}, y, g) = \square_{\mathrm{R}}(\{t\}, y, g)\square_{\mathrm{R}}\left(\left\{\frac{x_l}{t}\right\}, \frac{y}{t}, g_1\right) \tag{5.92}$$

を得る．(5.90)は $\bar{h}$ だけの閉じた方程式である．これによって $\bar{h}$ がきまれば g が g_1, t, y の関数として決定される．(5.91)と(5.92)は g を含むので，その後で解くべきものである．

5-5 Ovsiannikov の方程式

(5.90)を x で微分して $x=t$ とおけば，いわゆる Lie 微分方程式，

$$x\frac{\partial}{\partial x}\bar{h}(x, y, g) = \varphi\left(\frac{y}{x}, \bar{h}(x, y, g)\right) \tag{5.93}$$

が得られる．ただし，

$$\varphi(y, g) \equiv \left.\frac{\partial \bar{h}(t, y, g)}{\partial t}\right|_{t=1} \tag{5.94}$$

とおいた．次に(5.90)を t で微分して $t=1$ とおけば

$$\left\{x\frac{\partial}{\partial x}+y\frac{\partial}{\partial y}-\varphi(y, g)\frac{\partial}{\partial g}\right\}\bar{h}(x, y, g) = 0 \tag{5.95}$$

を得る．これを Ovsiannikov の方程式*とよぶ．

特に，くりこみ点を $\lambda \gg m$ にとって $y \ll 1$ とし(5.95)の "質量項" を無視した式，

$$\left\{x\frac{\partial}{\partial x}-\varphi(0, g)\frac{\partial}{\partial g}\right\}\bar{h}(x, 0, g) = 0 \tag{5.96}$$

を Gell-Mann-Low の方程式といい，$\varphi(0, g)$ を Gell-Mann-Low 関数という．

同様の手続きで，d_{R} に対する Lie 微分方程式と Ovsiannikov 方程式が導かれる．すなわち，(5.91)を x で微分して $t=x$ とおけば

* Л. В. Овсянников: Доклады Академии наук СССР **109**(1956)1121.

$$x\frac{\partial}{\partial x}\log d_{\mathrm{R}}(x,y,g)=\psi_d\left(\frac{y}{x},\bar{h}(x,y,g)\right) \tag{5.97}$$

t で微分して $t=1$ とおけば

$$\left\{x\frac{\partial}{\partial x}+y\frac{\partial}{\partial y}-\varphi(y,g)\frac{\partial}{\partial g}\right\}\log d_{\mathrm{R}}(x,y,g)=\psi_d(y,g) \tag{5.98}$$

ここに

$$\psi_d(y,g)\equiv\frac{\partial}{\partial t}\log d_{\mathrm{R}}(t,y,g)\bigg|_{t=1} \tag{5.99}$$

$\square_{\mathrm{R}}$ に対しては(5.92)を x_l で微分して $t=x_l$ とおき

$$x_l\frac{\partial}{\partial x_l}\log\square_{\mathrm{R}}(x_1,\cdots,x_6,y,g)=\square_{\mathrm{R}}(x_l,\cdots,x_l,y,g)\varPsi_l\left(\frac{x_1}{x_l},\cdots,\frac{x_6}{x_l},\frac{y}{x_l},\bar{h}(x_l,y,g)\right)$$
$$(l=1,\cdots,6) \tag{5.100}$$

また，t で微分して $t=1$ とおけば

$$\left\{\sum_{l=1}^{6}x_l\frac{\partial}{\partial x_l}+y\frac{\partial}{\partial y}-\varphi(y,g)\frac{\partial}{\partial g}\right\}\log\square_{\mathrm{R}}(x_1,\cdots,x_6,y,g)=\varPsi_0(y,g) \tag{5.101}$$

ここに

$$\varPsi_l(x_1,\cdots,x_l=1,\cdots,x_6,y,g)=\frac{\partial}{\partial x_l}\square_{\mathrm{R}}(x_1,\cdots,x_l,\cdots,x_6,y,g)\bigg|_{x_l=1} \tag{5.102}$$

$$\varPsi_0(y,g)=\frac{\partial}{\partial t}\log\square_{\mathrm{R}}(\{t\},y,g)\bigg|_{t=1} \tag{5.103}$$

a）解——不変結合定数

Ovsiannikov の方程式は 1 階の線形偏微分方程式だから，特性曲線の織りなす面として一般解が求められる．まず，不変結合定数に対する(5.95)を解こう．定石に従えば，特性曲線は特性方程式

$$\frac{dx}{x}=\frac{dy}{y}=\frac{dg}{-\varphi(y,g)}=\frac{d\bar{h}}{0}$$

から得られる常微分方程式

$$\frac{dy}{dx} = \frac{y}{x}, \qquad y\frac{dg}{dy} + \varphi(y, g) = 0, \qquad \frac{d\bar{h}}{dx} = 0 \tag{5.104}$$

のそれぞれの一般解

$$\frac{y}{x} = C_1, \qquad \boldsymbol{\Phi}_1(y, g) = C_2, \qquad \bar{h}(x, y, g) = C_3$$

$(C_k, k=1, \cdots, 3$ は任意の定数)の交線として定まる．その定数 C_k を任意の関数 $\boldsymbol{\Phi}_2$ で結べば偏微分方程式(5.95)の一般解になる：

$$\bar{h}(x, y, g) = \boldsymbol{\Phi}_2\left(\frac{y}{x}, \boldsymbol{\Phi}_1(y, g)\right) \tag{5.105}$$

これが(5.95)の解であることを確かめるのも容易である．

(5.105)が $\boldsymbol{\Phi}_1$ について解ける場合には

$$\boldsymbol{\Phi}_1(y, g) = \boldsymbol{\Phi}_3\left(\frac{y}{x}, \bar{h}(x, y, g)\right)$$

とし，$x=1$ とおけば規格化条件(5.88)から $\boldsymbol{\Phi}_3(y, g) = \boldsymbol{\Phi}_1(y, g)$．よって

$$\boldsymbol{\Phi}_1(y, g) = \boldsymbol{\Phi}_1\left(\frac{y}{x}, \bar{h}(x, y, g)\right) \tag{5.106}$$

を $\bar{h}$ はみたすのである．上で任意とした関数 $\boldsymbol{\Phi}_2$ は規格化条件からきまってしまった．この $\boldsymbol{\Phi}_1$ が $\bar{h}$ について解けるなら，その $\bar{h}$ は関数方程式(5.90)をみたす．その証明は次のとおり：

(5.106)の左辺は x を含まないから右辺も x によらない．x を t に変えて

$$\boldsymbol{\Phi}_1(y, g) = \boldsymbol{\Phi}_1\left(\frac{y}{t}, \bar{h}(t, y, g)\right)$$

これを繰り返し用い

$$\boldsymbol{\Phi}_1\left(\frac{y}{t}, \bar{h}(t, y, g)\right) = \boldsymbol{\Phi}_1\left(\frac{y/t}{u}, \bar{h}\left(u, \frac{y}{t}, \bar{h}(t, y, g)\right)\right)$$

u は任意であるから x/t とおけば

$$\boldsymbol{\Phi}_1\left(\frac{y}{t}, \bar{h}(t, y, g)\right) = \boldsymbol{\Phi}_1\left(\frac{y}{x}, \bar{h}\left(\frac{x}{t}, \frac{y}{t}, \bar{h}(t, y, g)\right)\right)$$

ところが，この左辺は上で t によらないと言った形なので，これを x に戻して

$$\boldsymbol{\Phi}_1\Big(\frac{y}{x}, \bar{h}(x,y,g)\Big) = \boldsymbol{\Phi}_1\Big(\frac{y}{x}, \bar{h}\Big(\frac{x}{t}, \frac{y}{t}, \bar{h}(t,y,g)\Big)\Big)$$

第1変数は両辺に共通である．仮定により $\boldsymbol{\Phi}_1$ は第2変数について解けるので(5.90)が導かれる．▌

この結果からどんな物理が引き出せるか，それは節を改めて考えることにしよう．

b）解——Green 関数

Green 関数にかかわる Ovsiannikov の方程式(5.98)の解は，非斉次項が x によらないことに着目して2つに分解した式

$$\Big\{x\frac{\partial}{\partial x} + y\frac{\partial}{\partial y} - \varphi(y,g)\frac{\partial}{\partial g}\Big\}K_1(x,y,g) = 0 \qquad (5.107)$$

$$\Big\{y\frac{\partial}{\partial y} - \varphi(y,g)\frac{\partial}{\partial g}\Big\}K_2(y,g) = \psi_d(y,g) \qquad (5.108)$$

の，それぞれの解から

$$\log d_{\mathrm{R}}(x,y,g) = K_1(x,y,g) + K_2(y,g)$$

として得られる．第1の方程式は(5.95)と同じ形なので，解も(5.105)と同じ形

$$K_1(x,y,g) = \chi_1\Big(\frac{y}{x}, \boldsymbol{\Phi}_1(y,g)\Big)$$

をしている．χ_1 は任意関数である．$\boldsymbol{\Phi}_1$ は，$\bar{h}$ を用いると(5.106)のように書けるので

$$K_1(x,y,g) = F\Big(\frac{y}{x}, \bar{h}(x,y,g)\Big)$$

としてよい．F は任意関数である．したがって，

$$\log d_{\mathrm{R}}(x,y,g) = F\Big(\frac{y}{x}, \bar{h}(x,y,g)\Big) + K_2(y,g)$$

規格化条件(5.77)，(5.88)を考慮して $x=1$ とおけば

$$F(y,g)+K_2(y,g)=0$$

となる．任意としてきた F は，実は(5.108)の解の符号を変えたものでなければならないのであった．これを用いて

$$\log d_{\mathrm{R}}(x,y,g)=-K_2\left(\frac{y}{x},\bar{h}(x,y,g)\right)+K_2(y,g) \tag{5.109}$$

K_2 については次節の b 項で考える．

c) 解——頂点関数

$\square_{\mathrm{R}}$ に対する Ovsiannikov の方程式(5.101)も同じようにして解くことができる．結果だけを書けば

$$\log \square_{\mathrm{R}}(x_1,\cdots,x_6,y,g)=-L_2\left(\frac{x_2}{x_1},\cdots,\frac{x_6}{x_1},\frac{y}{x_1},\bar{h}(x_1,y,g)\right)+L_2(1,\cdots,1,y,g) \tag{5.110}$$

ただし，L_2 は y,g に関して

$$\left\{y\frac{\partial}{\partial y}-\varphi(y,g)\frac{\partial}{\partial g}\right\}L_2(1,\cdots,1,y,g)=\Psi_0(y,g) \tag{5.111}$$

の解であり，他の変数に依存する仕方は任意である．右辺の Ψ_0 は(5.103)に定義されている．

5-6 Gell-Mann-Low の公式

前節の結論から場の“高エネルギー領域”における漸近的な振舞いが導かれる．質量 m をはるかに越えるエネルギー領域 $p^2\gg m^2$ を考えて，くりこみ点をそこに設定し

$$\lambda\gg m^2 \quad \text{で} \qquad y=\frac{m^2}{\lambda^2}\sim 0 \qquad x=\frac{p^2}{\lambda^2}\sim 1 \tag{5.112}$$

であるようにする．正確には，$x=O(1)$ となるように $\lambda\to\infty$，$p^2\to\infty$ とするというべきであろう．このとき $y\to 0$ となる．

a）不変結合定数の漸近挙動

不変結合定数に対する Ovsiannikov の方程式(5.95)は，$y\to 0$ で Gell-Mann-Low の方程式(5.96)になる．その解は，まえに求めた前者の解(5.106)から取り出せるはずである．

(5.106)の $\boldsymbol{\Phi}_1(y,g)$ は(5.104)の第2の微分方程式の解を与えるべきもので y について微分可能であるから

$$\boldsymbol{\Phi}_1(y,g) = a_0(g)+a_1(g)y+O(y^2)$$

と書ける．$\bar{h}(x,y,g)$ も y について微分可能としている．したがって，(5.106)から，もし $a_0(g)\neq 0$ なら

$$a_0(g) = a_0\Big(\bar{h}(x,0,g)\Big) \quad \text{すなわち} \quad \boldsymbol{\Phi}_1(0,g) = \boldsymbol{\Phi}_1\Big(0,\bar{h}(x,0,g)\Big)$$

となり，$\bar{h}(x,0,g)=g$．これは，しかし Gell-Mann-Low の方程式(5.96)をみたさない．$a_0(g)=0$ とすれば，(5.106)から

$$a_1(g) = \frac{1}{x}a_1\Big(\bar{h}(x,0,g)\Big) \tag{5.113}$$

となり，$\bar{h}$ が陰伏的に定まる．それが Gell-Mann-Low の方程式をみたすことは，$\boldsymbol{\Phi}_1(y,g)=C_2$ が(5.104)の第2の方程式の解を与えることからでる式

$$\frac{a_1(g)}{a_1{}'(g)} = \varphi(0,g) \qquad \left(a_1{}'\equiv\frac{da_1}{dg}\right) \tag{5.114}$$

に注意すれば確かめられる．(5.113)は Gell-Mann-Low の方程式の一般解ではない．そのもとになった(5.106)がすでに規格化条件(5.88)で制限され一般解ではなかったのだから当然である．(5.113)が規格化条件をみたすことも容易に確かめられる．

(5.114)から得る式

$$\log a_1\Big(\bar{h}(x,0,g)\Big)-\log a_1(g) = \int_g^{\bar{h}(x,0,g)}\frac{dg'}{\varphi(0,g')}$$

を(5.113)と比較して

$$\int_g^{\bar{h}(x,0,g)} \frac{dg'}{\varphi(0,g')} = \log x \qquad (5.115)$$

これを Gell-Mann-Low の公式という．$\varphi(0,g)$ は(5.94)に定義されていて

$$\varphi(0,g) = \left.\frac{\partial \bar{h}(t,0,g)}{\partial t}\right|_{t=1}$$

いま，くりこみ点を(5.112)のようにとっているので，これは不変結合定数の $t=p^2/\lambda^2$ に関する高エネルギーでの微係数である．

b) Green 関数の漸近挙動

2 点 Green 関数をきめる d_{R} は(5.109)により K_2 で表わされる．高エネルギー極限(5.112)では，K_2 を定める方程式(5.108)は

$$\frac{d}{dg}K_2(0,g) = -\frac{\psi_d(0,g)}{\varphi(0,g)}$$

となるから

$$K_2(0,g) = -\int^g \frac{\psi_d(0,g')}{\varphi(0,g')}dg'$$

したがって

$$d_{\mathrm{R}}(x,0,g) = \exp\left[\int_g^{\bar{h}(x,0,g)} \frac{\psi_d(0,g')}{\varphi(0,g')}dg'\right] \qquad (5.116)$$

ただし，φ, ψ_d は，それぞれ(5.94)，(5.99)で定義され，$\bar{h}$ は(5.115)に決定されている．

5-7 φ^4 模型の場合

φ^4 模型の $\square_{\mathrm{R}}, d_{\mathrm{R}}$ に対する摂動計算の低次の結果は，高エネルギー極限にしていえば，定義(5.76)と(5.45)から

$$\square_{\mathrm{R}}(x,0,g) = 1+3\sigma g\log x+O(g^2) \qquad \left(\sigma=\frac{1}{32\pi^2}\right) \qquad (5.117)$$

また，(5.23)，(5.57)から $d_{\mathrm{R}}(x,0,g)=1/(1-\Sigma_f)$，$\Sigma_f=O(g^2)$ であるから，定

義(5.87)により(x を t に変えて書く)

$$\bar{h}(t,0,g) = g\left[1+3\sigma g\log t+O(g^2)\right] \tag{5.118}$$

したがって，定義(5.94)により

$$\varphi(0,g) = 3\sigma g^2 \tag{5.119}$$

となる(図 5-6)．Gell-Mann-Low の公式(5.115)に代入すれば

$$\frac{1}{3\sigma}\int_g^{\bar{h}(x,0,g)}\frac{1}{g'^2}dg' = \log x$$

となり

$$\bar{h}(x,0,g) = \frac{g}{1-3\sigma g\log x} \tag{5.120}$$

がでる．(5.89)を参照し $t\to x$ は $\lambda_1{}^2\to p^2$ を意味することに注意して

$$g(p^2) = \frac{g(\lambda)}{1-3\sigma g(\lambda)\log\left[p^2/\lambda^2\right]} \tag{5.121}$$

この式は，インプットが摂動の最低次であったのに g のあらゆる次数を含むことになったという点で注目に値するが，x が p^2 とともに限りなく増大し得るとしたら，$g>0$ は Lie の微分方程式(5.93)に矛盾する．なぜかといえば，いま $\varphi(0,g)>0$ なので Lie の微分方程式からは $\bar{h}\geq g>0$ となるのに，(5.120)からは大きな p^2 で $\bar{h}<0$ となるからである．だからといって $g<0$ では物理的にモデルの不安定性が予想されるから，矛盾を除くには $g=0$ とするほかない．

一般に，$\varphi(0,g)>0$ なら $\bar{h}(x,0,g)$ は x とともに増大するが，そのとき積分

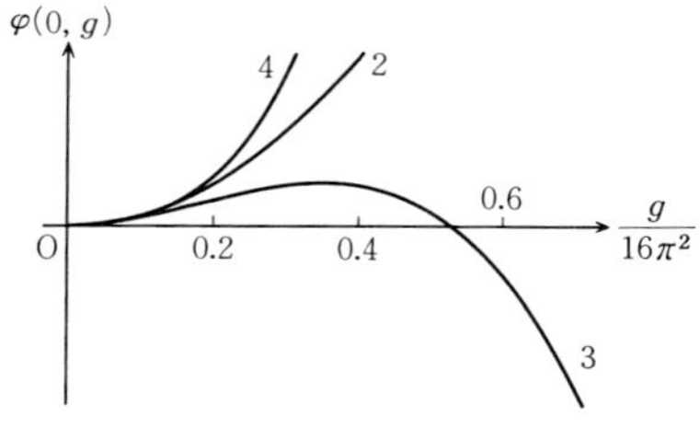

図 5-6 φ^4 模型の $\varphi(0,g)$ 関数を摂動論で計算した結果．曲線につけた数字は摂動の次数を示す．

$$I(\bar{h}) = \int^{\bar{h}(x,0,g)} \frac{1}{\varphi(0,g')} dg' \qquad (5.122)$$

が常に収束であると(5.115)から $\log x \to \infty$ との矛盾が生ずる.

この矛盾は $\square_{\mathrm{R}}$, d_{R} に摂動の高次の近似を用いれば解消するだろうか? (5.117)の次の近似では

$$\square_{\mathrm{R}}(x,0,g) = 1+3\sigma g \log x + (\sigma g)^2[9(\log x)^2 - 12 \log x] + O(g^3) \qquad (5.123)$$

$$d_{\mathrm{R}}(x,0,g) = 1+\frac{1}{3}(\sigma g)^2 \log x + O(g^3) \qquad (5.124)$$

となり, 不変結合定数(5.87)は

$$\bar{h}(t,0,g) = g\left(1+3\sigma g \log t + (\sigma g)^2\left[9(\log t)^2 - \frac{34}{3}\log t\right]\right) + O(g^3) \qquad (5.125)$$

となる*. したがって, 定義(5.94), (5.99)により

$$\varphi(0,g) = g\left[3\sigma g - \frac{34}{3}(\sigma g)^2\right] + O(g^4), \qquad \psi_d(0,g) = \frac{1}{3}(\sigma g)^2 + O(g^3) \qquad (5.126)$$

$\varphi(0,g)$ は, 今度は

$$g_\infty = \frac{9}{34\sigma} \qquad (5.127)$$

で 0 になるから(図 5-6), Gell-Mann-Low の公式に代入したとき積分が発散し, そのおかげで, さきの矛盾は解消する:

$$\log|g_\infty - g| \sim -\frac{9}{34}\log x \qquad (x \to \infty) \qquad (5.128)$$

このように高エネルギーで有効結合定数が一定値に収束するとき, その値を結合定数の**紫外固定点**(ultraviolet fixed point)とよぶ. これは $\varphi(0,g)$ が g 軸上

---

* V. V. Belokurov, A. A. Vladimirov, D. I. Kazakov, A. A. Slavnov and D. V. Shirkov: Theoret. and Math. Phys. 1(1)(1969)415.

で 0 になって積分を発散させるとき一般に生ずる．

しかし，さらに次の近似に進むと

$$\varphi(0,g) = g\left[3\sigma g - \frac{34}{3}(\sigma g)^2 + 153.6(\sigma g)^3\right] + O(g^5) \qquad (5.129)$$

となり，これは零点をもたず矛盾は復活する！ こうして φ^4 模型の摂動計算の予言は不安定である（図 5-6）*．

φ^4 模型の摂動論によらない構成も試みられた．Minkowski 空間 $\mathbf{M}^4$ を Euclid 空間 $\mathbf{E}^4$ でおきかえ，それをいったん有限体積の格子にして出発するのだが，この構成では，どのようにくりこみをしても 格子間隔→0 の極限で相互作用が消えてしまうらしい．これは空間の次元が $4+\varepsilon$ $(\varepsilon>0)$ の場合には厳密に証明され，次元が 4 のときにも状況証拠があって，相互作用のある φ^4 模型は，おそらく存在しないのだろうと考えられている**．

上で見た摂動計算の不安定性は，模型が存在しないことの別の現れであるのかも知れない．

くりこみ点で $g<0$ とすれば上の矛盾は消えるが，$-\varphi^4$ という相互作用では真空状態（場の基底状態）の存在が危ぶまれる．実際，この種の模型の構成，あるいはこの種の模型から出発して $g>0$ の模型にいたる試みがなされたが，どれも成功しなかった．

5-8 Callan-Symanzik の方程式

これまでは，くりこみ点を変化させたときおこる応答を調べてきたが，こんどは質量を変化させてみる．とは言っても，単位の変化が諸量の数値に引き起こす変化とみれば本質は異ならない．

外線の運動量が $p_1, \cdots, p_n$ である裸の頂点関数を $\Gamma_{\mathrm{u}}^{(n)}(p_1, \cdots p_n, m, g_0, \varepsilon)$ とす

* N. N. Bogoliubov and D. V. Shirkov: *Introduction to The Theory of Quantized Fields*, 3rd ed. tr. by S. Chomet（John Wiley & Sons, New York, 1976）.

** 参照：江沢 洋・新井朝雄『場の量子論と統計力学』（日本評論社，1988）．

る．摂動の 2 次までなら，$\Gamma_u{}^{(2)}$ は(5.48)に，$\Gamma_u{}^{(4)}$ は(5.40)に計算してある．

裸の関数を m で微分することにはグラフの上で簡単な意味がつく．実際，グラフ G の要素をなす伝搬関数が

$$m\frac{\partial}{\partial m}\frac{i}{p^2-m^2+i\epsilon} = \frac{i}{p^2-m^2+i\epsilon}(-2im^2)\frac{i}{p^2-m^2+i\epsilon} \quad (5.130)$$

となることから，G に $m(\partial/\partial m)_{g_0}$ をかけることは G のあらゆる内線に $2m^2\phi_0{}^2$ による，外線運動量 0 の頂点を 1 度ずつ挿入することにほかならない(図 5-7)．これを**質量項の挿入**(mass insertion)という．頂点関数 $\Gamma_u{}^{(n)}$ から質量項の挿入によってできる関数を $\Gamma_{u,\Delta}{}^{(1,n)}$ と書く．すなわち

$$\Gamma_{u,\Delta}{}^{(1,n)}(0, p_1, \cdots, p_n, m, g_0) = m\frac{\partial}{\partial m}\Gamma_u(p_1, \cdots, p_n, m, g_0) \quad (5.131)$$

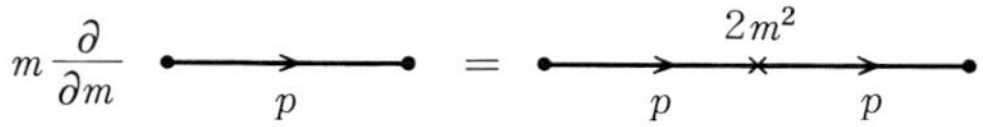

図 5-7 質量項の挿入．

さて，くりこみ点を m^2 にとろう．くりこまれた頂点関数 $\Gamma_R{}^{(n)}$ は(5.43)で与えられ

$$\Gamma_R{}^{(n)}\Big(p_1, \cdots, p_n, m, g(m, g_0)\Big) = Z_3\Big(m, g(m, g_0)\Big)^{n/2}\Gamma_u{}^{(n)}(p_1, \cdots, p_n, m, g_0) \quad (5.132)$$

と書ける．上からの流れでパラメタを m と g_0 にとっていることに注意．この式の両辺に $m(\partial/\partial m)_{g_0}$ をかけると

$$\left[m\frac{\partial}{\partial m}+\beta(g)\frac{\partial}{\partial g}-n\gamma_\phi(g)\right]\Gamma_R{}^{(n)}(p_1, \cdots, p_n, m, g)$$
$$= \Gamma_{R,\Delta}{}^{(1,n)}(0, p_1, \cdots, p_n, m, g_0) \quad (5.133)$$

が得られる．ここに

$$\beta(g) = m\left(\frac{\partial g}{\partial m}\right)_{g_0}, \qquad \gamma_\phi(g) = \frac{1}{2}m\left(\frac{\partial}{\partial m}\log Z_3\right)_{g_0} \quad (5.134)$$

であり，いずれも無次元量であるから g のみの関数である．また

$$\Gamma_{\mathrm{R},\Delta}{}^{(1,n)}(0,p_1,\cdots,p_n,m,g_0) = Z_3{}^{n/2}m\frac{\partial}{\partial m}\Gamma_{\mathrm{u}}(p_1,\cdots,p_n,m,g_0) \tag{5.135}$$

で，質量項の挿入として(5.131)の解釈ができる*．γ_ϕ は波動関数のくりこみから生じ，すぐ後に説明する理由から**異常次元**(anomalous dimension)とよばれる．

(5.133)を Callan-Symanzik 方程式とよぶ**．これは，Ovsiannikov の方程式(5.95)や Gell-Mann-Low の方程式(5.96)に比べて，くりこみ点をパラメタにしないので使いやすいともいえるが，非斉次項 $\Gamma_{\mathrm{R},\Delta}$ が厄介である．しかし，高エネルギーで，すべての $(p_i+p_j)^2$ が大きくなる**深 Euclid 領域**(deep Euclidean region)では Weinberg の定理***により $\Gamma_{\mathrm{R},\Delta}{}^{(n)}$ は $\Gamma_{\mathrm{R}}{}^{(n)}$ より速く 0 に近づくので無視することができる．

いま，ρ をパラメタとし，$z(\rho), m(\rho), g(\rho)$ を未知関数として

$$\frac{d}{d\rho}z(\rho)^{-n}\Gamma_{\mathrm{R}}{}^{(n)}\Bigl(\{p_i\},m(\rho),g(\rho)\Bigr) = 0 \tag{5.136}$$

を考えると

$$\left(\frac{dm}{d\rho}\frac{\partial}{\partial m}+\frac{dg}{d\rho}\frac{\partial}{\partial g}-n\frac{1}{z}\frac{dz}{d\rho}\right)\Gamma_{\mathrm{R}}{}^{(n)}\Bigl(\{p_i\},m(\rho),g(\rho)\Bigr) = 0$$

となるから，Callan-Symanzik 方程式(5.133)の右辺が無視できる場合には

$$\frac{dm}{d\rho} = m, \qquad \frac{dg}{d\rho} = \beta(g), \qquad \frac{d}{d\rho}\log z = \gamma_\phi(g) \tag{5.137}$$

の解

* 質量の引算項の微分について注釈が必要であるが，省略する．参照：O. I. Zavialov: *Renormalized Quantum Field Theory*, Mathematics and Its Application, vol. 21(Kluwer Academic Publishers, Dordrecht, 1990)．この問題を避けるために，ひとまず裸の質量で微分することが多い．

** K. Symanzik: Commun. Math. Phys. **18**(1970)227; C. G. Callan: Phys. Rev. D2(1970)1541．なお，次も参照：C. G. Callan: in *Methods in Field Theory, Les Houches 1975*, eds. R. Balian and J. Zinn-Justin(North Holland, Amsterdam, 1974)．

*** S. Weinberg: Phys. Rev. **118**(1960)838.

$$m(\rho) = m_1 e^{\rho}, \qquad \rho = \int_{g_1}^{g(\rho)} \frac{dg}{\beta(g)}, \qquad z(\rho) = z_1 \exp\left[\int_{g_1}^{g(\rho)} \frac{\gamma_\phi(g)}{\beta(g)} dg\right] \tag{5.138}$$

に対して

$$z(\rho)^{-n} \Gamma_{\mathrm{R}}{}^{(n)}\Big(\{p_i\}, m_1 e^{\rho}, g(\rho)\Big) = \mathrm{const.} = \Gamma_{\mathrm{R}}{}^{(n)}\Big(\{p_i\}, m_1, g_1\Big) \tag{5.139}$$

が成り立つ．ただし，$z(\rho)$ は(5.137)の第3式を第2式で辺々割って得た微分方程式から求めた．m_1, g_1 は $\rho=0$ における $m(\rho), g(\rho)$ の値で，任意定数である．

その m_1 を m_1/e^{ρ} におきかえて

$$\Gamma_{\mathrm{R}}{}^{(n)}\Big(\{p_i\}, \frac{m_1}{e^{\rho}}, g_1\Big) = z(\rho)^{-n} \Gamma_{\mathrm{R}}{}^{(n)}\Big(\{p_i\}, m_1, g(\rho)\Big)$$

一方，この頂点関数の次元は $[\mathrm{L}^{(d-2)n/2-d}]$ なので，次元解析から

$$(\text{左辺}) = e^{\rho\{n(d-2)/2-d\}} \, \Gamma_{\mathrm{R}}{}^{(n)}\Big(\{p_i e^{\rho}\}, m_1, g_1\Big)$$

とも書ける．よって

$$\Gamma_{\mathrm{R}}{}^{(n)}\Big(\{p_i e^{\rho}\}, m_1, g_1\Big) = e^{\rho\{d-n(d-2)/2\}} z(\rho)^{-n} \, \Gamma_{\mathrm{R}}{}^{(n)}\Big(\{p_i\}, m_1, g(\rho)\Big) \tag{5.140}$$

が得られる．これは，$\gamma \neq 0$ の場合，$\Gamma_{\mathrm{R}}{}^{(n)}$ の高エネルギー($\rho\to\infty$)での振舞いが――$g(\rho)$ によって乱されなければだが――単純な次元解析から予想される $e^{\rho\{d-n(d-2)/2\}}$ とは $z(\rho)^{-n}$ だけ異なることを示す．γ が異常次元とよばれる所以である．

$g(\rho)$ の影響は，$\beta(g)$ が零点 g^* をもつモデルでは心配しなくてよい．$\rho\to\infty$ にともなって $g\to g^*$ となるからである．g_1 が g^* の近傍にくるように ρ の原点を選べば，$\gamma_\phi(g)$ はあまり変化しないとみて

$$z(\rho) \sim z_1 \exp\left[\gamma_\phi(g^*)\int_{g_1}^{g(\rho)} \frac{1}{\beta(g)} dg\right] = z_1 e^{\gamma_\phi(g^*)\rho}$$

としてよく，これを(5.140)に用いて

$$\Gamma_{\mathrm{R}}{}^{(n)}\Big(\{p_i e^\rho\}, m_1, g_1\Big) = e^{\rho\{d-n(d-2)/2-n\gamma_\phi(g^*)\}} z_1{}^{-n} \Gamma_{\mathrm{R}}{}^{(n)}\Big(\{p_i\}, m_1, g^*\Big) \tag{5.141}$$

を得る．こうして異常次元の役割がはっきり現われた．

5-9 くりこみ群 2——最小引算法の場合

次元正則化を用いる 't Hooft の最小引算法では，結合定数と質量について裸の g_0, m_0 とくりこまれた $g_\mathrm{R}, m_\mathrm{R}$ は(5.60),(5.61)で結ばれ，波動関数のくりこみ定数 Z_3 は(5.62)で与えられる．パラメタ依存性を，無次元の $g_0\mu^{-\varepsilon}$ を用いて

$$g_\mathrm{R} = g_\mathrm{R}(g_0\mu^{-\varepsilon}, \varepsilon), \qquad m_\mathrm{R} = m_0 Z_m{}^{-1}(g_0\mu^{-\varepsilon}, \varepsilon), \qquad Z_3 = Z_3(g_0\mu^{-\varepsilon}, \varepsilon) \tag{5.142}$$

と書いておこう．なお，$g_\mathrm{R}, m_\mathrm{R}$ は一般に物理的な観測値とは異なるので，(5.73),(5.74)による再調整が必要である．

時空の次元を $d=4-\varepsilon$ としたときの頂点関数を

$$\Gamma_{\mathrm{R}}{}^{(n),\varepsilon}\Big(\{p_i\}, g_\mathrm{R}(g_0\mu^{-\varepsilon}, \varepsilon), m_\mathrm{R}, \mu, \varepsilon\Big) \equiv \Big[Z_3(g_0\mu^{-\varepsilon}, \varepsilon)\Big]^{n/2} \Gamma_{\mathrm{u}}{}^{(n)}\Big(\{p_i\}, g_0, m_0, \varepsilon\Big) \tag{5.143}$$

で定義しよう．くりこまれた頂点関数は

$$\Gamma_{\mathrm{R}}{}^{(n)} = \lim_{\varepsilon\to 0} \Gamma_{\mathrm{R}}{}^{(n),\varepsilon} \tag{5.144}$$

として得られる．

5-10 Weinberg-'t Hooft の方程式

この方程式は，次元正則化の次元合わせのパラメタ μ に関するスケール変換から導く．その変換の生成演算子は，

$$\exp\left[\alpha\mu\frac{\partial}{\partial\mu}\right]\mu^s = (e^{\alpha}\mu)^s \tag{5.145}$$

から分かるように $\mu\partial/\partial\mu$ である．これを(5.143)の両辺にかけると

$$\begin{aligned}&\left[\mu\frac{\partial}{\partial\mu}+\left(\mu\frac{\partial}{\partial\mu}g_{\mathrm{R}}(g_0\mu^{-\varepsilon},\varepsilon)\right)\frac{\partial}{\partial g_{\mathrm{R}}}+\left(\mu\frac{\partial}{\partial\mu}m_{\mathrm{R}}\right)\frac{\partial}{\partial m_{\mathrm{R}}}\right]\Gamma_{\mathrm{R}}{}^{(n),\varepsilon}\\&\quad=\left(\mu\frac{\partial}{\partial\mu}Z_3{}^{n/2}(g_0\mu^{-\varepsilon},\varepsilon)\right)\Gamma_{\mathrm{u}}{}^{(n)}\end{aligned} \tag{5.146}$$

となる．ここに現われた係数の $\varepsilon\to 0$ の極限，

$$\beta(g_{\mathrm{R}}) = \lim_{\varepsilon\to 0}\mu\frac{\partial}{\partial\mu}g_{\mathrm{R}}(g_0\mu^{-\varepsilon},\varepsilon),\qquad \gamma_m(g_{\mathrm{R}}) = \lim_{\varepsilon\to 0}\mu\frac{\partial}{\partial\mu}\log Z_m(g_0\mu^{-\varepsilon},\varepsilon)$$

$$\gamma(g_{\mathrm{R}}) = \lim_{\varepsilon\to 0}\frac{1}{2}\mu\frac{\partial}{\partial\mu}\log Z_3(g_0\mu^{-\varepsilon},\varepsilon) \tag{5.147}$$

は有限である．たとえば，φ^4 模型の Z_3 は(5.67)で与えられ

$$\mu\frac{\partial}{\partial\mu}\log Z_3 = \frac{2}{3}\left(\frac{g_{\mathrm{R}}}{32\pi^2}\right)^2+\cdots$$

そして，(5.146)は $\varepsilon\to 0$ の極限で

$$\left[\mu\frac{\partial}{\partial\mu}+\beta(g_{\mathrm{R}})\frac{\partial}{\partial g_{\mathrm{R}}}-m_{\mathrm{R}}\gamma_m(g_{\mathrm{R}})\frac{\partial}{\partial m_{\mathrm{R}}}-n\gamma(g_{\mathrm{R}})\right]\Gamma_{\mathrm{R}}{}^{(n)}(\{p_i\},g_{\mathrm{R}},m_{\mathrm{R}},\mu) = 0 \tag{5.148}$$

となる．いま，$\Gamma_{\mathrm{R}}{}^{(n)}$ の次元を $[\mathrm{L}^{-D_r}]$ とすれば

$$\Gamma_{\mathrm{R}}{}^{(n)}(\{\kappa p_i\},g_{\mathrm{R}},m_{\mathrm{R}},\mu) = \kappa^{D_r}\Gamma_{\mathrm{R}}{}^{(n)}\left(\{p_i\},g_{\mathrm{R}},\frac{m_{\mathrm{R}}}{\kappa},\frac{\mu}{\kappa}\right)$$

となるから，$\kappa\partial/\partial\kappa$ をかけると

$$\left[\kappa\frac{\partial}{\partial\kappa}+\mu\frac{\partial}{\partial\mu}+m_{\mathrm{R}}\frac{\partial}{\partial m_{\mathrm{R}}}-D_{\Gamma}\right]\Gamma_{\mathrm{R}}{}^{(n)}(\{\kappa p_i\},g_{\mathrm{R}},m_{\mathrm{R}},\mu)=0$$

これと(5.148)から $\mu\partial\Gamma_{\mathrm{R}}{}^{(n)}/\partial\mu$ を消去して

$$\left[\kappa\frac{\partial}{\partial\kappa}-\beta(g_{\mathrm{R}})\frac{\partial}{\partial g_{\mathrm{R}}}+\{1+\gamma_m(g_{\mathrm{R}})\}m_{\mathrm{R}}\frac{\partial}{\partial m_{\mathrm{R}}}-D_{\Gamma}\right.$$
$$\left.+n\gamma(g_{\mathrm{R}})\right]\Gamma_{\mathrm{R}}{}^{(n)}(\{\kappa p_i\},g_{\mathrm{R}},m_{\mathrm{R}},\mu)=0 \qquad (5.149)$$

を得る．これを Weinberg-'t Hooft の方程式とよぶ．Callan-Symanzik 方程式(5.133)に比べて非斉次項のないことが利点である．

a) 一般解

(5.149)は，特性方程式

$$\frac{d\kappa}{\kappa}=\frac{dg_{\mathrm{R}}}{-\beta(g_{\mathrm{R}})}=\frac{dm_{\mathrm{R}}}{\{1+\gamma_m(g_{\mathrm{R}})\}m_{\mathrm{R}}}=\frac{d\Gamma_{\mathrm{R}}{}^{(n)}}{\{D_{\Gamma}-n\gamma(g_{\mathrm{R}})\}\Gamma_{\mathrm{R}}{}^{(n)}}$$

の一般解

$$\log\kappa+\int^{g_{\mathrm{R}}}\frac{dg'}{\beta(g')}=C_1,\qquad \log m_{\mathrm{R}}+\int^{g_{\mathrm{R}}}\frac{1+\gamma_m(g')}{\beta(g')}dg'=C_2$$
$$\log\Gamma_{\mathrm{R}}{}^{(n)}+\int^{g_{\mathrm{R}}}\frac{D_{\Gamma}-n\gamma(g')}{\beta(g')}dg'=C_3 \qquad (5.150)$$

の定数 C_1, C_2, C_3 を任意関数で結んで動かしてやれば一般解ができあがる．

しかし，それをする前に，有効結合定数 $\bar{g}(\kappa)$ と有効質量 $\bar{m}(\kappa)$ を

$$\log\kappa=\int_{g_{\mathrm{R}}}^{\bar{g}(\kappa)}\frac{dg'}{\beta(g')},\qquad \log\left[\frac{\bar{m}(\kappa)}{m_{\mathrm{R}}}\right]=-\int_{g_{\mathrm{R}}}^{\bar{g}(\kappa)}\frac{1+\gamma_m(g')}{\beta(g')}dg' \qquad (5.151)$$

によって定義し($\bar{g}(1)=g_{\mathrm{R}}$, $\bar{m}(1)=m_{\mathrm{R}}$ となる)，それが陽にでる形に上の式を書き直しておこう．もっとも，それらが有効結合定数などの意味をもつことが明らかになるのは後の(5.154)にいってからである．まず，(5.150)の第1式は，左辺が

$$\log\kappa+\int^{g_{\mathrm{R}}}\frac{dg'}{\beta(g')}=\int^{\bar{g}(\kappa)}\frac{dg'}{\beta(g')}$$

のように書き直せるから

$$\int^{\bar{g}(\kappa)} \frac{dg'}{\beta(g')} = C_1$$

となる．第2式は

$$\log \bar{m}(\kappa) + \int^{\bar{g}(\kappa)} \frac{1+\gamma_m(g')}{\beta(g')} dg' = C_2$$

同様にして第3式は

$$\log \Gamma_{\mathrm{R}}{}^{(n)} - D_\Gamma \log \kappa + \int_{g_{\mathrm{R}}}^{\bar{g}(\kappa)} \frac{n\gamma(g')}{\beta(g')} dg' + \int^{\bar{g}(\kappa)} \frac{D_\Gamma - n\gamma(g')}{\beta(g')} dg' = C_3$$

そこで Weinberg-'t Hooft 方程式(5.149)の一般解は，任意関数 H を用いて

$$\Gamma_{\mathrm{R}}{}^{(n)}(\{\kappa p_i\}, g_{\mathrm{R}}, m_{\mathrm{R}}, \mu) = \kappa^{D_\Gamma} \exp\left[-n \int_{g_{\mathrm{R}}}^{\bar{g}(\kappa)} \frac{\gamma(g')}{\beta(g')} dg'\right]$$
$$\times \exp\left[-\int^{\bar{g}(\kappa)} \frac{D_\Gamma - n\gamma(g')}{\beta(g')} dg'\right] H\left(\int^{\bar{g}(\kappa)} \frac{dg'}{\beta(g')}, \log \bar{m}(\kappa) + \int^{\bar{g}(\kappa)} \frac{1+\gamma_m(g')}{\beta(g')} dg'\right) \tag{5.152}$$

と書ける．しかし，H は任意関数だから，そのものものしい引き数にもかかわらず，$\bar{g}(\kappa)$ と $\bar{m}(\kappa)$ の任意関数という以上のことを言っていない．したがって，F を任意関数として

$$\Gamma_{\mathrm{R}}{}^{(n)}(\{\kappa p_i\}, g_{\mathrm{R}}, m_{\mathrm{R}}, \mu) = \kappa^{D_\Gamma} \exp\left[-n \int_{g_{\mathrm{R}}}^{\bar{g}(\kappa)} \frac{\gamma(g')}{\beta(g')} dg'\right] F(\{p_i\}, \bar{g}(\kappa), \bar{m}(\kappa), \mu) \tag{5.153}$$

と書いてもよい．ただし，F がパラメタとして $\{p_i\}, \mu$ を含み得ることを考慮した．ここで $\kappa=1$ とおけば F は Γ に一致すべきことが分かる．よって

$$\Gamma_{\mathrm{R}}{}^{(n)}(\{\kappa p_i\}, g_{\mathrm{R}}, m_{\mathrm{R}}, \mu) = \kappa^{D_\Gamma} \exp\left[-n \int_{g_{\mathrm{R}}}^{\bar{g}(\kappa)} \frac{\gamma(g')}{\beta(g')} dg'\right] \Gamma_{\mathrm{R}}(\{p_i\}, \bar{g}(\kappa), \bar{m}(\kappa), \mu) \tag{5.154}$$

なお，右辺の指数関数が含む積分は，積分変数を $g'=\bar{g}(\kappa')$ により κ' に変えれば，有効結合定数の定義(5.151)から

$$\frac{1}{\kappa}=\frac{1}{\beta(g')}\frac{d\bar{g}(\kappa)}{d\kappa}$$

となるので

$$\int_{g_{\mathrm{R}}}^{\bar{g}(\kappa)}\frac{\gamma(g')}{\beta(g')}dg'=\int_{1}^{\kappa}\frac{\gamma(\bar{g}(\kappa'))}{\kappa}d\kappa' \tag{5.155}$$

と書くこともできる．

(5.154)は運動量をスケールしたときの頂点関数の応答を示しており，散乱の高エネルギーでの漸近的な振舞いを調べるのに便利である．$\bar{g}(\kappa), \bar{m}(\kappa)$ を有効結合定数，有効質量とよんだのは，この式の意味においてである．つまり，エネルギーを大きくすることは(左辺)，結合定数と質量を有効値でおきかえることだ(右辺)といってもよい．$\Gamma^{(n)}$ の次元 $[\mathrm{L}^{-Dr}]$ から——高エネルギーでは質量は無視できて次元をもつのは p_i だけと考えて——期待されるのは κ^{Dr} である．(5.154)によれば，その上に $\exp\left[-n\int(\gamma/\beta)dg'\right]$ という余分の因子がつく．この γ は Weinberg-'t Hooft の方程式(5.149)にも見えており**異常次元**とよばれる．

後に述べる $\kappa\to\infty$ で $\bar{g}(\kappa)\to 0$ となる場合には(漸近的自由性)，左辺を計算する代わりに右辺を使えば摂動計算でも良い近似を得ることができる．

b) 係数の公式

Weinberg-'t Hooft 方程式(5.148)の係数は摂動計算するのが普通である．その準備として，ここでは模型によらない一般的な事実を述べよう．具体的な例については後の 5-12 節で述べる．

(5.148)の係数 β は(5.147)に示した $\mu\partial g_{\mathrm{R}}/\partial\mu$ の極限で定義される．それは有限確定のはずだから，ε 依存性は

$$\mu\frac{\partial g_{\mathrm{R}}}{\partial\mu}=x_0+\varepsilon x_1+\varepsilon^2 x_2+\cdots$$

の形をしていると考えられる．ところが，(5.60)を $\mu^{-\varepsilon}g_0=g_{\mathrm{R}}+\cdots$ の形にして $\mu\partial/\partial\mu$ をかけると

$$-\varepsilon g_0\mu^{-\varepsilon} = \left[1+\sum_{\nu=1}^{\infty}\frac{a_\nu'(g_R)}{\varepsilon^\nu}\right]\cdot\mu\frac{\partial g_R}{\partial\mu} \qquad \left(a_\nu'=\frac{da_\nu}{dg_R}\right)$$

したがって

$$-\varepsilon\left[g_R+\sum_{\nu=1}^{\infty}\frac{a_\nu}{\varepsilon^\nu}\right] = [x_0+\varepsilon x_1+\varepsilon^2 x_2+\cdots]\left[1+\sum_{\nu=1}^{\infty}\frac{a_\nu'(g_R)}{\varepsilon^\nu}\right]$$

この左辺に ε の 2 次以上の項がないことから

$$x_2 = x_3 = \cdots = x_\nu = \cdots = 0$$

が知れ，これから

$$-g_R = x_1, \quad -a_1 = x_0+x_1a_1', \quad \cdots, \quad -a_\nu = a_{\nu-1}'x_0+a_\nu'x_1, \quad \cdots$$

も知れるので

$$\beta(g_R) = \lim_{\varepsilon\to 0}\mu\frac{\partial g_R}{\partial\mu} = x_0 = -a_1+g_R\frac{da_1}{dg_R} \tag{5.156}$$

同様に，(5.61)，(5.62)の係数を用いて

$$\gamma_m(g_R) = -g_R\frac{db_1}{dg_R}, \qquad \gamma(g_R) = -\frac{1}{2}g_R\frac{dc_1}{dg_R} \tag{5.157}$$

これが，Weinberg-'t Hooft 方程式(5.148)の係数を次元正則化における Laurent 展開(5.60)，(5.61)，(5.62)の係数から定める公式である*.

5-11 高エネルギー極限

最小引算法によるくりこみの場合にも，以前のスケール因子 λ の代わりに μ を用いて $x=p^2/\mu^2$ のように(5.86)にあたる無次元の変数を定義し，高エネルギー極限(5.112)を考えることができる.

a) 質量殻の上でくりこんだ場合との関係

いま，任意に μ_1 を固定し，$\kappa=\mu/\mu_1$ とおいて

* J.C. Collins: Phys. Rev. D10(1974)1213. Collins の公式との符号の違いは(5.60)-(5.62)における係数の定義の違いによる.

$$\Gamma_{\mathrm{R}}\left(\left\{\frac{p_i}{\kappa}\right\}, \bar{g}(\kappa), \bar{m}(\kappa), \mu\right) \equiv \bar{g}(\kappa)\mu^{-D_{\Gamma}} \square_a\left(\left\{\frac{s_k}{\mu^2}\right\}, \frac{\bar{m}(\kappa)^2}{\mu^2}, \bar{g}(\kappa)\right) \quad (5.158)$$

によって $\square_a$ を定義する．この左辺を，(5.154)で p_i を p_i/κ でおきかえた式の右辺と比べて変形し，その後で(5.158)で $\kappa=1$ とおいて得る式を利用して $\square_a$ に書きかえれば

$$\bar{g}(\kappa)\square_a\left(\left\{\frac{s_k}{\mu^2}\right\}, \frac{\bar{m}(\kappa)^2}{\mu^2}, \bar{g}(\kappa)\right) = g_{\mathrm{R}} \exp\left[n\int_{g_{\mathrm{R}}}^{\bar{g}(\kappa)} \frac{\gamma(g')}{\beta(g')}dg'\right]\square_a\left(\left\{\frac{s_k}{{\mu_1}^2}\right\}, \frac{{m_{\mathrm{R}}}^2}{{\mu_1}^2}, g_{\mathrm{R}}\right) \quad (5.159)$$

となる．Green 関数に対しても同様の手続きで d_a を定義し，(5.87)にならって不変結合定数 $\bar{h}_a(x, y, g)$ を定義する．$g=\bar{g}(\kappa)$ である．

高エネルギー極限(5.112)では $y\sim 0$ としてよいと仮定する．くりこみ不変性から

$$\bar{h}_a\left(\frac{x}{t}, 0, g_{\mathrm{R}}\right) = \bar{h}_a(x, 0, g) \quad (5.160)$$

しかし，こんどは規格化条件(5.77)にあたるものはないから，$x=t$ としても

$$\bar{h}_a(t, 0, g) = \bar{h}_a(1, 0, g_{\mathrm{R}}) \qquad (\equiv a(g_{\mathrm{R}})) \quad (5.161)$$

は(5.88)のように g_{R} に等しいということはできない．右辺は，ともかく g_{R} の関数だから，$a(g_{\mathrm{R}})$ と書いておくことにしよう．これが g_{R} について解ければ*，

$$g_{\mathrm{R}} = a^{-1}(\bar{h}_a(1, 0, g_{\mathrm{R}})) = (a^{-1}\circ\bar{h}_a)(t, 0, g)$$

を(5.160)に代入して

$$\bar{h}_a(x, 0, g) = \bar{h}_a\left(\frac{x}{t}, 0, (a^{-1}\circ\bar{h}_a)(t, 0, g)\right) \quad (5.162)$$

を得る．a^{-1} は a の逆関数である．両辺に a^{-1} をかぶせれば

$$(a^{-1}\circ\bar{h}_a)(x, 0, g) = (a^{-1}\circ\bar{h}_a)\left(\frac{x}{t}, 0, (a^{-1}\circ\bar{h}_a)(t, 0, g)\right)$$

となり，$(a^{-1}\circ\bar{h}_a)(x, 0, g)$ が，質量殻の上でくりこんだ場合の不変結合定数

---

* ∘は関数の合成を表わす．すなわち，$(a^{-1}\circ\bar{h}_a)(t, 0, g)\equiv a^{-1}(\bar{h}_a(t, 0, g))$．

$\bar{h}$ に対する関数方程式(5.90)を——$y=0$ としてだが——みたすことを示す．そこで

$$(a^{-1}\circ\bar{h}_a)(x,0,g) = \bar{h}(x,0,g) \quad すなわち \quad \bar{h}_a(x,0,g) = (a\circ\bar{h})(x,0,g) \tag{5.163}$$

としてよいであろう．

Gell-Mann-Low の関数 $\varphi(g)=(\partial/\partial t)\bar{h}(t,0,g)|_{t=1}$ にならって

$$\varphi_a(g) = \frac{\partial}{\partial t}\bar{h}_a(t,0,g)\Big|_{t=1} \tag{5.164}$$

を定義すると，(5.163)から，両者の関係

$$\varphi_a(g) = \varphi(g)\frac{d}{dg}a(g) \tag{5.165}$$

が知れる．(5.162)の両辺を t で微分して $t=1$ とおけば

$$\left(x\frac{\partial}{\partial x}-\frac{da^{-1}(\bar{h})}{d\bar{h}}\Big|_{\bar{h}=a(g)}\varphi_a(g)\frac{\partial}{\partial g}\right)\bar{h}_a(x,0,g) = 0$$

となるが，$(da^{-1}/d\bar{h})|_{\bar{h}=a(g)}(da/dg)=1$ に注意し，(5.149)の高エネルギー極限

$$\left(\kappa\frac{\partial}{\partial\kappa}-\beta(g)\frac{\partial}{\partial g}\right)\bar{h}_a(x,0,g) = 0 \qquad \left(x=\frac{\kappa^2p^2}{\mu^2},\ \kappa\frac{\partial}{\partial\kappa}=2x\frac{\partial}{\partial x}\right)$$

と比較すれば

$$2\beta(g) = \varphi(g) \tag{5.166}$$

が得られる．これが 2 つのくりこみ処方の不変結合定数を結びつける．

b) 有効結合定数の漸近挙動

(5.151)の第 1 式を

$$\log\kappa = f(\bar{g}), \qquad f(\bar{g}) \equiv \int_{g_R}^{\bar{g}}\frac{dg'}{\beta(g')} \tag{5.167}$$

と書けば，β 関数の振舞いによって次の 2 つの場合が生ずる：

［I］ $f(\bar{g})<M$ $(0\leq\bar{g}\leq\infty)$ となる M が存在する．

［II］ $f(\bar{g})\to\infty$ $(\bar{g}\to\bar{g}_\infty)$ となる $\bar{g}_\infty$ が(無限大も含めて)存在する．

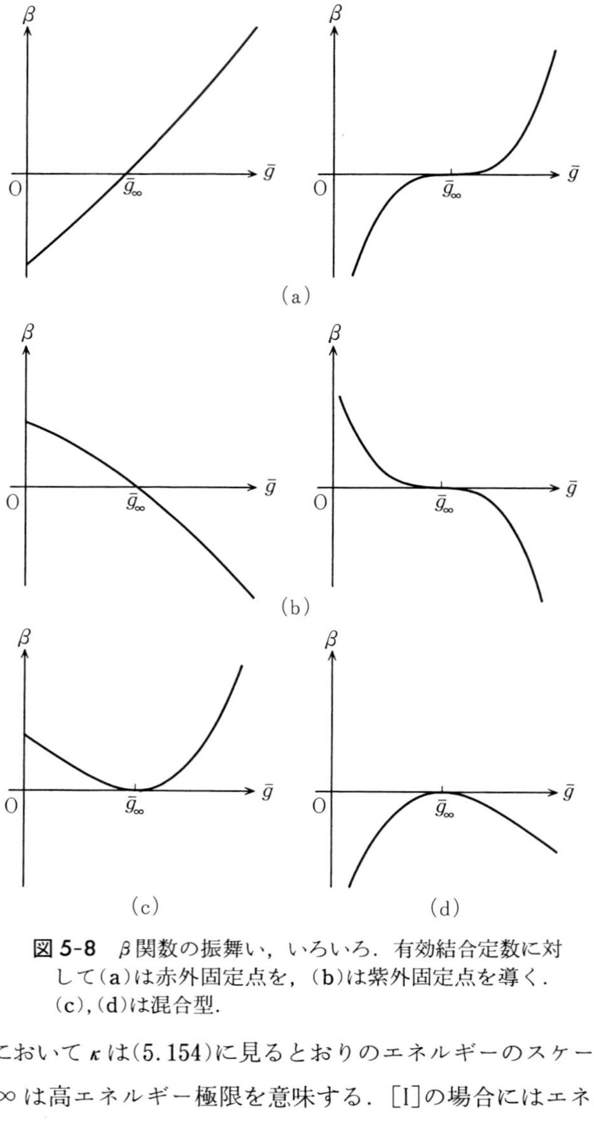

図 5-8 β関数の振舞い，いろいろ．有効結合定数に対して(a)は赤外固定点を，(b)は紫外固定点を導く．(c)，(d)は混合型．

(5.167)において κ は(5.154)に見るとおりのエネルギーのスケール因子であって，$\kappa \to \infty$ は高エネルギー極限を意味する．[I]の場合にはエネルギーは有界に留まるほかなく，これは物理的にみて理論の内部矛盾といわねばならない．φ^4 模型が，質量殻上のくりこみの不変結合定数 $\bar{h}$ について，ある近似で同様の問題をおこすことが思い出される(第5-7節).[Ⅱ]を引きおこす β 関数の挙動は図5-8(a)-(d)のどれかであろう.

[Ⅱ.a] 積分 $f(\bar{g})$ は $\bar{g}$ が $\bar{g}_\infty$ に上から近づいても,下から近づいても $\to -\infty$ に発散する.したがって

$$\kappa \to 0 \quad で \quad \bar{g} \to \bar{g}_\infty \qquad (赤外固定点)$$

[Ⅱ.b] 上と反対に:

$$\kappa \to \infty \quad で \quad \bar{g} \to \bar{g}_\infty \qquad (紫外固定点)$$

[Ⅱ.c] これは混合型で:

$$\kappa \to \infty \quad で \quad \bar{g} \uparrow \bar{g}_\infty$$

となる一方,

$$\kappa \to 0 \quad で \quad \bar{g} \downarrow \bar{g}_\infty$$

[Ⅱ.d] 上と反対の混合型で,↑と↓が入れ替わる.

特に,$\bar{g}_\infty = 0$ である模型は漸近的自由性(asymptotic freedom)をもつという.これにも赤外型,紫外型,混合型が区別される.赤外型では,頂点関数の低エネルギー極限として物理的な結合定数を定義すると,くりこまれた結合定数は0となり,つまり自由場に帰着してしまう.紫外型では,このようなことがないばかりか,高エネルギー領域で(5.154)の右辺を摂動計算して良い近似が得られるという利点もある.次の節で,この観点から場の理論のいろいろの模型を調べる.

5-12 いろいろの模型

a) φ^4 模型

φ^4 模型に対しては5-3節b項の摂動計算で(5.65),(5.72),(5.67)を得ている.すなわち

$$a_1 = \frac{3g_R^2}{16\pi^2}, \qquad b_1 = \frac{g_R}{16\pi^2} - \frac{5}{12}\left(\frac{g_R}{16\pi^2}\right)^2, \qquad c_1 = -\frac{1}{12}\left(\frac{g_R}{16\pi^2}\right)^2 \qquad (5.168)$$

したがって,(5.156),(5.157)から

$$\beta(g_{\mathrm{R}}) = 3\cdot 16\pi^2\left(\frac{g_{\mathrm{R}}}{16\pi^2}\right)^2+\cdots, \qquad \gamma_m(g_{\mathrm{R}}) = -\frac{g_{\mathrm{R}}}{16\pi^2}+\frac{5}{6}\left(\frac{g_{\mathrm{R}}}{16\pi^2}\right)^2+\cdots$$

$$\gamma(g_{\mathrm{R}}) = \frac{1}{12}\left(\frac{g_{\mathrm{R}}}{16\pi^2}\right)^2+\cdots \tag{5.169}$$

となる．より高次の近似まで含めた結果を表 5-1 に示す．

表 5-1 Weinberg-'t Hooft 方程式の係数，φ^4 模型の場合*

	$\hat{g}$	$\hat{g}^2$	$\hat{g}^3$	$\hat{g}^4$	$\hat{g}^5$	
β		3	$-\frac{17}{3}$	$\frac{145}{8}+12\zeta(3)$	A	$\times 16\pi^2$
γ_m	-1	$\frac{5}{6}$	$-\frac{7}{2}$	B		
γ		$\frac{1}{12}$	$-\frac{1}{16}$	$\frac{65}{192}$		

ここに，$\hat{g}=g_{\mathrm{R}}/(16\pi^2)$，かつ

$$A = -\left(\frac{3499}{48}+78\zeta(3)-18\zeta(4)+120\zeta(5)\right)$$

$$B = \frac{3}{2}\left(\frac{159}{16}+\zeta(3)+2\zeta(4)\right)$$

であり，$\zeta(n)$ は Riemann の ζ 関数で，その値は表 5-2 のとおりである．

表 5-2 ζ 関数の値

n	2	3	4	5
$\zeta(n)$	$\pi^2/6$	$\pi^3/25.79436$	$\pi^4/90$	$\pi^5/295.1215$
	1.644934	1.202057	1.082323	1.036928

β 関数を摂動の各次数についてグラフにすれば図 5-9 のようになり，有効結合定数 $\bar{g}(\kappa)$ は，摂動の 2 次，4 次では前節 b 項の[I]型で理論は矛盾を含み，

* A. A. Vladimirov, D. J. Kazanov and O. V. Tarasov: Sov. Phys. JETP **50**(3)(1979)521. (5.146)の $\mu\partial/\partial\mu$ の代わりに $\mu^2\partial/\partial\mu^2=(1/2)\mu\partial/\partial\mu$ をおいて方程式を書いているので，Vladimirov らの与えた係数は表の値の 1/2 倍になっている．

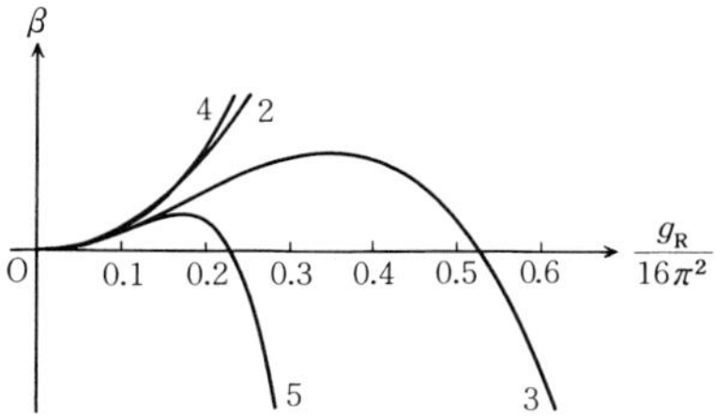

図 5-9　φ^4 模型の β 関数．曲線に添えた数字は摂動の次数を示す．近似を上げると紫外固定点は0に向かうようだ？

3次，5次では[Ⅱ. b]の紫外固定点型であって，第5-7節に述べた模型の不安定さがここでも見られる．そして，紫外固定点の値が摂動の次数を上げるにつれて

$$\bar{g}_\infty{}^{(3)} = \frac{9}{17} = 0.5294, \qquad \bar{g}_\infty{}^{(5)} = 0.2332$$

のように0に向かって大幅に減ってゆくことも注目される．これも φ^4 模型がくりこみによって自由場に帰することのもう1つのシグナルかもしれない．

b） Yang-Mills 模型

この模型とその物理について詳細は本講座の『ゲージ場の理論』，『素粒子物理』にゆずる．$A_\mu{}^a$ ($\mu=0,\cdots,3$, $a=1,\cdots,n_a$) を Yang-Mills ベクトル場とし

$$F_{\mu\nu}{}^a \equiv \frac{\partial A_\nu{}^a}{\partial x^\mu} - \frac{\partial A_\mu{}^a}{\partial x^\nu} + g_0 f^{abc} A_\mu{}^b A_\nu{}^c \tag{5.170}$$

を定義する．ここに，f^{abc} は模型のゲージ Lie 群の構造定数である．$\psi_i{}^\alpha$ ($\alpha=1,\cdots,n_f$; $i=1,\cdots,n_c$) をゲージ群の n_c 次元表現に属するスピノル場とする．上の n_a は，その随伴表現の次元である．そうすると，Yang-Mills 模型のラグランジアンは

$$\mathcal{L} = -\frac{1}{4} F_{\mu\nu}{}^a F^{\mu\nu a} + i \sum_{\alpha=1}^{n_f} \bar{\psi}_i{}^\alpha \gamma^\mu (D_\mu \psi^\alpha)_i \tag{5.171}$$

であたえられる．D は共変微分で

$$(D_\mu \psi^\alpha)_i = \frac{\partial \psi_i{}^\alpha}{\partial x_\mu} - i g_0 (R^l)_{ij} \psi_j{}^\alpha A_\mu{}^l \tag{5.172}$$

ただし，$(R^l)_{ij}$ はゲージ群の n_c 次元表現行列で交換関係 $[R^a, R^b] = i f^{abc} R^c$ をみたす．

この模型では，ゲージ群の随伴表現を G として

$$f^{abc}f^{bcd}=C_2(G)\delta^{ad},\qquad R^lR^l=C_2(R)I,\qquad \mathrm{Tr}(R^aR^b)=T(R)\delta^{ab} \tag{5.173}$$

としたとき，β 関数，γ_m および異常次元 γ_3 は次のようになる*:

$$\begin{aligned}\beta(g)=&\frac{g^3}{(4\pi)^2}\left[-\frac{11}{3}C_2(G)+\frac{4}{3}T(R)n_f\right]\\&+\frac{g^5}{(4\pi)^4}\left[-\frac{34}{3}C_2{}^2(G)+\frac{20}{3}C_2(G)T(R)n_f+4C_2(G)T(R)n_f\right]\\&+\frac{g^7}{(4\pi)^6}\left[-\frac{2857}{54}C_2{}^3(G)+\frac{1415}{27}C_2{}^2(G)T(R)n_f-\frac{158}{27}C_2(G)T^2(R)n_f{}^2\right.\\&\left.+\frac{205}{9}C_2(G)C_2(R)T(R)n_f-\frac{44}{9}C_2(R)T^2(R)n_f{}^2-2C_2{}^2(R)T(R)n_f\right]\\&+O(g^9)\end{aligned}$$

$$\begin{aligned}\gamma_3(g)=&\frac{g^2}{(4\pi)^2}\left[\frac{5}{3}C_2(G)-\frac{4}{3}T(R)n_f\right]\\&+\frac{g^4}{(4\pi)^4}\left[\frac{23}{4}C_2{}^2(G)-5C_2(G)T(R)n_f-4C_2(R)T(R)n_f\right]\\&+\frac{g^6}{(4\pi)^6}\left[C_2{}^3(G)\left(\frac{4051}{144}-\frac{3}{2}\zeta(3)\right)+C_2{}^2(G)T(R)n_f\left(-\frac{875}{18}+18\zeta(3)\right)\right.\\&\left.+C_2(G)C_2(R)T(R)n_f\left(-\frac{5}{18}-24\zeta(3)\right)\right]+O(g^7)\end{aligned}$$

$$\gamma_m(g)=\frac{6g^2}{(4\pi)^2}C_2{}'(R)+O(g^4) \tag{5.174}$$

量子色力学では，ゲージ群を SU(3) にとるので

$$\begin{aligned}\beta_{\mathrm{QCD}}(g)=&\left(-11+\frac{2}{3}n_f\right)\frac{g^3}{(4\pi)^2}+\left(-102+\frac{38}{3}n_f\right)\frac{g^5}{(4\pi)^4}\\&+\left(-\frac{2857}{2}+\frac{5033}{18}n_f-\frac{325}{54}n_f{}^2\right)\frac{g^7}{(4\pi)^6}+O(g^9)\end{aligned} \tag{5.175}$$

---

* O. V. Tarasov, A. A. Vladimirov and A. Yu. Zharkov: Phys. Lett. **93B**(1980)429.

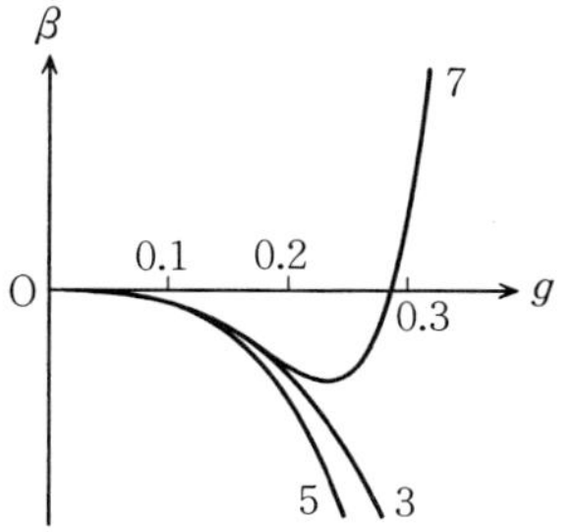

図 5-10　SU(3)Yang-Mills模型の β 関数．ゲージ群をSU(3)とした場合．曲線に添えた数字は摂動の次数を示す．その次数によらず原点 $g=0$ が紫外固定点になっている．この模型は漸近的自由性をもつのである．

となる．$n_f=3$ とした場合のグラフを図 5-10 に示す．この模型は $g=0$ を紫外固定点としている．漸近的自由性の成り立つ注目すべき例である．

c) 量子電磁力学

β 関数は $\alpha=e^2/(\hbar c)$ の 5 次まで計算されている*．

$$\frac{1}{8\pi}\beta(\alpha) = \frac{4}{3}n_f\left(\frac{\alpha}{4\pi}\right)^2+4n_f\left(\frac{\alpha}{4\pi}\right)^3-n_f\left(2+\frac{44}{9}n_f\right)\left(\frac{\alpha}{4\pi}\right)^4$$
$$-n_f\left[46-\left(\frac{760}{27}-\frac{832}{9}\zeta(3)\right)n_f+\frac{1232}{243}n_f{}^2\right]\left(\frac{\alpha}{4\pi}\right)^5+O(\alpha^6) \quad (5.176)$$

$n_f=1$ として描いたグラフを図 5-11 に示す．

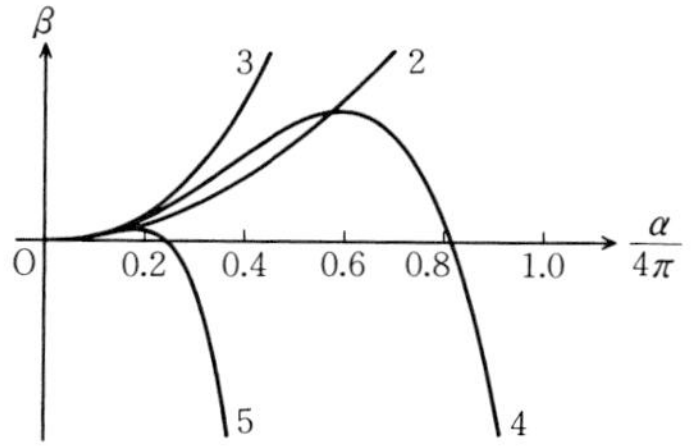

図 5-11　量子電磁力学の β 関数．曲線に添えた数字は摂動の次数を示す．φ^4 模型のもの(図 5-9)と比べるとおもしろい．

この場合の有効電荷の振舞いを調べるには，光子の伝搬関数を見るのがよい．光子の運動量を k として，それを

$$D_{\mu\nu}(k) = -id(x,\alpha)\frac{g_{\mu\nu}}{k^2}+(\text{縦波成分}) \qquad \left(x=\frac{k^2}{m^2}\right) \quad (5.177)$$

* S. G. Gorishny, A. L. Kataev, S. A. Larin and L. R. Surguladze: Phys. Lett. B **256**(1991) 81.

と書けば，d と α は裸の d_0, α_0 に比べてそれぞれ $Z_3{}^{-1}$ 倍，Z_3 倍である．よって，Callan-Symanzik 方程式(5.133)は——その右辺を省略する近似で——

$$\left[m\frac{\partial}{\partial m}+\beta(\alpha)\frac{\partial}{\partial \alpha}+2\gamma\right]d(x,\alpha) = 0$$

となる．ただし，頂点関数に対する(5.133)とちがって，Green 関数に対するこの式では γ の前の符号が——(5.42)と(5.43)における Z_3 のベキのちがいのため——プラスになる．ここに

$$\beta = m\left(\frac{\partial \alpha}{\partial m}\right)_{\alpha_0}, \qquad \gamma = \frac{1}{2}m\left(\frac{\partial}{\partial m}\log Z_3\right)_{\alpha_0} = \frac{\beta}{\alpha}$$

であるから，$\alpha d = h$ とおけば——これは不変結合定数になっているのだが

$$\left[2x\frac{\partial}{\partial x}-\beta(\alpha)\frac{\partial}{\partial \alpha}\right]h(x,\alpha) = 0$$

をみたす．この方程式は(5.96)と同じ形だから解は(5.115)であたえられる：

$$\int_{\alpha_R}^{h(x,\alpha)} \frac{2}{\beta(\alpha')}d\alpha' = \log x \tag{5.178}$$

ただし，$k^2 = m^2$ をくりこみ点とし，そこで $\alpha = \alpha_R$ とした．

いま，(5.176)の最低次の近似，$\beta(\alpha) = (2/3\pi)\alpha^2$ をとれば

$$\alpha(\Lambda) = \frac{\alpha_R}{1-(1/3\pi)\alpha_R \log(\Lambda/m)^2} \tag{5.179}$$

となる．ここで $k^2 = \Lambda^2 \to \infty$ における α が裸の値 α_0 である——そう言いたいところだが，Λ をあまり大きくとると(5.179)の右辺が負になり(Landau ゴースト！)，左辺が正であることに矛盾する．Landau は 1955 年にこのことを指摘し*量子電磁力学の成立に疑問を投げて波紋をよんだ**.

β は，図 5-11 に見るとおり 4 次の近似までゆくと横軸を上から下に切り，紫外固定点をもつようになる．この特徴は 5 次でも残るのであって，摂動の帰

* L. D. Landau: in *Niels Bohr and the Development of Physics*, W. Pauli ed. (Pergamon, London, 1955).

** 梅沢博臣・福田信之『場の量子論特論』(岩波講座・現代物理学，1959).

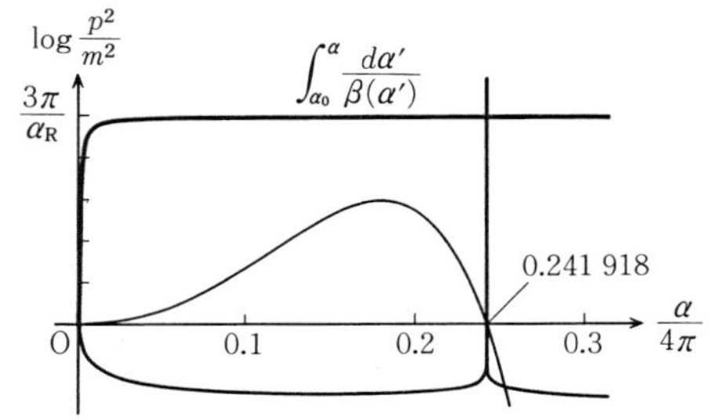

図 5-12 量子電磁力学の有効結合定数 $\alpha(p^2)$．いわゆる微細構造定数を α_R として，図の太線が $\int_{\alpha_R}^{\alpha(p^2)} \frac{d\alpha'}{\beta(\alpha')}$ を示す．これは，よい近似で $3\pi\left(\frac{1}{\alpha_R}-\frac{1}{\alpha(p^2)}\right)$ に等しい．その誤差を図の下部に示す．ただし，縦軸が図の上部の 40 倍に拡大してあるので注意．この誤差は α が紫外固定点にくると ∞ になる．細い線は $\beta(\alpha)$ である．

結が不安定であった φ^4 模型とは趣を異にしている．この近似における積分(5.181)を図 5-12 に示す．摂動の次数を上げてゆくと級数の収束が問題になる*．

5-13 補遺——非整数次元空間における積分

整数次元 d の Euclid 空間 E^d にわたる積分

$$\int f(\mathbf{p}^2, \mathbf{p}\cdot\mathbf{q}_1, \cdots) d^d\mathbf{p} \tag{5.180}$$

を考える．ここに $\mathbf{p}$ 等は E^d のベクトルで，$\mathbf{p}^2, \mathbf{p}\cdot\mathbf{q}_1$ 等は E^d の内積を表わす．次元正則化をするには，積分を d がある範囲を連続的に動き得るように拡張する必要がある．その際，非整数の d を次元とする空間 E^d についてもベクトル $\mathbf{p}$ と内積 $(\mathbf{p}^2)_d$ が定義され，d の任意の分割に対し $\mathbf{p}$ も分割 $\mathbf{p}=(\mathbf{p}_1, \mathbf{p}_2)$，$(\mathbf{p}_l \in \mathsf{E}^{d_l}, l=1,2)$ をもち

* B. Lautrup: Phys. Lett. **69B**(1977)109.

$$\mathbf{p}_d{}^2 = (\mathbf{p}_1{}^2)_{d_1} + (\mathbf{p}_2{}^2)_{d_2} \qquad (d_1+d_2=d) \tag{5.181}$$

が成り立つものとする．Wilson*は積分の拡張を次の公理で定義した．(5.180)の被積分関数を $f(\mathbf{p})$ と略記して

(a) 積分の線形性：α, β を任意の複素数として

$$\int[\alpha f(\mathbf{p})+\beta g(\mathbf{p})]d^d\mathbf{p} = \alpha\int f(\mathbf{p})d^d\mathbf{p}+\beta\int g(\mathbf{p})d^d\mathbf{p}$$

(b) 測度の平行移動不変性：E^d の任意のベクトル $\mathbf{a}$ に対し

$$\int f(\mathbf{p}+\mathbf{a})d^d\mathbf{p} = \int f(\mathbf{p})d^d\mathbf{p}$$

(c) 測度のスケーリング則：任意の正の実数 ρ に対して

$$\int f(\rho\mathbf{p})d^d\mathbf{p} = \rho^{-d}\int f(\mathbf{p})d^d\mathbf{p}$$

(d) 測度の可分性(divisibility)：d の任意の2数 $d_1, d_2>0$ への分割に対し $d^d\mathbf{p}=d^{d_1}\mathbf{p}_1 d^{d_2}\mathbf{p}_2$ が成り立つ．すなわち $\mathbf{p}$ の対応する分割を $(\mathbf{p}_1, \mathbf{p}_2)$ とするとき，$\mathbf{q}_1=(\mathbf{p}_1, 0), \mathbf{q}_2=(0, \mathbf{p}_2)$ と $\mathbf{p}$ との内積として $\mathbf{p}_1{}^2, \mathbf{p}_2{}^2$ を考えることができるが，$f(\mathbf{p}\cdot\mathbf{p}_1, \mathbf{p}\cdot\mathbf{p}_2)$ が各変数の関数の積の形をしている場合

$$\int f_1(\mathbf{p}_1)f_2(\mathbf{p}_2)d^d\mathbf{p} = \int f_1(\mathbf{p}_1)d^{d_1}\mathbf{p}_1\cdot\int f_2(\mathbf{p}_2)d^{d_2}\mathbf{p}_2$$

(e) E^1 上の普通の積分．

Wilsonは，(a),(b)のみによって積分

$$I(\mathbf{q}_1, \cdots; s, t_1, \cdots) = \int \exp[-s\mathbf{p}^2+t_1\mathbf{p}\cdot\mathbf{q}_1+\cdots]d^d\mathbf{p} \qquad (s>0) \tag{5.182}$$

をし，次に，I のパラメタ $s, t_1, \cdots$ に関する微係数の線形結合として積分(5.180)の拡張を構成した．しかし，(d),(e)も暗に想定されているように思われる．

積分 I は，平行移動の公理と線形性の公理により

* K. G. Wilson: Phys. Rev. D7(1973)2911.

$$I(\mathbf{q}_1, \cdots ; s, t_1, \cdots) = \exp\left[\frac{1}{4s}(t_1\mathbf{q}_1 + \cdots)^2\right] I_0(s)$$

と変形して，積分

$$I_0(s) = \int \exp[-s\mathbf{p}^2] d^d\mathbf{p}$$

に引き直され，さらにスケーリング則により $I_0(s) = s^{-d/2}J(d)$ として

$$J(d) = \int \exp[-\mathbf{p}^2] d^d\mathbf{p}$$

の問題になる．測度の可分性から d の任意の分割に対し

$$J(d_1 + d_2) = J(d_1)J(d_2)$$

が成り立つから

$$J(d) = J(1)^d = \pi^{d/2} \tag{5.183}$$

でなければならない．他方，$\mathsf{p} = |\mathbf{p}|$ を用いれば，p のみの関数に対して測度 $d^d\mathbf{p}$ はスケーリング則から $S(d)\mathsf{p}^{d-1}d\mathsf{p}$ の形をとるはずなので

$$J(d) = S(d)\int_0^\infty e^{-\mathsf{p}^2}\mathsf{p}^{d-1}d\mathsf{p} = \frac{1}{2}S(d)\Gamma\left(\frac{d}{2}\right) \tag{5.184}$$

と書けて，比例係数は(5.183)より

$$S(d) = 2\pi^{d/2}\Big/\Gamma\left(\frac{d}{2}\right) \tag{5.185}$$

と定まる．これから，一般公式

$$\int f(\mathbf{p}^2) d^d\mathbf{p} = S(d)\int_0^\infty f(\mathsf{p}^2)\mathsf{p}^{d-1}d\mathsf{p} \tag{5.186}$$

が得られる．d が整数のとき，$S(d)$ は d 次元空間の単位球面の面積に一致する．

上の仕方とは別に，d を正整数として(5.185)，(5.186)まできて，そこで d を非整数に広げることも考えられる．

次元正則化は，積分(5.186)が紫外発散する場合，いったん d を下げて積分を収束させる．しかし，これが赤外発散を引きおこすことがある．たとえば

$$f(\mathsf{p}^2) = \mathsf{p}^{-s-d+1}g(\mathsf{p}^2) \qquad (g \text{ は } \mathsf{p}^2=0 \text{ で正則}, \ 1 \leq s < 3) \qquad (5.187)$$

がそれで，この場合には

$$\int g(\mathsf{p}^2)\mathsf{p}^{-s}d\,\mathsf{p} = \int_r^\infty g(\mathsf{p}^2)\mathsf{p}^{-s}d\mathsf{p} + \int_0^r \{g(\mathsf{p}^2) - g(0)\}\mathsf{p}^{-s}d\mathsf{p} - g(0)\frac{r^{-(s-1)}}{s-1}$$

として（$g(0)\mathsf{p}^{-(s-1)}/(s-1)$ の $\mathsf{p}=0$ の値は捨てた）$r\to\infty$ の極限をとる：

$$\int g(\mathsf{p}^2)\mathsf{p}^{-s}d\,\mathsf{p} = \int_0^\infty \{g(\mathsf{p}^2) - g(0)\}\mathsf{p}^{-s}d\,\mathsf{p} \qquad (1 \leq s < 3) \qquad (5.188)$$

これは，一般関数の正則化の手法であって，特異性が(5.187)より強い場合にも $g(0)$ だけでなく $g(\mathsf{p}^2)$ の適当な次数までの Taylor 展開を引く形に一般化される*.

Feynman グラフの計算に必要な積分は，パラメタ積分の公式(5.38)と適当な平行移動により

$$\int \frac{(\mathsf{p}^2)^k}{(\mathsf{p}^2+A)^l}d^d\mathbf{p} = \frac{\pi^{d/2}}{A^{l-k-d/2}}\frac{\Gamma(k+d/2)\Gamma(l-k-d/2)}{\Gamma(d/2)\Gamma(l)} \qquad (5.189)$$

に帰着される．ただし，k, l の値によって(5.188)のような正則化やくりこみが必要になることはいうまでもない．この式で $l\to 0$ とすれば

$$\int (\mathsf{p}^2)^k d^d\mathbf{p} = 0 \qquad \left(k + \frac{d}{2} \neq 0, 1, 2, \cdots\right) \qquad (5.190)$$

となる**.

次元正則化について詳細は文献***を参照.

---

* I. M. Gelfand and G. E. Shilov: *Generalized Functions, I-Properties and Operations*, tr. by E. Saletan (Academic Press, New York, 1964) Sec. 1.7.

** G. Leibbrandt and D. M. Capper: J. Math. Phys. **15** (1974) 82.

*** G. Leibbrandt: Rev. Mod. Phys. **47** (1975) 849; J. C. Collins: *Renormalization* (Cambridge Univ. Press, 1984).

6 相空間展開

この章では，運動量空間は始めから Euclid 化しておく*．正則化には Pauli-Villars の方法をとり，それを通して運動量空間を階層化してくりこみ群に物理的描像をあたえる．その基礎をなすのが，森公式(forest formula)とよばれるくりこみのアルゴリズムである．例として，自身と相互作用する 1 種類の Fermi または Bose の場を考える．

6-1 運動量空間の階層化

あたえられたスピンと質量 m_ρ をもつ自由場の伝搬関数を $\Delta(x-y)$ とする．Pauli-Villars の正則化は，これを

$$\Delta_\rho(x-y) = \frac{1}{(2\pi)^d}\int d^d p \eta_\rho(p^2)\Delta(p)e^{ip(x-y)} \tag{6.1}$$

に変えることで行なわれる．ここに正則化因子(regulator) η_ρ は，一般に

* だから，これまでのように Euclid 化した運動量を p のような特別の字体で書くことはしない．p などのイタリック体でそれを表わす．

$$\eta_\rho(p^2) = \sum_{l=1}^{r} \frac{m^2 M^{2\rho} A_l^{(\rho)}}{p^2 + \alpha_l m^2 M^{2\rho}} \qquad (M \gg 1,\ \rho \gg 1) \tag{6.2}$$

にとる．ただし，M, ρ, α_l ($l=1, \cdots, r$; $\alpha_l \neq \alpha_{l'}$, $l \neq l'$) は正の定数，$A_l^{(\rho)}$ も定数で，$\Delta^{(\rho)}(p^2)$ の極 $p^2=-m^2$ における留数を変えないよう規格化の条件

$$\eta_\rho(-m^2) = 1 \tag{6.3}$$

をみたし，$r \geq 2$ の場合にはさらに

$$\sum_{l=1}^{r} A_l^{(\rho)} = 0, \qquad \sum_{l=1}^{r} \alpha_l A_l^{(\rho)} = 0, \qquad \cdots, \qquad \sum_{l=1}^{r} \alpha_l^{r-2} A_l^{(\rho)} = 0$$

をみたすものとする．こうすれば，正則化因子(6.2)は

$$\eta_\rho(p^2) = K_\rho f_\rho(x) \qquad \left(f_\rho(x) \equiv \prod_{l=1}^{r} \frac{\alpha_l}{x+\alpha_l},\ x = \frac{p^2}{m^2 M^{2\rho}}\right) \tag{6.4}$$

となって $p^2 \to \infty$ で $\eta_\rho \sim 1/(p^2)^r$ のように速やかに減少する．$M^{2\rho} \gg 1$ なら

$$K_\rho = \prod_{l=1}^{r} \left(1 - \frac{1}{\alpha_l M^{2\rho}}\right) \sim 1$$

正則化因子は，くりこみによって発散を処理した後 $\rho \to \infty$ として除去する．

ところで，f_ρ は

$$f_\rho(x) \sim \begin{cases} 1 & (x \ll 1) \\ 0 & (x \gg 1) \end{cases}$$

である．$M \gg 1$ にとるので $\rho \to \infty$ とする前にも運動量空間のかなり広い範囲で $\eta_\rho \sim 1$ となっている．いま，

$$\eta_{\rho,-1}(p^2) = 0, \qquad \eta_{\rho,k}(p^2) = K_\rho f_\rho\left(\frac{p^2}{m^2 M^{2k}}\right) \quad (k=0, \cdots, \rho)$$

を定義し，

$$\eta_\rho^{\,k}(p^2) = \eta_{\rho,k}(p^2) - \eta_{\rho,k-1}(p^2) \tag{6.5}$$

をつくる．その各々は

$$\eta_\rho^{\,k}(p^2) = K_\rho\{f_\rho(x) - f_\rho(M^2 x)\} \qquad \left(x = \frac{p^2}{m^2 M^{2k}}\right)$$

と書けて

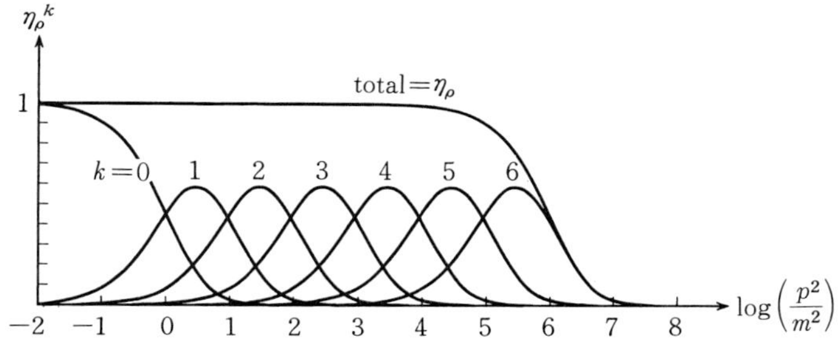

図 6-1 運動量空間の階層分解．山型の重み関数 $\eta_\rho{}^k(p^2)$ で運動量空間をスライスする．それらの総和が高原状の曲線で，正則化因子 $\eta_\rho(p^2)$ を表わす．ここでは $\rho=6$ にとり，$r=2$, $\alpha_1=1$, $\alpha_2=2$, $M=10$ とした．

$$m^2M^{2(k-1)} \lesssim p^2 \lesssim m^2M^{2k}$$

という運動量空間の球殻内に図 6-1 のように局所化されている．そして，そのすべてを集めると

$$\eta_\rho(p^2) = \sum_{k=0}^{\rho} \eta_\rho{}^k(p^2)$$

となる．こうして $\eta_\rho{}^k(p^2)$ $(k=0,\cdots,\rho)$ は正則化因子 η_ρ に関し運動量空間の球殻状階層分解をあたえる．つまりは，玉ねぎのような累層構造にしたのである．これに対応して，伝搬関数(6.1)も

$$\Delta_\rho(p) = \sum_{k=0}^{\rho} \Delta_\rho{}^k(p) \qquad (\Delta_\rho{}^k(p)\equiv\eta_\rho{}^k(p^2)\Delta(p)) \tag{6.6}$$

のように分解される．今後，ρ を固定しておく間は必要のないかぎり添字 ρ を省く．

このように運動量空間の各階層からの寄与について展開することを一般に**相空間展開**(phase-space expansion)という*．Feynman グラフも内線の伝搬関

* 正確には，同時に x 空間も細胞に分けクラスター展開を行なうとき，相空間展開というのである．本書では，x 空間に関してクラスター展開を説明する余裕がないので，運動量空間に関する展開だけをする．半相空間展開とでもいうべきか．本式の相空間展開については次を参照．V. Rivasseau: *From Perturbative to Constructive Renormalization* (Princeton Univ. Press, 1991).

数の分解(6.6)に従って相空間展開される．その各項において内線のそれぞれがもつ運動量空間の階層番号 k を**指数**(index)とよぶ．Feynman グラフの相空間展開の各項は，その内線にわたる指数の配置によって指定される．

6-2 くりこみ部分グラフの森

くりこみ操作は Feynman グラフが複雑になると必ずしも一義的にはきまらないので，アルゴリズムを定めておく必要がある．その1つで最も普通に用いられるのが**森公式**(forest formula)*によるものである．それを，1種類の Bose または Fermi 場がくりこみ可能かつ微分を含まない相互作用をするモデルを例にとって説明しよう．

いま，連結な発散型のグラフ G をとる．グラフとは，頂点(vertex)とそれらを結ぶ内線(internal line)の集合である．いわゆる外線(external line)は特に断わらないかぎり含めない．グラフが連結(connected)であるとは，その内線をたどってどの部分にもゆけることをいう．**発散型**(superficially divergent)とは，内線の運動量に関する(d 次元)積分の数を $n_\rho(\mathrm{G})$ とし，内線の数を $I(\mathrm{G})$ とするとき $\omega(\mathrm{G})=n_\rho(\mathrm{G})d-\alpha I(\mathrm{G})\geq 0$ となるものをいう．ここに，α はスピン 1/2 の場に対して 1，スピン 0 なら 2 である．G の部分グラフで発散型のものを G の**くりこみ部分**(renormalization part)，あるいは**くりこみ部分グラフ**とよぶ．

G がくりこみ部分をもてば，その各々を $\gamma_1,\cdots,\gamma_N$ とする．γ_i と γ_j が頂点も内線も共有しないとき互いに素(disjoint)であるといい，$\gamma_i\cap\gamma_j=\phi$ と書く．また，γ_i が γ_j の部分グラフであるとき $\gamma_i\subset\gamma_j$ と書く．そして γ_i と γ_j は互いに素でもなく含む・含まれるの関係にもないとき交差する(overlap)という．

G を任意の Feynman グラフとする．G の**森**(forest) F とは，次の2条件をみたす G の部分グラフの集合をいう：

* W. Zimmermann: in *Lectures on Elementary Particles and Quantum Field Theory*, S. Deser, M. Grisaru and H. Pendleton eds. (MIT Press, 1970).

（i） Fの元はGのくりこみ部分（連結かつ発散型の部分グラフ）である．

（ii） どの$\gamma_i, \gamma_j \in$Fも交差しない．

森Fの部分グラフたちは包含関係で半順序をなす．Gの森FにGの部分グラフgを仲間入りさせてもF$\cup\{g\}$がまたGの森になるならFとgは互いに整合的（compatible）であるという．

Gの森の全体からなる集合族を$\mathscr{F}^D$(G)とし，**森族**（family of forests）という．これには，1つの部分グラフのみからなるものも，G全体を含む森も入れる．空集合ϕも森の1つとみなす．$\mathscr{F}^D$(G)の一例を図6-2に示す．G自身を含む森を入れず，その他の森全体の集合族を考えるときには$\mathscr{F}_0{}^D$(G)と記し，準森族（pre-family of forests）という．

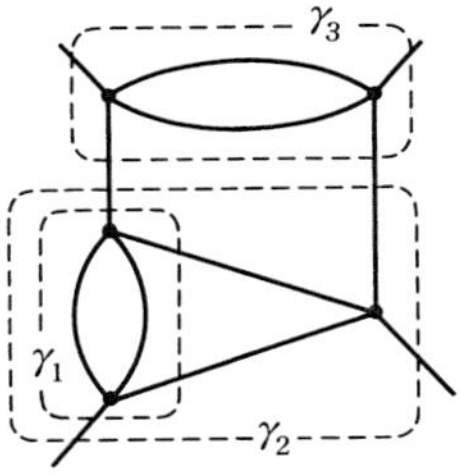

図6-2 森．このグラフGを$\varphi_4{}^4$模型*のものとすると，森は，
ϕ, $\{\gamma_1\}$, $\{\gamma_2\}$, $\{\gamma_3\}$, $\{\gamma_1, \gamma_2\}$, $\{\gamma_2, \gamma_3\}$, $\{\gamma_3, \gamma_1\}$, $\{\gamma_1, \gamma_2, \gamma_3\}$, $\{G\}$,
$\{\gamma_1, G\}$, $\{\gamma_2, G\}$, $\{\gamma_3, G\}$, $\{\gamma_1, \gamma_2, G\}$, $\{\gamma_2, \gamma_3, G\}$, $\{\gamma_3, \gamma_1, G\}$,
$\{\gamma_1, \gamma_2, \gamma_3, G\}$
の16種類で，これらが全体で森族$\mathscr{F}^D$をなす．

6-3 森公式

前章で2次のFeynmanグラフから発散を分離する例を示したが，高次のグラフでは，そのくりこみ部分が交差する場合などがあり，計算のアルゴリズムが必要になる．その1つであるZimmermannの森公式の使い方を説明しよう．

Gのくりこみ部分γ（連結な発散型部分グラフ）から発散を抜き出す演算を

* 4次元空間におけるφ^4模型．

$\mathcal{T}_\gamma$とする．これは，くりこみの処方により異なる．いわゆるBPHZ(Bogoliubov-Parasiuk-Hepp-Zimmermann)の処方ではγの外線運動量に関するTaylor展開の最初の何項かをとること(項数は発散の次数から定まる)であり，'t Hooftの処方では次元正則化のパラメタϵに関するLaurent展開の特異項をとることである．

連結な発散型グラフGをFeynmanの規則で積分に直してGとし，これから発散を除いた残り(有限部分)を$\mathcal{R}^D G$としよう．これは，Zimmermannの森公式

$$\mathcal{R}^D G = \sum_{\mathsf{F}\in\mathcal{F}^D(\mathsf{G})} \prod_{\gamma\in\mathsf{F}} (-\mathcal{T}_\gamma) G = (1-\mathcal{T}_{\mathsf{G}}) \sum_{\mathsf{F}\in\mathcal{F}_0{}^D} \prod_{\gamma\in\mathsf{F}} (-\mathcal{T}_\gamma) G \qquad (6.7)$$

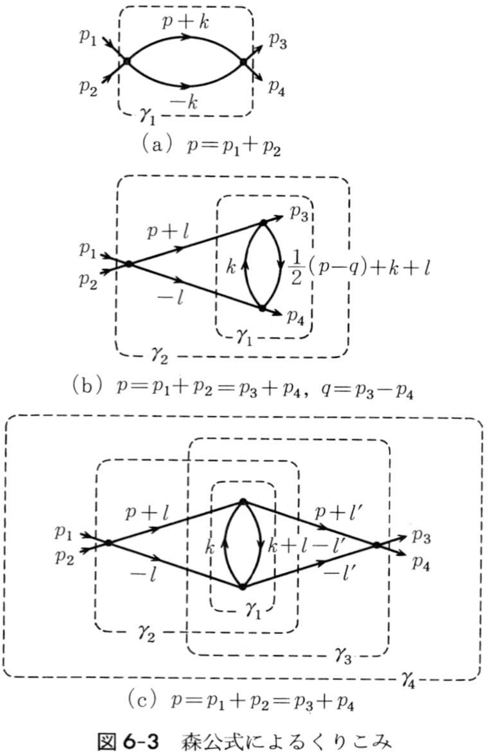

図 6-3 森公式によるくりこみ

で計算される．ただし，$-\mathcal{T}_{\phi}=1$とする．また，$\Pi\mathcal{T}_{\gamma}$はγの包含関係による半順序に従い小さなグラフから順に演算するものとする．

例 6-1 $\varphi_4{}^4$模型の頂点関数Γの計算に森公式(6.7)を適用してみよう．

発散の分離はBPHZの処方で行なうことにする．

（i） 図6-3(a)のグラフ$\Gamma^{(a)}$の値は

$$g_0{}^2\Gamma^{(a)}(p) = \frac{ig_0{}^2}{2(2\pi)^4}\int \Delta_\rho(p+k)\Delta_\rho(p)d^4k \qquad (p=p_1+p_2) \qquad (6.8)$$

であるが，$\Gamma^{(a)}$の森はϕと$\{\gamma_1\}$とだから，(6.7)は

$$\mathcal{R}^D\Gamma^{(a)} = (1-\mathcal{T}_{\gamma_1})[g_0{}^2\Gamma^{(a)}(p)]$$

となる．前章で見たように$\Gamma^{(a)}$の発散は対数型で，$\mathcal{T}_{\gamma_1}\Gamma^{(a)}(p)=\Gamma^{(a)}(0)$とすれば残りは$\rho\to\infty$として正則化因子を除いても有限に留まるので，

$$\mathcal{R}^D\Gamma^{(a)}(p) = \frac{ig_0{}^2}{2(2\pi)^4}\int\{\Delta_\rho(p+k)\Delta_\rho(k)-\{\Delta_\rho(k)\}^2\}d^4k \qquad (6.9)$$

である．

（ii） 図6-3(b)の寄与は，(6.8)を用いて

$$g_0{}^3\Gamma^{(b)}(p,q) = \frac{ig_0{}^3}{(2\pi)^4}\int\Gamma^{(a)}\left(\frac{p-q}{2}+l\right)\Delta_\rho(p+l)\Delta_\rho(l)d^4l$$

$$p = p_1+p_2 = p_3+p_4, \qquad q = p_3-p_4 \qquad (6.10)$$

と書ける．このグラフの森は$\phi, \{\gamma_1\}, \{\gamma_2\}, \{\gamma_1,\gamma_2\}$だけあって，(6.7)は

$$\mathcal{R}^D\Gamma^{(b)} = (1-\mathcal{T}_{\gamma_1}-\mathcal{T}_{\gamma_2}+\mathcal{T}_{\gamma_2}\mathcal{T}_{\gamma_1})[g_0{}^3\Gamma^{(b)}(p_3,p_4)] \qquad (6.11)$$

をあたえるが，このくりこみ操作は$(1-\mathcal{T}_{\gamma_2})(1-\mathcal{T}_{\gamma_1})$のように因数分解される[(6.7)の最右辺]．小さい森の処理が先である．

$\mathcal{T}_{\gamma_1}$を$\Gamma^{(a)}(k)$に演算することは，上に見たとおり定数$\Gamma^{(a)}(0)$でおきかえることであって，部分グラフγ_1を1点に縮め，そこにできる頂点に結合定数$g_0{}^2\Gamma^{(a)}(0)$を振り当てることだといってもよい．そのとき，(6.10)に残る積分は$2\Gamma^{(a)}(p)$にほかならない．よって

$$\mathcal{T}_{\gamma_1}[g_0{}^3\Gamma^{(b)}(p,q)] = 2g_0{}^3\Gamma^{(a)}(0)\Gamma^{(a)}(p_3+p_4)$$

を得る．(6.9)を参照して

$$(1-\mathcal{T}_{\gamma_1})[g_0{}^3\Gamma^{(b)}(p,q)] = \frac{ig_0{}^3}{(2\pi)^4}\int\left\{\Delta_\rho\left(\frac{p-q}{2}+k+l\right)-\Delta_\rho(k)\right\}$$
$$\times\Delta_\rho(k)\Delta_\rho(p+l)\Delta_\rho(l)d^4kd^4l$$

これに $(1-\mathcal{T}_{\gamma_2})$ を演算するのは $p=q=0$ の値を引くことだから

$$\mathcal{R}^D\Gamma^{(b)}(p,q) = \frac{ig_0{}^3}{(2\pi)^4}\int\left\{\left[\mathcal{R}^D\Gamma^{(a)}\left(\frac{p-q}{2}+l\right)\right]\Delta_\rho(p+l)\Delta_\rho(l)\right.$$
$$\left.-[\mathcal{R}^D\Gamma^{(a)}(l)][\Delta_\rho(l)]^2\right\}d^4l \qquad (6.12)$$

を得る．これは，$\rho\to\infty$ としても有限なことが確かめられる．

（iii） 図 6-3(c)の準森族 $\mathcal{F}_0{}^D(\gamma_4)$ は

$$\phi, \{\gamma_1\}, \{\gamma_2\}, \{\gamma_3\}, \{\gamma_1,\gamma_2\}, \{\gamma_1,\gamma_3\}$$

からなり，最後の 2 つの森が発散グラフ γ_1 を共有している．この型のグラフは**重なった発散**(overlapping divergence)をもつという．かつて，その処理が問題とされたとき*についた名前である．(6.7)は，最右辺の形で使えば，ここでも $p=p_1+p_2=p_3+p_4$ として

$$\mathcal{R}^D\Gamma^{(c)}(p) = (1-\mathcal{T}_{\gamma_4})(1-\mathcal{T}_{\gamma_2}-\mathcal{T}_{\gamma_3})(1-\mathcal{T}_{\gamma_1})\Gamma^{(c)}(p) \qquad (6.13)$$

をあたえる．まず，

$$(1-\mathcal{T}_{\gamma_1})\Gamma^{(c)}(p) = -\frac{g_0{}^4}{(2\pi)^8}\int\Delta_\rho(p+l)\Delta_\rho(l)\{\Delta_\rho(k+l-l')-\Delta_\rho(k)\}\Delta_\rho(k)$$
$$\times\Delta_\rho(p+l')\Delta_\rho(-l')d^4kd^4ld^4l'$$

これに $\mathcal{T}_{\gamma_2}, \mathcal{T}_{\gamma_3}$ をかけた結果は互いに等しいことが，グラフの対称性あるいは積分の簡単な変数変換でわかるから，一方だけ書くと

$$-\mathcal{T}_{\gamma_2}(1-\mathcal{T}_{\gamma_1})\Gamma^{(c)}(p) = -\frac{g_0{}^4}{(2\pi)^8}\int\{\Delta_\rho(l)\}^2\{\Delta(k+l)-\Delta_\rho(k)\}\Delta_\rho(k)$$
$$\times\Delta_\rho(p+l')\Delta_\rho(-l')d^4kd^4ld^4l' \qquad (6.14)$$

である．これを(6.13)に従ってまとめ，最後に $(1-\mathcal{T}_{\gamma_4})$ を演算すると確かに発散が除かれる．

---

* A. Salam: Phys. Rev. **82**(1951)216.

6-4 森の分類

1粒子既約な発散型 Feynman グラフ G の寄与を相空間展開して得る項の1つをとり，各内線への指数の配置を μ とする．G には外線を含めないが，指数配置としては，外線に指数 -1 をあたえておくと便利である．G の森の全体，すなわち G の森族を $\mathcal{F}^D(\mathrm{G})$ とする．森は G の連結，発散型の部分グラフ(くりこみ部分)で互いに交差しないものからなることを思いだしておこう．$\mathcal{F}^D$ の添字 D もその発散型ということを明示するためである．

G の森 F によるくりこみ部分 g の最大内被覆と最小外被覆を

$$A_{\mathsf{F}}(g) = \bigcup_{h\in\mathsf{F},\, h\subsetneqq g} h, \qquad B_{\mathsf{F}}(g) = \bigcap_{h\in\mathsf{F},\, h\supsetneqq g} h \tag{6.15}$$

で定義する*．どちらもグラフであって，$A_{\mathsf{F}}(g)$ は g に真に含まれる F のグラフ全体の和，$B_{\mathsf{F}}(g)$ は g を真に含む F のグラフのうちで最小のものを意味する．そのようなグラフが F にないときには $A_{\mathsf{F}}(g)=\phi$，$B_{\mathsf{F}}(g)=\mathrm{G}$ とする．$B_{\mathsf{F}}(\mathrm{G})=\mathrm{G}$ である．G における指数の配置 μ と森 F とがあたえられたとき，G のくりこみ部分グラフ g に対して最小内指数，最大外指数を，それぞれ

$$i_g(\mathsf{F}) = \min_l \{\mu(l) \mid l\in g \setminus A_{\mathsf{F}}(g)\} \tag{6.16}$$

$$e_g(\mathsf{F}) = \max_l \{\mu(l) \mid l\in E(g) \cap B_{\mathsf{F}}(g)\} \tag{6.17}$$

で定義する．ここに，$E(g)$ は g の外線の全体である．$E(g)\cap B_{\mathsf{F}}(g)$ は $g=\mathrm{G}$ のとき，そしてそのときに限って空集合となるが，$e_{\mathrm{G}}(\mathsf{F})=-1$ と約束しておく．g の最大内被覆は用いる森 F の増加関数，最小外被覆は減少関数だから

$$\mathsf{F}_1 \subseteq \mathsf{F}_2 \Longrightarrow i_g(\mathsf{F}_1) \le i_g(\mathsf{F}_2),\ \ e_g(\mathsf{F}_1) \ge e_g(\mathsf{F}_2) \tag{6.18}$$

が成り立つ．すなわち，最小内指数は森の増加関数であり，最大外指数は減少関数である．

---

* C. de Callan and V. Rivasseau: Commun. Math. Phys. **82**(1981)69.

あたえられた森 F と指数配置 μ に対して，くりこみ部分 g は

$$g \in \mathsf{F},\ \ i_g(\mathsf{F}) > e_g(\mathsf{F}) \quad \text{のとき危険(dangerous)} \tag{6.19}$$

$$g \in \mathsf{F},\ \ i_g(\mathsf{F}) \le e_g(\mathsf{F}) \quad \text{のとき安全(safe)} \tag{6.20}$$

であるという．(6.19),(6.20)をみたす部分グラフ g の全体を，それぞれ F の危険部分 $\mathscr{D}_\mu(\mathsf{F})$ および安全部分 $\mathscr{S}_\mu(\mathsf{F})$ とよぶ(図 6-4)．(6.18)のため，森が大きくなると危険部分も拡大し，安全部分は縮小する．安全といい，危険という命名の含意はこの章の終わりに明らかになる．

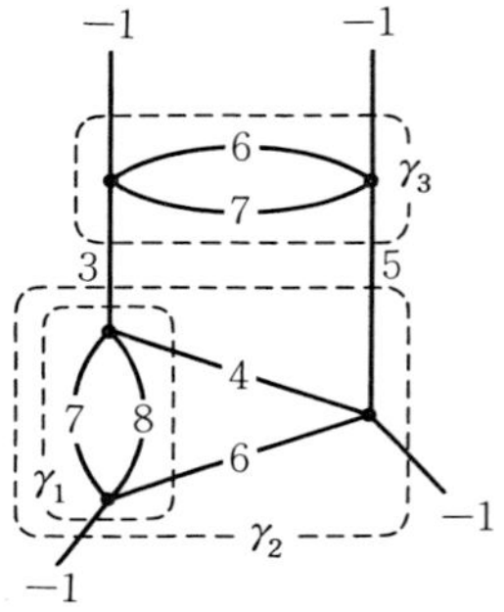

図 6-4 森の危険部分と安全部分．図のグラフ G の場合，森 $\mathsf{F}=\{\gamma_1,\gamma_2\}$ と図示の指数配置 μ に対して，最大内被覆は $A_{\mathsf{F}}(\gamma_1)=\phi$，$A_{\mathsf{F}}(\gamma_2)=\gamma_1$，最小外被覆は $B_{\mathsf{F}}(\gamma_1)=\gamma_2$，$B_{\mathsf{F}}(\gamma_2)=\mathrm{G}$ であり，最小内指数は $i_{\gamma_1}(\mathsf{F})=7$，$i_{\gamma_2}(\mathsf{F})=4$，最大外指数は $e_{\gamma_1}(\mathsf{F})=6$，$e_{\gamma_2}(\mathsf{F})=5$ である．したがって $\mathscr{D}_\mu(\mathsf{F})=\{\gamma_1\}$，$\mathscr{S}_\mu(\mathsf{F})=\{\gamma_2\}$ となる．

あたえられたくりこみ部分グラフ g の最小内指数，最大外指数は被覆に用いる森を安全部分に限っても変わらない．すなわち

補題 6-1

(i) $i_g(\mathsf{F}) = i_g(\mathscr{S}_\mu(\mathsf{F}))$, (ii) $e_g(\mathsf{F}) = e_g(\mathscr{S}_\mu(\mathsf{F}))$

証明は第 6-6 節でする．この補題から

$$\mathscr{S}_\mu(\mathscr{S}_\mu(\mathsf{F})) = \mathscr{S}_\mu(\mathsf{F}) \tag{6.21}$$

が導かれる．実際，$\mathscr{S}_\mu(\mathscr{S}_\mu(\mathsf{F})) \subseteq \mathscr{S}_\mu(\mathsf{F})$ は自明であり，その逆も次のようにして得られる．任意の $h \in \mathscr{S}_\mu(\mathsf{F})$ に対して定義(6.20)から $i_h(\mathsf{F}) \le e_h(\mathsf{F})$ となるが，補題 6-1 から F を $\mathscr{S}_\mu(\mathsf{F})$ でおきかえた不等式が成り立つので，再び定義(6.20)により $h \in \mathscr{S}_\mu(\mathscr{S}_\mu(\mathsf{F}))$．よって $\mathscr{S}_\mu(\mathsf{F}) \subseteq \mathscr{S}_\mu(\mathscr{S}_\mu(\mathsf{F}))$． ▌

(6.21)は $\mathscr{S}_\mu$ があたかも射影演算子であるかのように F に作用することを示している．特に $\mathscr{S}_\mu(\mathsf{F})=\mathsf{F}$ となる森 F は安全であるといい，F^S と書く．$\mathsf{F}=\phi$ は安全とする．これを目印に森族 $\mathscr{F}^D(\mathrm{G})$ の森たちが分類される：

$$\mathscr{F}^D(\mathrm{G}) = \bigcup_{\mathsf{F}^S} \{\mathsf{F}' \in \mathscr{F}^D(\mathrm{G}) \mid \mathscr{S}_\mu(\mathsf{F}') = \mathsf{F}^S\} \tag{6.22}$$

指数配置 μ をもつ Feynman グラフ $\mathrm{G}(\mu)$ に対して，その森 F に整合的な危険な森を

$$\mathsf{H}_\mu(\mathsf{F}) = \{g \subseteq \mathrm{G}(\mu) \mid g\text{ は連結，発散型，}\mathsf{F}\text{ と整合的，}g \in \mathscr{D}_\mu(\mathsf{F} \cup \{g\})\} \tag{6.23}$$

によって定義する．これは次の性質をもつ．

補題 6-2 森族 $\mathscr{F}^D(\mathrm{G})$ の安全な森 F^S があたえられたとき

（i） $\mathsf{H}_\mu(\mathsf{F}^S) \in \mathscr{F}^D(\mathrm{G})$

（ii） 森 F' の射影 $\mathscr{S}_\mu(\mathsf{F}')$ が F^S に一致するための必要十分条件は

$$\mathsf{F}^S \subseteq \mathsf{F}' \subseteq \mathsf{F}^S \cup \mathsf{H}_\mu(\mathsf{F}^S)$$

この証明も次節にゆずる．(i)は $\mathsf{H}_\mu(\mathsf{F}^S)$ が森になっていることをいい，(ii)は，どんな森 F' も $\mathscr{S}_\mu$ で射影される安全な森とそれに危険な森を合併したものとの間にはさまれ，逆も真であることをいっている．

例 6-2 図 6-4 の指数配置をもつグラフ $\mathrm{G}(\mu)$ で $\mathsf{F}' = \{\gamma_1, \gamma_2\}$ とする．これに含まれる安全な森は $\mathsf{F}^S = \{\gamma_2\}$ である．この F^S と整合的な G のくりこみ部分は $\gamma_1, \gamma_2, \gamma_3$ であるが，$i_{\gamma_3}(\mathsf{F}') = 6$, $e_{\gamma_3}(\mathsf{F}') = 5$ なので $\gamma_3 \in \mathscr{D}_\mu(\mathsf{F}')$．したがって，$\mathsf{H}_\mu(\mathsf{F}^S) = \{\gamma_1, \gamma_3, \mathrm{G}\}$ となる．確かに補題 6-2 は成立している．

6-5 森公式の相空間展開

G を連結で発散型の Feynman グラフの寄与（積分の形に書いたもの）とし，指数配置の全体を M とする．指数配置 $\mu \in M$ をもつグラフの寄与を $G(\mu)$ とすれば $G = \sum_{\mu \in M} G(\mu)$ となり，森公式(6.7)は

$$\mathscr{R}^D G = \sum_{\mathsf{F} \in \mathscr{F}^D(\mathrm{G})} \prod_{g \in \mathsf{F}} (-\mathscr{T}_g) \sum_{\mu \in M} G(\mu)$$

と書かれる．2 つの和の順序を交換し，$\mathscr{F}^D(\mathrm{G})$ の分解(6.22)を用いて

$$\mathcal{R}^D G = \sum_{\mu \in M} \sum_{\mathsf{F}^S \in \mathcal{F}^D(\mathrm{G})} \sum_{\mathsf{F}' | \mathcal{S}_\mu(\mathsf{F}') = \mathsf{F}^S} \prod_{g \in \mathsf{F}'} (-\mathcal{T}_g) G(\mu) \tag{6.24}$$

とし，第1と第2の和の順序を換えると(図6-5を参照)

$$\mathcal{R}^D G = \sum_{\mathsf{F} \in \mathcal{F}^D(\mathrm{G})} \sum_{\mu | \mathcal{S}_\mu(\mathsf{F}) = \mathsf{F}} \sum_{\mathsf{F}' | \mathcal{S}_\mu(\mathsf{F}') = \mathsf{F}} \prod_{g \in \mathsf{F}'} (-\mathcal{T}_g) G(\mu) \tag{6.25}$$

となる．ここで，補題6-2(ii)により $\mathsf{F}' = \mathsf{F} \cup \mathsf{F}''$，$\mathsf{F}'' \subseteq \mathsf{H}_\mu(\mathsf{F})$ と書いて(6.25)の第3の和から後を次式の左辺のように変形し，積と和の順序を変えれば

$$\sum_{\mathsf{F}'' \subseteq \mathsf{H}_\mu(\mathsf{F})} \prod_{g \in \mathsf{F}} (-\mathcal{T}_g) \prod_{g' \in \mathsf{F}''} (-\mathcal{T}_{g'}) G(\mu) = \prod_{g \in \mathsf{F}} (-\mathcal{T}_g) \sum_{\mathsf{F}'' \subseteq \mathsf{H}_\mu(\mathsf{F})} \prod_{g'' \in \mathsf{F}''} (-\mathcal{T}_{g''}) G(\mu)$$

が得られる．右辺の末尾の和と積は，森 $\mathsf{H}_\mu(\mathsf{F})$ に含まれるすべての森 F'' にわたって，各々の元の $-\mathcal{T}_{g''}$ の積を加えるので，森 $\mathsf{H}_\mu(\mathsf{F})$ のすべての元 g' にわたる $(1-\mathcal{T}_{g'})$ の積を展開するのと同じことになる．こうして

$$\mathcal{R}^D G = \sum_{\mathsf{F} \in \mathcal{F}^D(\mathrm{G})} \sum_{\mu | \mathcal{S}_\mu(\mathsf{F}) = \mathsf{F}} \prod_{g \in \mathsf{F}} (-\mathcal{T}_g) \prod_{g' \in \mathsf{H}_\mu(\mathsf{F})} (1-\mathcal{T}_{g'}) G(\mu) \tag{6.26}$$

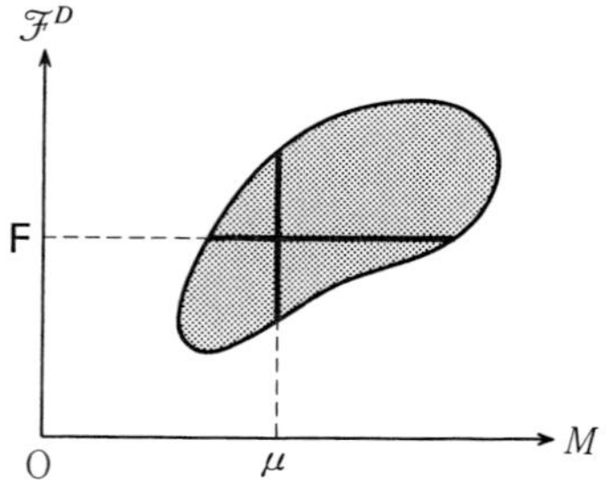

図6-5 和の順序の交換．(6.25)の $\sum_{\mu \in M} \sum_{\mathsf{F}^S \in \mathcal{F}^D(\mathrm{G})}$ は，いったん指数配置 μ を固定して，それに関して安全な森 F^S にわたる和(図にシンボリックに縦線で示す和)をとり，その後で μ を動かして和をとる．(6.25)の $\sum_{\mathsf{F} \in \mathcal{F}^D(\mathrm{G})} \sum_{\mu | \mathcal{S}_\mu(\mathsf{F}) = \mathsf{F}}$ は，ひとまず $\mathsf{F}^S \in \mathcal{F}^D(\mathrm{G})$ を固定し，それを安全な森にするような指数配置 μ にわたる和(図の横線の和)をとる．その後で F を動かして和をとるのである．いずれにしても，図6-5の灰色の領域にわたる和になる．

を得る．これを**相空間展開した森公式**とよぶ*．$\mathsf{H}_\mu(\mathsf{F})$ の元 g' は危険な部分グラフで発散積分を含むが，その発散は $(1-\mathcal{T}_{g'})$ によって除かれる．次の $(-\mathcal{T}_g)$ は $\mathcal{S}_\mu(\mathsf{F})=\mathsf{F}$ となる F の安全な部分グラフ g に作用するのであって，安全な部分グラフでは指数が外線のそれで抑えられているから，外線の指数を有限にしておくかぎり発散はない．

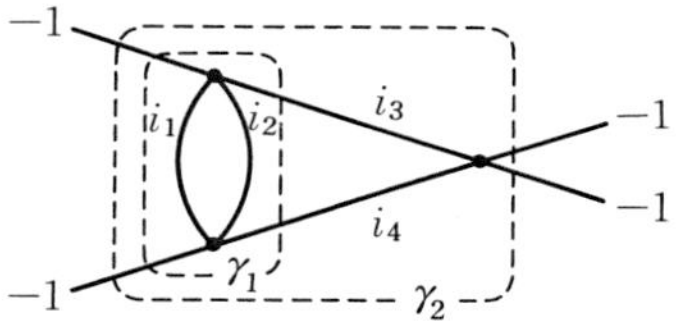

図 6-6 相空間展開した森公式を適用する例．$i_k\ (k=1,\cdots,4)$ は指数である．外線の指数は -1 としたが，このグラフが大きいグラフの部分であるときには，その部分から見た外線の指数を用いて定義(6.19)(6.20)を適用する．

例 6-3 図 6-6 のグラフ G に(6.26)を適用してみよう．森は

$$\mathsf{F}_0=\phi, \quad \mathsf{F}_1=\{\gamma_1\}, \quad \mathsf{F}_2=\{\gamma_2\}, \quad \mathsf{F}_3=\{\gamma_1,\gamma_2\}$$

の 4 種類である．図 6-6 の指数配置に対する各部分グラフの最小内指数，最大外指数を評価の手続きとともに表 6-1 に示す．

表 6-1 最小内指数，最大外指数を見いだす計算表

F	F_0	F_1	F_2	F_3
$A_{\mathsf{F}}(\gamma_1)$	ϕ	ϕ	ϕ	ϕ
$B_{\mathsf{F}}(\gamma_1)$	G		γ_2	
$A_{\mathsf{F}}(\gamma_2)$	ϕ	γ_1	ϕ	γ_1
$B_{\mathsf{F}}(\gamma_2)$	G		G	
$i_{\gamma_1}(\mathsf{F})$	$\min\{i_1, i_2\}$		$\min\{i_1, i_2\}$	
$i_{\gamma_2}(\mathsf{F})$	$\min\{i_1,\cdots,i_4\}$	$\min\{i_3, i_4\}$	$\min\{i_1,\cdots,i_4\}$	$\min\{i_3, i_4\}$
$e_{\gamma_1}(\mathsf{F})$	$\max\{i_3, i_4\}$		$\max\{i_3, i_4\}$	
$e_{\gamma_2}(\mathsf{F})$	-1		-1	

* J. Feldman, J. Magnen, V. Rivasseau and R. Sénéor: Commun. Math. Phys. **100**(1985)23.

この表から

$$\gamma_1 : \begin{cases} \text{安全} & \mu \in M_s \\ \text{危険} & \mu \in M_d \end{cases}$$

となることがわかる．ここに指数配置を 2 つに分類した：

$$\left.\begin{matrix} M_s \\ M_d \end{matrix}\right\} \equiv \left\{ (i_1, \cdots, i_4) \,\middle|\, \min\{i_1, i_2\} \left\{\begin{matrix} \leq \\ > \end{matrix}\right\} \max\{i_3, i_4\} \right\}$$

γ_2 は，どの指数配置に対しても危険である．したがって，F を $\mathcal{F}^D$ の任意の森として次の表 6-2 が得られる．

表 6-2 森公式(6.26)の適用のために

	$\mu \in M_s$	$\mu \in M_d$
$\mathsf{H}_\mu(\mathsf{F})$	$\{\gamma_2\}$	$\{\gamma_1, \gamma_2\}$
$\mathcal{S}_\mu(\mathsf{F}) = \mathsf{F}$ となる F	$\phi, \{\gamma_1\}$	ϕ

よって，(6.26)には，$\mu \in M_s$ のとき $\mathsf{F} = \phi, \{\gamma_1\}$ からの寄与があり，その合計は

$$\sum_{\mathsf{F} = \phi, \{\gamma_1\}} \prod_{g \in \mathsf{F}} (-\mathcal{T}_g) \prod_{g' = \gamma_2} (1 - \mathcal{T}_{g'}) G(\mu) = \{1 + (-\mathcal{T}_{\gamma_1})\}(1 - \mathcal{T}_{\gamma_2}) G(\mu)$$

となる．$\mu \in M_d$ のときには $\mathsf{F} = \phi$ で，(6.26)は

$$\sum_{\mathsf{F} = \phi} \prod_{g \in \phi} (-\mathcal{T}_g) \prod_{g' \in \{\gamma_1, \gamma_2\}} (1 - \mathcal{T}_{g'}) G(\mu) = (1 - \mathcal{T}_{\gamma_2})(1 - \mathcal{T}_{\gamma_1}) G(\mu)$$

をあたえる．これらの寄与の和は確かに(6.11)に一致している．▌

6-6 補題の証明

a) 補題 6-1(i)の証明

この補題は次の等式を意味する：

$$\min_l \{\mu(l) \mid l \in g \setminus A_{\mathsf{F}}(g)\} = \min_l \{\mu(l) \mid l \in g \setminus A_{\mathcal{S}_\mu(\mathsf{F})}(g)\} \qquad (6.27)$$

ここで，$\mathcal{S}_\mu(\mathsf{F}) \subseteq \mathsf{F}$ だから(6.15)により $A_{\mathcal{S}_\mu(\mathsf{F})}(g) \subseteq A_{\mathsf{F}}(g)$．これが等号の場合

(6.27)は自明なので真部分集合 $\subsetneqq$ の場合を証明すればよい．この場合には

$$g\setminus A_{\mathcal{S}_\mu(\mathsf{F})}(g)=[g\setminus A_{\mathsf{F}}(g)]\cup[A_{\mathsf{F}}(g)\setminus A_{\mathcal{S}_\mu(\mathsf{F})}(g)] \tag{6.28}$$

が成り立つから

$A_{\mathsf{F}}(g)\setminus A_{\mathcal{S}_\mu(\mathsf{F})}(g)$ のどの内線 l_0 も(6.27)の右辺の min をあたえない

(6.29)

ことを証明しよう．

まず，どの $l_0\in A_{\mathsf{F}}(g)\setminus A_{\mathcal{S}_\mu(\mathsf{F})}(g)$ も安全なグラフの内線ではないこと，すなわち

$$\text{任意の } \gamma\in\mathcal{S}_\mu(\mathsf{F}) \quad \text{に対して} \quad l_0\notin\gamma \tag{6.30}$$

であることに注意する．l_0 は，したがって F の危険なグラフの内線であるが，g に含まれる F の危険な部分グラフのうち l_0 を内線にもつ d_k $(k=0,1,\cdots,n)$ は，すべて共通に l_0 を含むことから互いに素ではあり得ないので，同じ森 F に属する仲間として互いに含む・含まれるの関係にある．よって

$$l_0\in d_0\subset d_1\subset\cdots\subset d_n\subset d_{n+1}=g \tag{6.31}$$

のように順序づけられているとしてよい．ただし，g を d_{n+1} とした．d_{k+1} は森の元なので連結だから d_{k+1} の内線の中に d_k の外線であるものが存在する．

(6.29)を証明するためには，任意の $l_{k+1}\in E(d_k)\cap d_{k+1}$ $(k=0,1,\cdots,n)$ に対して

$$l_k\in d_k\setminus A_{\mathsf{F}}(d_k) \tag{6.32}$$

および

$$l_{k+1}\in E(d_k)\cap B_{\mathsf{F}}(d_k) \qquad (k\le n) \tag{6.33}$$

を示せばよい．実際，(6.32), (6.33)がいえれば $\forall l_k\in E(d_{k-1})\cap d_k$ の指数は

$$\mu(l_k)\ge\min\{\mu(l')\,|\,l'\in d_k\setminus A_{\mathsf{F}}(d_k)\}=i_{d_k}(\mathsf{F})$$

$$\mu(l_{k+1})\le\max\{\mu(l')\,|\,l'\in E(d_k)\cap B_{\mathsf{F}}(d_k)\}=e_{d_k}(\mathsf{F})$$

となるが，d_k は危険な部分グラフだから $i_{d_k}(\mathsf{F})>e_{d_k}(\mathsf{F})$ なので

$$\mu(l_k)>\mu(l_{k+1}) \qquad (k=0,1,\cdots,n)$$

が成り立つ．したがって，どの内線 $l_0\in d_0\subset A_{\mathsf{F}}(g)\setminus A_{\mathcal{S}_\mu(\mathsf{F})}(g)$ に対しても

$$\mu(l_0)>\mu(l_{n+1})$$

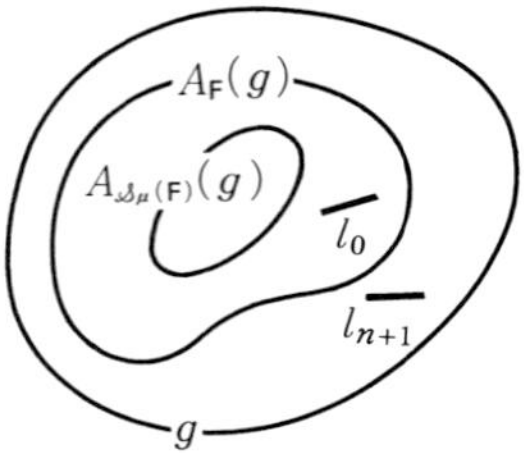

図 6-7 森 F と森 $\mathcal{S}_\mu(\mathsf{F})$ のそれぞれによる最大内被覆.

をみたす内線 $l_{n+1} \in g \setminus A_{\mathsf{F}}(g)$ が存在する. よって, $g \setminus A_{\mathcal{S}_\mu(\mathsf{F})}(g)$ の内線で指数が最小のものは $A_{\mathsf{F}}(g) \setminus A_{\mathcal{S}_\mu(\mathsf{F})}(g)$ 内にはない. それは, (6.28)の右辺のうち $g \setminus A_{\mathsf{F}}(g)$ の中にある. こうして(6.27)が証明された——ただし, (6.32), (6.33)を前提として.

そこで, まず(6.32)を示そう. d_k に対する最大内被覆 $A_{\mathsf{F}}(d_k)$ は

$$A_{\mathsf{F}}(d_k) = d_{k-1} \cup S_k \cup D_k \qquad (S_k \cup D_k \subset d_k \setminus d_{k-1},\ k=0,1,\cdots,n+1;\ d_{-1}=\phi) \tag{6.34}$$

と表わせる. ただし

$$S_k = \bigcup_j s_k{}^{(j)} \qquad (s_k{}^{(j)} \in \mathcal{S}_\mu(\mathsf{F}),\ s_k{}^{(j)} \subset d_k) \tag{6.35}$$

とし, D_k は, 反対に, F の危険なグラフの和であるとする. (6.31)により $D_k \cap d_{k-1} = \phi$ である(図 6-8). 特に, $k=0$ では $A_{\mathsf{F}}(d_0) = S_0 \cup D_0$ $(D_0 \subset d_0)$ となり, l_0 に対する(6.30)より $l_0 \notin S_0$, また d_0 の最小性から $l_0 \notin D_0$ となる. よって $l_0 \notin A_{\mathsf{F}}(d_0)$ となる. 一般に

$$l_k \in E(d_{k-1}) \cap d_k \quad \text{に対して} \quad l_k \notin A_{\mathsf{F}}(d_k) \qquad (k=0,\cdots,n+1)$$

が成り立ち, (6.32)が得られる. 実際, もし $l_k \in A_{\mathsf{F}}(d_k)$ $(k=1,\cdots,n+1)$ が存

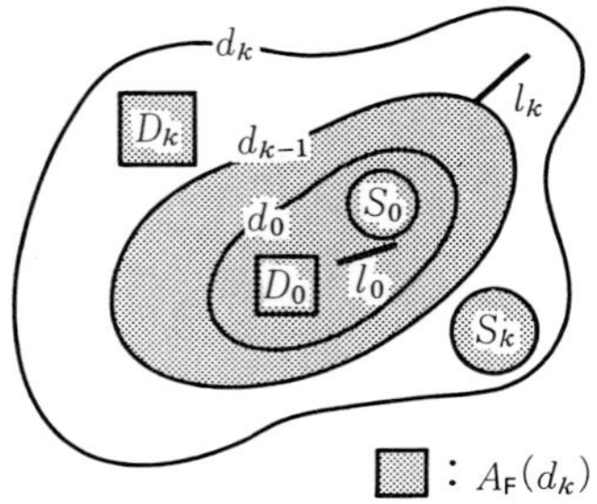

図 6-8 最大内被覆に用いる部分グラフ——危険なもの, 安全なもの.

在したら矛盾が生ずる．もともと $l_k \in E(d_{k-1}) \cap d_k$ としたので $l_k \notin d_{k-1}$ だから，(6.34)より[I] $l_k \in S_k$ または[II] $l_k \in D_k$ となる．[I]ならば S_k の分解(6.35)において $\exists j$，$l_k \in s_k^{(j)}$ となるが，$s_k^{(j)}$ と d_{k-1} は同じ森の仲間なので交差しないから[I-1] $s_k^{(j)} \supset d_{k-1}$，[I-2] $s_k^{(j)} \subset d_{k-1}$ または[I-3] $s_k^{(j)} \cap d_{k-1} = \phi$ のいずれかである．ところが，$l_k \in E(d_{k-1})$ でもあるから[I-2,3]はあり得ないし，[I-1]では $l_0 \in d_{k-1}$ から $l_0 \in s_k^{(j)}$ がでて(6.30)に矛盾する．[II]の場合には $l_k \in E(d_{k-1})$ から d_{k-1} と D_k は少なくとも1点を共有し $D_k \cap d_{k-1} = \phi$ に矛盾する．

次に，(6.33)を示そう．まず，$k < n$ では，$B_{\mathsf{F}}(d_k)$ の定義と(6.31)より $B_{\mathsf{F}}(d_k) \supset d_k \ni l_0$ となり，(6.30)から $B_{\mathsf{F}}(d_k)$ は危険なグラフであることが分かる．$B_{\mathsf{F}}(d_k)$ は F による d_k の最小外被覆だから

$$B_{\mathsf{F}}(d_k) = d_{k+1} \qquad (k = 0, 1, \cdots, n) \tag{6.36}$$

が得られる．$k = n$ では $B_{\mathsf{F}}(d_n) \cap g \neq \phi$ だが，B_{F} が森 F の元であり g は F と整合的なのだから[I] $B_{\mathsf{F}}(d_n) \subset g$ または[II] $B_{\mathsf{F}}(d_n) \supseteq g$ である．しかし，[I]の場合，$B_{\mathsf{F}}(d_n)$ が安全なグラフなら $l_0 \in d_n \subset B_{\mathsf{F}}(d_n)$ から(6.30)に反し，危険なグラフならば d_n が(6.31)において g に含まれる最大の危険な部分グラフであることに反する．したがって[II]だけが残り

$$B_{\mathsf{F}}(d_n) \supseteq g \tag{6.37}$$

(6.36),(6.37)から(6.33)の成り立つことがわかる．▌

b) 補題 6-1(ii)の証明

この補題は次の等式を意味する：

$$\max_l \{\mu(l) \mid l \in E(g) \cap B_{\mathsf{F}}(g)\} = \max_l \{\mu(l) \mid l \in E(g) \cap B_{\mathcal{S}_\mu(\mathsf{F})}(g)\} \tag{6.38}$$

最小外被覆 $B_{\mathsf{F}}(g)$ は F の減少関数だから，(6.38)は $B_{\mathsf{F}}(g) \subsetneqq B_{\mathcal{S}_\mu(\mathsf{F})}(g)$ の場合に証明すればよい．

任意の外線

$$l_0 \in E(g) \cap [B_{\mathcal{S}_\mu(\mathsf{F})}(g) \setminus B_{\mathsf{F}}(g)] \subset E(B_{\mathsf{F}}(g)) \tag{6.39}$$

と

$$l_1 \in E(g) \cap B_{\mathsf{F}}(g)$$

とに対して

$$\mu(l_0) \leq \mu(l_1) \tag{6.40}$$

を示そう．そうすれば，$B_{\mathcal{S}_\mu(\mathsf{F})}$ 上の max は，それより狭い $B_{\mathsf{F}}(g)$ の上でおこることになり，(6.38)が証明される．

いま，部分グラフ $g' \in \mathsf{F}$ で

$$g \subsetneqq g' \subsetneqq B_{\mathcal{S}_\mu(\mathsf{F})}(g), \quad l_0 \in E(g') \tag{6.41}$$

をみたす最大のものを d とする．$g' = B_{\mathsf{F}}(g)$ は条件(6.41)をみたすので d の存在が保証され

$$d \supseteq B_{\mathsf{F}}(g) \tag{6.42}$$

が成り立つ．また，d が安全なグラフであったら(6.41)は $B_{\mathcal{S}_\mu(\mathsf{F})}(g)$ を安全な最小外被覆としたことに反するので

$$d \in \mathcal{D}_\mu(\mathsf{F}) \tag{6.43}$$

さらに

$$B_{\mathcal{S}_\mu(\mathsf{F})}(g) = B_{\mathsf{F}}(d) \tag{6.44}$$

が成り立つ．なぜなら，(6.41)から $B_{\mathcal{S}_\mu(\mathsf{F})}(g)$ は d の最小外被覆だから，もし $B_{\mathcal{S}_\mu(\mathsf{F})}(g) \subsetneqq B_{\mathsf{F}}(d)$ だったら $B_{\mathsf{F}}(d)$ より小さい F による被覆があることになり矛盾するし，反対に $B_{\mathcal{S}_\mu(\mathsf{F})}(g) \supsetneqq B_{\mathsf{F}}(d)$ だったら $g' = B_{\mathsf{F}}(d) \supsetneqq d$ が(6.41)をみたすことになり，(6.41)の下で d を最大の g' としたことに反する．

さて，l_0 は $B_{\mathcal{S}_\mu(\mathsf{F})}(g)$ からとったのだから(6.44)により $l_0 \in B_{\mathsf{F}}(d)$．他方，(6.41)による d の定義から $l_0 \in E(d)$ でもある．よって

$$l_0 \in E(d) \cap B_{\mathsf{F}}(d)$$

となり，最大外指数の定義(6.17)より

$$\mu(l_0) \leq e_d(\mathsf{F})$$

が知れる．ところが，(6.43)により d が危険であることに注意して補題 6-1 (i)を用いれば

$$e_d(\mathsf{F}) < i_d(\mathsf{F}) = i_d(\mathcal{S}_\mu(\mathsf{F})) = \min_l \{l \mid l \in d \setminus A_{\mathcal{S}_\mu(\mathsf{F})}(d)\}$$

したがって

$$\mu(l_0) < \min_{l}\{l \mid l \in d \setminus A_{\mathcal{S}_\mu(\mathsf{F})}(d)\}$$

が得られる.

そこで，右辺が $\mu(l_1)$ より小さいことを示そう．l_1 は $E(g) \cap B_{\mathsf{F}}(g)$ からとったので(6.42)により $l_1 \in d$ であるから，

$$l_1 \notin A_{\mathcal{S}_\mu(\mathsf{F})}(d) \tag{6.45}$$

を示せばよい.

いま，反対の $l_1 \in A_{\mathcal{S}_\mu(\mathsf{F})}(d)$ を仮定すると，最大内被覆の定義から，ある $\gamma \in \mathcal{S}_\mu(\mathsf{F})$ が存在して

$$l_1 \in \gamma \subsetneqq d \tag{6.46}$$

となる．g は F と整合的なので γ とも整合的であって，互いに含む，または含まれるの関係にあるが，γ が g の外線 l_1 を含む以上 $g \subsetneqq \gamma$ でなければならない．ところが，γ は $\mathcal{S}_\mu(\mathsf{F})$ からとったもので安全だから，g の $\mathcal{S}_\mu(\mathsf{F})$ による最小外被覆より大きい：

$$B_{\mathcal{S}_\mu(\mathsf{F})}(g) \subseteq \gamma$$

この g に対して(6.41)をみたす最大の g' を d としたので

$$d \subsetneqq \gamma$$

となり，(6.46)に矛盾する．よって，(6.45)が示された．これで補題 6-1(ii)の証明は完成である．▌

c）補題 6-2(i)の証明

この補題がいう $\mathsf{H}_\mu(\mathsf{F}) \in \mathcal{F}^D(\mathsf{G})$ を証明するには，$\mathsf{H}_\mu(\mathsf{F})$ は発散部分グラフの集合であるから，その元が互いに交差しないことをいえばよい.

いま，$g, g' \in \mathsf{H}_\mu(\mathsf{F})$ が交差したとすると，それらは連結だから，g の内線で g' の外線である l が存在する．これは，すぐ後に示すとおり

$$l \in g \setminus A_{\mathsf{F}}(g) \tag{6.47}$$

であり最小内指数の定義から

$$\mu(l) \geq i_g(\mathsf{F})$$

他方，g' の内線で g の外線である l' も存在し，これも後に示すように

$$l' \in E(g) \cap B_{\mathsf{F}}(g) \tag{6.48}$$

となっており，最大外指数の定義から

$$\mu(l') \leq e_g(\mathsf{F})$$

したがって，g が危険なグラフであることから

$$\mu(l) > \mu(l') \tag{6.49}$$

が結論される．

l, l' の役割を替えれば反対向きの不等式が導かれ，矛盾に陥る．よって g, g' は交差しない．

証明を残した(6.47)を示すため，この否定を仮定すれば $l \in A_{\mathsf{F}}(g)$ となり，ある $\gamma \in \mathsf{F}$，$\gamma \subsetneqq g$ が存在して l はその内線である．l は g' の外線でもあったから，g' は $\gamma \in \mathsf{F}$ と少なくとも1点を共有することになり，$g' \in \mathcal{S}_\mu(\mathsf{F})$ の条件である g' と F の整合性に矛盾する．

次に，これも証明をし残した(6.48)を示そう．g' と F の整合性を考慮すると $g' \subseteq B_{\mathsf{F}}(g)$ か $g' \cap B_{\mathsf{F}}(g) = \phi$ なので，g' と g が交差するのは $g' \subseteq B_{\mathsf{F}}(g)$ のときに限り，$l' \in g'$ から $l' \in B_{\mathsf{F}}(g)$ が知れる．l' は g の外線でもあったから，確かに(6.48)が成り立つ．▌

d）補題 6-2(ii)の証明

この補題は，安全な森 F があたえられたとき，$\mathsf{F}' \in \mathcal{F}^D(\mathrm{G})$ に対して

$$\mathcal{S}_\mu(\mathsf{F}') = \mathsf{F} \Longleftrightarrow \mathsf{F} \subseteq \mathsf{F}' \subseteq \mathsf{F} \cup \mathsf{H}_\mu(\mathsf{F}) \tag{6.50}$$

を主張する．

まず $\Longrightarrow$ を証明しよう．$\mathcal{S}_\mu(\mathsf{F}') = \mathsf{F}$ から

$$\mathsf{F}' \supseteq \mathsf{F} \quad \text{および} \quad \mathsf{F}' \setminus \mathsf{F} = \mathsf{F}' \setminus \mathcal{S}_\mu(\mathsf{F}') = \mathcal{D}_\mu(\mathsf{F}')$$

したがって $g \in \mathsf{F}' \setminus \mathsf{F}$ は危険な部分グラフで $i_g(\mathsf{F}') > e_g(\mathsf{F}')$ が成り立つ．ところが補題 6-1 により，この F' は $\mathcal{S}_\mu(\mathsf{F}')$ に替えてよく，証明の仮定から F に替えてよい．よって，$g \in \mathcal{D}_\mu(\mathsf{F})$．ところが g は森 F' の元で連結だから $g \in \mathsf{H}_\mu(\mathsf{F})$ が

結論される．

次に，$\Longleftarrow$ を証明するため

$$\mathsf{F} \subseteq \mathsf{F}' \subseteq \mathsf{F} \cup \mathsf{H}_\mu(\mathsf{F})$$

を前提する．これから

$$\mathsf{F}' = \mathsf{F} \cup [\mathsf{F}' \cap \mathsf{H}_\mu(\mathsf{F})]$$

となるが，最右辺は直和である．なぜなら，F は安全な森，$\mathsf{H}_\mu(\mathsf{F})$ は危険なグラフの集合なので共通部分をもち得ない．したがって

$$\mathsf{F}' \setminus \mathsf{F} = \mathsf{F}' \cap \mathsf{H}_\mu(\mathsf{F}) \tag{6.51}$$

となり，どの $g \in \mathsf{F}' \setminus \mathsf{F}$ も $g \in \mathsf{H}_\mu(\mathsf{F})$ となるから，H_μ の定義(6.23)と森の危険部分の増大性から $g \in \mathscr{D}_\mu(\mathsf{F} \cup \{g\}) \subseteq \mathscr{D}_\mu(\mathsf{F}')$ がでる．よって $\mathsf{F}' \setminus \mathsf{F} \subseteq \mathscr{D}_\mu(\mathsf{F}')$．すなわち

$$\mathscr{S}_\mu(\mathsf{F}') \subseteq \mathsf{F}$$

となる．ここで

$$\mathscr{S}_\mu(\mathsf{F}') \subsetneqq \mathsf{F} \tag{6.52}$$

のおこらないことが示せれば証明は終わる．

仮に，(6.52)がおこったとしてみよう．このとき $g' \in \mathsf{F} \subseteq \mathsf{F}'$，$g' \notin \mathscr{S}_\mu(\mathsf{F}')$ なる部分グラフ g' が存在する．これは森 F' の危険なグラフだから

$$i_{g'}(\mathsf{F}') > e_{g'}(\mathsf{F}')$$

となる．また，(6.18)と(6.52)から

$$e_{g'}(\mathscr{S}_\mu(\mathsf{F}')) \geq e_{g'}(\mathsf{F})$$

さらに F が安全な森であることから

$$e_{g'}(\mathsf{F}) \geq i_{g'}(\mathsf{F})$$

がでる．これら一連の不等式を補題 6-1 を考慮にいれてつなぐと

$$i_{g'}(\mathsf{F}') > i_{g'}(\mathsf{F}) \tag{6.53}$$

が得られる．以下に示すように，これは矛盾に導く．

それを示すために，$g' \setminus A_{\mathsf{F}}(g')$ の内線で(6.53)の右辺の値に等しい指数をもつものを l_0 とする．すなわち，

$$\mu(l_0) = i_{g'}(\mathsf{F}), \qquad l_0 \in g' \setminus A_{\mathsf{F}}(g') \tag{6.54}$$

このとき(6.53)は

$$\min\{\mu(l) \mid l \in g' \setminus A_{\mathsf{F}'}(g')\} > \mu(l_0)$$

となり

$$l_0 \in g' \setminus A_{\mathsf{F}}(g'), \qquad l_0 \notin g' \setminus A_{\mathsf{F}'}(g') \tag{6.55}$$

を教える．これは，l_0 が $\mathsf{F}' \setminus \mathsf{F}$ のグラフに含まれ，したがって(6.51)により $\mathsf{H}_\mu(\mathsf{F})$ に含まれるある部分グラフ h の内線になっていることを意味する：

$$l_0 \in h \subset g', \qquad h \in \mathsf{H}_\mu(\mathsf{F}) \tag{6.56}$$

$\mathsf{H}_\mu(\mathsf{F})$ の定義から，これに入っている h は F に整合的であることがわかる．(6.55)からは，また

$$l_0 \notin A_{\mathsf{F}}(g') \tag{6.57}$$

もでる．$A_{\mathsf{F}}(g')$ は F に属する部分グラフによる g' の最大内被覆であるが，それに使われる部分グラフ γ_i は，h が F と整合的なので，これと互いに含む・含まれる・分離しているのどれかの関係にある．しかし，(6.56),(6.57)から $h \subset \gamma_i$ はおこらない．したがって

$$h \cap A_{\mathsf{F}}(g') = \bigcup_{\gamma_i \subsetneqq h,\, \gamma_i \in \mathsf{F}} \gamma_i = A_{\mathsf{F}}(h)$$

となる．これが大いに役立つのである．というのは，(6.54)が，$l_0 \in h$ に注意して

$$\mu(l_0) = \min\{\mu(l) \mid l \in h \cap [g' \setminus A_{\mathsf{F}}(g')]\}$$

となるからで，$\{\cdots\}$ 内で h を分配的にかけ $[h \cap g'] \setminus [h \cap A_{\mathsf{F}}(g')]$ として上の結果を使えば

$$\mu(l_0) = \min\{\mu(l) \mid l \in h \setminus A_{\mathsf{F}}(h)\} = i_h(\mathsf{F})$$

となる．他方，(6.56),(6.23)から $h \in \mathcal{D}_\mu(\mathsf{F} \cup \{h\})$ となることに注意すれば

$$i_h(\mathsf{F}) > e_h(\mathsf{F}) = \max\{\mu(l) \mid l \in E(h) \cap B_{\mathsf{F}}(h)\}$$

が得られるから，あわせて

$$\min\{\mu(l) \mid l \in g' \setminus A_{\mathsf{F}}(g')\} > \max\{\mu(l) \mid l \in E(h) \cap B_{\mathsf{F}}(h)\} \tag{6.58}$$

を得る．そこで，両辺の集合に共通の要素を見つけだすことができれば矛盾に

到達し，背理法が完結する．

右辺に現われる集合 $B_{\mathsf{F}}(h)$ は，定義により h を真に含む連結グラフだから $E(h)$ との共通部分は $B_{\mathsf{F}}(h)$ の内線を含む．それを l' としよう．これは明らかに g' に含まれるから，$A_{\mathsf{F}}(g')$ には含まれないことを示せば $g' \setminus A_{\mathsf{F}}(g')$ に含まれることになり，目的が達せられる．h は F に整合的だから，$A_{\mathsf{F}}(g')$ を構成している $\gamma_i \in \mathsf{F}$ と互いに含む・含まれる・離れているのいずれかの関係にあるが，(6.56)，(6.57)により

$$\gamma_i \subseteq h \quad \text{または} \quad \gamma_i \cap h = \phi$$

の2つの場合に限られる．第1の場合には $l' \in E(h)$ なる内線は γ_i には含まれ得ない．第2の場合に l' が γ_i に含まれたなら，この集合は h と少なくとも1点を共有し，整合性に反する．いずれにせよ，l' は(6.58)の両辺の集合に共通に含まれる．これが証明すべきことであった．▌

6-7 部分くりこみと有効結合定数

連結な発散型 Feynman グラフ G をとる．相空間展開した森公式(6.26)は，危険な森をとりあげてはくりこみをしてゆく形になっている．

a) 危険な森による相空間展開

(6.26)における第1の和のうち $\mathsf{F}=\phi$ の項を考え，$\mathcal{R}'G$ とおく．この F に対しては，G の任意の部分グラフ g の最大内被覆，最小外被覆は $A_{\mathsf{F}}(g)=\phi$, $B_{\mathsf{F}}(g)=\mathrm{G}$ であり，最小内指数(6.16)，最大外指数(6.17)は

$$i_g(\mathsf{F}) = \min\{\mu(l) \mid l \in g\}, \qquad e_g(\mathsf{F}) = \max\{\mu(l) \mid l \in E(g)\} \qquad (\mathsf{F}=\phi)$$

となる．したがって，g が危険か安全かは，その内線と外線の指数をそのまま比較して判定することができる．g は

$$\min\{\mu(l) \mid l \in g\} \begin{Bmatrix} > \\ \leq \end{Bmatrix} \max\{\mu(l) \mid l \in E(g)\} \quad \text{のとき} \quad \begin{cases} \text{危険} \\ \text{安全} \end{cases} \tag{6.59}$$

である．そして，危険なグラフの全体が(6.26)の $\mathsf{H}_\mu(\mathsf{F})$ となる．そのなかには G 自身も——いま発散型としているから——入るのである．

Gの指数配置の全体を$M(\mathrm{G})$とすれば，$\mathsf{F}=\phi$はどの$\mu\in M(\mathrm{G})$に対しても$\mathcal{S}_\mu(\mathsf{F})=\mathsf{F}$となるから

$$\mathcal{R}'G = (1-\mathcal{T}_{\mathrm{G}})\sum_{\mu\in M(\mathrm{G})}\prod_{\gamma\in\mathsf{H}_\mu{}^0}(1-\mathcal{T}_\gamma)G(\mu) \tag{6.60}$$

ただし，(6.26)の最後の積$\prod_{\gamma\in\mathsf{H}_\mu(\phi)}$から$\gamma=\mathrm{G}$の因子$(1-\mathcal{T}_{\mathrm{G}})$をくくりだし，これに応じて，本来の(6.26)に含まれていた$\mathsf{H}_\mu(\mathsf{F})$ ($\mathsf{F}=\phi$) を

$$\mathsf{H}_\mu{}^0 = \mathsf{H}_\mu(\phi)\backslash\{\mathrm{G}\} \tag{6.61}$$

にかえた．これは，Gの真部分グラフで指数配置μに関して危険なものの全体である．$\mathcal{R}'G$では，それらすべてに$(1-\mathcal{T}_\gamma)$が掛かっている．G全体への$(1-\mathcal{T}_{\mathrm{G}})$も掛かっている．つまり，危険なグラフのすべてから発散を除くのである．

いま

$$G-\mathcal{R}'G = \sum_{\mu\in M(\mathrm{G})}\left[\left\{1-\prod_{\gamma\in\mathsf{H}_\mu{}^0}(1-\mathcal{T}_\gamma)\right\}G(\mu)+\mathcal{T}_{\mathrm{G}}\prod_{\gamma\in\mathsf{H}_\mu{}^0}(1-\mathcal{T}_\gamma)G(\mu)\right]$$

と書いて，$\{\cdots\}$の部分を恒等式

$$\begin{aligned}1 &= \prod_{j=1}^{n}(1-x_j+x_j)\\ &= \left\{\prod_{j=1}^{n}(1-x_j)\right\}+\sum_{p=1}^{n}x_p\prod_{j\neq p}(1-x_j)+\sum_{p,q}x_px_q\prod_{j\neq p,q}(1-x_j)+\cdots+\prod_{p}x_p\end{aligned}$$

の$1-\{\cdots\}$に対応させて変形すれば

$$\begin{aligned}G = \mathcal{R}'G+\sum_{\mu\in M(\mathrm{G})}\Bigg[&\sum_{\mathsf{H}\subset\mathsf{H}_\mu{}^0,\,\mathsf{H}\neq\phi}\prod_{\gamma\in\mathsf{H}}\mathcal{T}_\gamma\prod_{\gamma'\in\mathsf{H}_\mu{}^0\backslash\mathsf{H}}(1-\mathcal{T}_{\gamma'})G(\mu)\\ &+\mathcal{T}_{\mathrm{G}}\prod_{\gamma\in\mathsf{H}_\mu{}^0}(1-\mathcal{T}_\gamma)G(\mu)\Bigg]\end{aligned} \tag{6.62}$$

と書ける．ここに，Hは$\mathsf{H}_\mu{}^0$のあらゆる部分集合を動く．$\mathsf{H}_\mu{}^0\backslash\mathsf{H}=\phi$のときには$\prod_{\gamma'\in\phi}(1-\mathcal{T}_{\gamma'})=1$と約束しておく．これを，(6.26)などとちがって安全な森が現われないという意味で，**危険な森による相空間展開公式**とよぶ．恒等式ではあるが，役に立つ形である．

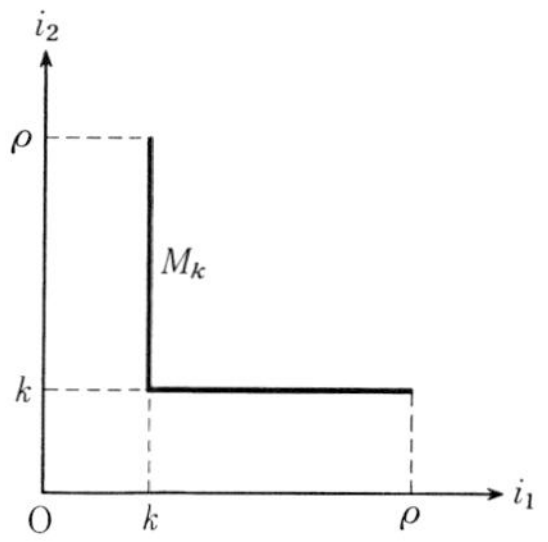

図 6-9 指数配置の層状集合2つの指数(i_1, i_2)の配置の場合. もっと高次元の場合を想像すれば層という呼び名も納得されよう. (6.63)はそのような層の積み重なりとして$M(\mathrm{G})$を構造化している.

ところで, 集合$M(\mathrm{G})$はGの内線に配置された指数の列$(\mu(l_1), \cdots, \mu(l_j), \cdots)$の全体である. その部分集合として, $\min_j\{\mu(l_j)\}=k$である列の全体を$M_k(\mathrm{G})$と定義しよう. これを指数配置の**層状集合**とよぶ. 2次元の指数配置の場合を図6-9に示す. より高次元の場合も層状になることが容易に想像されるだろう. グラフGの指数配置の全体$M(\mathrm{G})$は, 層状集合の直和

$$M(\mathrm{G}) = \bigcup_{k=0}^{\rho} M_k(\mathrm{G}) \tag{6.63}$$

に分解される. これに応じて(6.62)も

$$\delta G_k = \sum_{\mu\in M_k(\mathrm{G})}\Bigg[\mathcal{R}'G(\mu)+\sum_{\mathrm{H}\subset \mathrm{H}_\mu{}^0,\, \mathrm{H}\neq\phi}\prod_{\gamma\in\mathrm{H}}\mathcal{T}_\gamma\prod_{\gamma'\in\mathrm{H}_\mu{}^0\setminus\mathrm{H}}(1-\mathcal{T}_{\gamma'})G(\mu)$$
$$+\mathcal{T}_{\mathrm{G}}\prod_{\gamma'\in\mathrm{H}_\mu{}^0}(1-\mathcal{T}_{\gamma'})G(\mu)\Bigg] \tag{6.64}$$

の和に分解され

$$G = \sum_{k=0}^{\rho}\delta G_k \tag{6.65}$$

となる. 記号G_kで指数配置μが層M_kに属するグラフの寄与$G(\mu)$をも表わすことにしよう. (6.65)は, くりこみの**階層展開の公式**ともいうべきものである.

b) **逐次的なくりこみ**

部分くりこみは, (6.64)の諸項を, 大きい指数の層から逐次に組替えて, 危険なグラフの発散を結合定数や質量などにくりこんでゆくことで行なう.

例として，スピン 0 の Bose 場の 2 点関数 Σ と 4 点関数 Γ のくりこみを考えてみよう．それぞれの連結グラフを $\Sigma^{(s)}, \Gamma^{(s)}$ $(s=1,2,\cdots)$ とする．それらは大きなグラフ G の部分グラフであってよいが，外線の指数と運動量は $\Sigma^{(s)}$ 同士，$\Gamma^{(s)}$ 同士にそれぞれ共通とする(図 6-10)．それらは，任意に正整数 k をとって

$$k \leq \mu(l) \leq \rho \qquad (l \in E(\Sigma) \quad \text{または} \quad E(\Gamma)) \tag{6.66}$$

の範囲のどれかに固定しておく．こうした上は，G のことは忘れて，$\Sigma^{(s)}$, $\Gamma^{(s)}$ を(6.64)などの G として考える．それらのグラフが層 n の指数配置をもつとき $\Sigma_n{}^{(s)}, \Gamma_n{}^{(s)}$ で表わす．

逐次くりこみの最初は $k=\rho$ で，はじめ結合定数も質量も波動関数のくりこみ定数も裸の値 $\lambda_\rho, m_\rho, Z_\rho$ をもっている．層 M_ρ の指数配置は Γ_ρ, Σ_ρ のすべての内線に対し ρ だから，それらの部分グラフはすべて安全であり，(6.64)において $\mathsf{H}_\mu{}^0=\phi$ となる．よって，

$$\Gamma_\rho{}^{(s)} = \mathcal{R}'\Gamma_\rho{}^{(s)} + \delta\lambda_\rho{}^{(s)} \tag{6.67}$$

$$\Sigma_\rho{}^{(s)} = \mathcal{R}'\Sigma_\rho{}^{(s)} + \delta\Sigma_\rho{}^{(s)} \tag{6.68}$$

となる．ここで，4 点関数のグラフが外線の指数(6.54)に照らして危険なとき

$$\delta\lambda_\rho{}^{(s)} = \mathcal{T}_\Gamma \Gamma_\rho{}^{(s)}$$

で，この場合 $\mathcal{T}_\Gamma$ の作用は外線の運動量を 0 とおくことだから，右辺は定数となる．それを s で総和し，裸の頂点 λ_ρ の結合定数 λ_ρ に加えて

$$\lambda_{\rho-1} = \lambda_\rho + \sum_s \delta\lambda_\rho{}^{(s)} \tag{6.69}$$

に補正する．これが，くりこみの操作である(図 6-10)．(6.67)の右辺の第 1 項は $\mathcal{T}_\Gamma$ をかけたとき(6.60)の $(1-\mathcal{T}_\mathrm{G})$ のため 0 となる．

2 点関数は $\mathcal{T}_\Sigma$ をかけても定数にならないので手続きが複雑である．外線の指数(6.66)に照らして $\Sigma_\rho{}^{(s)}$ が危険な部分グラフである場合，(6.68)によって発散部分を分離し，これで裸の伝搬関数 $\Delta_\rho{}^j = \Delta_\rho(p^2)\eta_\rho{}^j(p^2)$ を補正する．ここでは，指数を μ でなく j などで表わす．外線の指数が j_1, l である $\Sigma_\rho{}^{(s)}$ からくる発散部分の総和を

$$(\delta\Sigma_\rho)^{j_1 l} = \sum_s (\delta\Sigma_\rho{}^{(s)})^{j_1 l}$$

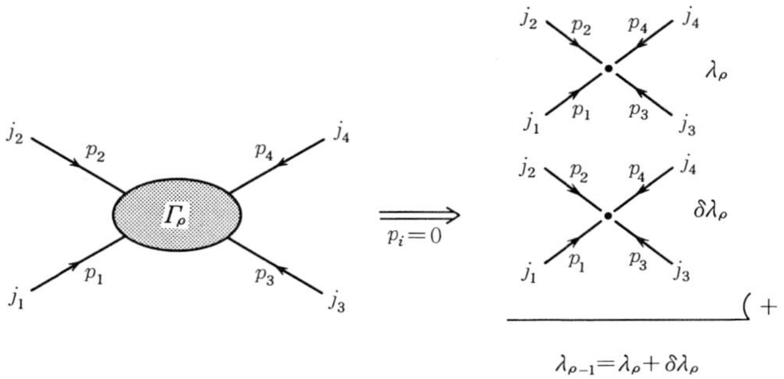

図 6-10　結合定数のくりこみ Γ_ρ を定数 $\delta\lambda_\rho$ におきかえて λ_ρ に加えることは，グラフ Γ_ρ を1点につぶして λ_ρ の点グラフに重ねること，と言い表わされる．

とすれば，補正の結果は

$$\tilde{\Delta}_{\rho-1}{}^{j_1j_2} = \Delta_\rho{}^{j_1}\delta_{j_1j_2} - \sum_{l=0}^{\rho-1}\Delta_\rho{}^{j_1}(\delta\Sigma_\rho)^{j_1l}\tilde{\Delta}_{\rho-1}{}^{lj_2} \qquad (0\leq j_1, j_2\leq \rho-1) \quad (6.70)$$

となる(図 6-11)．ところが，$(\delta\Sigma_\rho)^{j_1l}$ は $\max\{j_1, l\}\leq\rho-1$ の条件以外 j_1, l によらないので単に $\delta\Sigma_\rho$ と書く．このことに注意して両辺を $0\leq j_1\leq\rho-1$ について総和すると，$\Delta_\rho{}^{j_1}=\eta^{j_1}\Delta_\rho$ の和が $\eta_{\rho-1}\Delta_\rho$ となることから，

$$\sum_{j_1=0}^{\rho-1}\tilde{\Delta}_{\rho-1}{}^{j_1j} \equiv \tilde{\Delta}_{\rho-1}{}^{j} \quad \text{に対して} \quad \tilde{\Delta}_{\rho-1}{}^{j} = \Delta_\rho{}^{j} - \eta_{\rho-1}\Delta_\rho\delta\Sigma_\rho\tilde{\Delta}_{\rho-1}{}^{j} \tag{6.71}$$

という方程式を得る．その解は

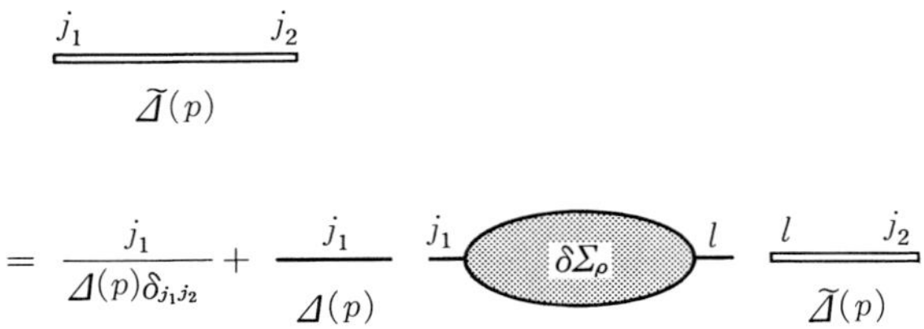

図 6-11　2点関数の補正．発散2点関数から分離した $\delta\Sigma_\rho$ による補正．2点関数の2本の外線の指数は一般には等しくない——運動量の保存にもかかわらず！

$$\tilde{\Delta}_{\rho-1}{}^{j} = [\Delta_\rho{}^{-1} + \eta_{\rho-1}\delta\Sigma_\rho]^{-1}\eta^j \tag{6.72}$$

であって，いまスピン 0 の Bose 場を考えているので Σ_ρ の発散部分は

$$\mathcal{T}_\Sigma \Sigma_\rho(p) = \Sigma|_{p_i=0} + \left.\frac{\partial \Sigma_\rho}{\partial p^2}\right|_{p_i=0} p^2 \equiv \delta m_\rho{}^2 + p^2 \delta Z_\rho \tag{6.73}$$

の形に分離されるから

$$m_{\rho-1}{}^2 = m_\rho{}^2 + \delta m_\rho{}^2, \qquad Z_{\rho-1} = Z_\rho + \delta Z_\rho \tag{6.74}$$

のようにくりこみをすれば

$$\tilde{\Delta}_{\rho-1}{}^{j}(p) = [\tilde{Z}_{\rho-1}(p)p^2 + \tilde{m}_{\rho-1}{}^2(p)]^{-1}\eta^j(p) \qquad (0 \leq j \leq \rho-1) \tag{6.75}$$

となる．ただし

$$\begin{aligned}\tilde{m}_{\rho-1}{}^2(p) &\equiv m_\rho{}^2\{1-\eta_{\rho-1}(p)\} + m_{\rho-1}{}^2\eta_{\rho-1}(p) \\ \tilde{Z}_{\rho-1}(p) &\equiv Z_\rho\{1-\eta_{\rho-1}(p)\} + Z_{\rho-1}\eta_{\rho-1}(p)\end{aligned} \tag{6.76}$$

とおいた.

これは Σ_ρ に指数配置の第 ρ 層 M_ρ からの補正を加えた結果であって，もし外線の指数が $j=\rho-1$ なら，$l<\rho$ の層 M_l は Σ_ρ を危険なグラフにしないから，補正はこれで終わりである．そこで $\tilde{\Delta}_{\rho-1}{}^{\rho-1} = \tilde{\Delta}^{\rho-1}$ ($l<\rho$) と書く．

上と同様の手続きを低位の層 M_l に対して順次にくりかえして補正の階位 l を 1 段ずつ下げてゆく．いま，補正された l 階の伝搬関数 $\tilde{\Delta}_l{}^j$ と有効結合定数 λ_l が得られたとしよう．$\tilde{\Delta}_l{}^j$ は指数 i, j の外線をもつ伝搬関数に M_l からの補正 $\delta\Sigma_l$ を加えた結果であるが，上に述べた $l=\rho$ の場合と同じく，補正があるのは $\Sigma_l{}^{(s)}$ が危険なグラフのとき，すなわち $j_1, j_2 < l$ のときに限る．l が下がって $\max\{j_r\} = l$ になると以後の $M_{l'}$ ($l' \leq l$) からの補正はないから

$$\tilde{\Delta}_l{}^j(p) = \tilde{\Delta}_{j-1}{}^j(p) \qquad (\forall l < j \equiv \max\{j_1, j_2\}) \tag{6.77}$$

のように l に無関係になるとしてよい．i, j は $\tilde{\Delta}^j$ につながる外線の指数である.

有効結合定数についても，その頂点に集まる外線の指数を j_r ($r=1, \cdots, 4$) とし $j=\max\{j_r\}$ とすれば，$j=l$ の l から後は補正がない．よって

$$\lambda_l = \lambda_j \qquad (l < j \equiv \max\{j_r\}) \tag{6.78}$$

としてよい.

この手続きを $k=0$ まで遂行すれば中間くりこみが完了する．すなわち，外

線の運動量と指数が共通なすべての Feynman グラフの和を G とし，分解(6.64)の指数 k の部分を G_k とすれば，$\mathcal{R}'\mathsf{G}_k$ に対して次のことが成り立つ：

G_k の危険な部分グラフはすべてくりこまれており，グラフ内で足の指数が j_r $(r=1,\cdots,4)$ の頂点のうち $j\equiv\max\{j_r\}<k$ の結合定数は λ_j に，足の指数が j_1, j_2 の伝搬関数のうち，$j\equiv\max\{j_1,j_2\}<k$ のものは $\tilde{\Delta}^j(p)$ になっている．

その結果を頂点関数の例で書けば，$\max\{j_1,\cdots,j_4\}<k$ として

$$\Gamma_k^{(4)j_1\cdots j_4} = \lambda_k$$

$$+ \sum_{\min\{i_1,i_2\}=k} \lambda_{\max\{j_1,j_2,i_1,i_2\}}\lambda_{\max\{i_1,i_2,j_3,j_4\}}$$
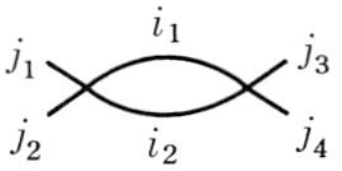

$$+ \sum_{\min\{i_1,\cdots,i_4\}=k} \lambda_{\max\{i_1,i_2,j_3,j_4\}}\lambda_{\max\{i_1,i_2,i_3,j_3\}}\lambda_{\max\{i_1,i_2,j_3,j_4\}}$$
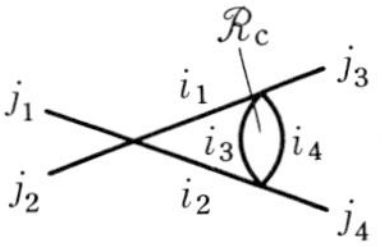

$$+\cdots \tag{6.79}$$

となる．ただし，$K=\max\{j_1,\cdots,j_4,k\}$ である．$\displaystyle\sum_{\min\{i_1,i_2\}=k}$ は図 6-9 に示した M_k にわたる和，$\displaystyle\sum_{\min\{i_1,\cdots,i_4\}=k}$ はその高次元版である．こうして(6.79)は，いろいろの深さの層 k までくりこんだ結合定数 λ_k を含む混合ベキ展開で**部分くりこみをした相空間展開**(partly renormalized phase space expansion)*，あるいは手短に**有効展開**(effective expansion)**とよばれる．

---

* J. Feldman, J. Magnen, V. Rivasseau and R. Sénéor: Commun. Math. Phys. **103**(1986)67.

** V. Rivasseau: *From Perturbative to Constructive Renormalization*(Princeton Univ. Press, 1991).

7
Gross-Neveu模型

前章で説明した相空間展開の方法をFermi場が自己相互作用する模型に適用する．それは質量のあるGross-Neveu模型*とよばれ，場は色(color)とよぶ内部自由度をもつ．その結果として漸近的自由性をもつので，理論の構成可能性をくりこみ群のもとでの振舞いに照らして調べるのに好都合である．摂動論によって意味のある構成ができるために部分くりこみが鍵になる．

7-1 模型

Gross-Neveu模型のラグランジアン密度は

$$\mathcal{L} = \bar{\psi}(iZ_\rho \partial\!\!\!/ + m_\rho)\psi - \lambda_\rho(\bar{\psi}\psi)^2 \tag{7.1}$$

であたえられる．ψはFermi場で，スピン自由度sのほかに色の内部自由度αをもち，成分を明示すれば

$$\psi = (\psi_s{}^\alpha) \qquad \left(s=-\frac{1}{2},\frac{1}{2};\ \alpha=1,\cdots,N\right)$$

* D. Gross and A. Neveu: Phys. Rev. **D10**(1974)3235.

となる．$N=1$ の場合は Thirring 模型とよばれ，厳密に解けることが知られている．ここでは $N>1$ としよう．$\bar{\psi}\psi$ は，すぐ後に定義する $\bar{\psi}$ を用いて

$$\bar{\psi}\psi = \sum_{\alpha=1}^{N} \sum_{s=-1/2}^{1/2} \bar{\psi}_s{}^{\alpha} \psi_s{}^{\alpha}$$

を意味し，空間回転不変であるのみならず内部自由度に関して $O(N)$ 不変である．$Z_\rho{}^{1/2}$ は波動関数のスケール因子*で，(7.1)の $m_\rho Z_\rho{}^{-1}$ と $\lambda_\rho Z_\rho{}^{-2}$ は裸の質量と結合定数である．スピンと色の添字をまとめて $(s,\alpha)=A$ などと表わす．

ここでは，時空は2次元とし，はじめから Euclid 的として**，座標を $(x_\mu)_{\mu=0,1}$ とする．そこで，Dirac 行列 γ_μ は反交換関係 $\{\gamma_\mu, \gamma_\nu\} = -2\delta_{\mu\nu}$ に従うべきこととなり，たとえば

$$\gamma_0 = \begin{pmatrix} i & 0 \\ 0 & -i \end{pmatrix}, \quad \gamma_1 = \begin{pmatrix} 0 & 1 \\ -1 & 0 \end{pmatrix}$$

にとることができる．これらを用いて

$$\bar{\psi} \equiv (\psi_\alpha{}^{0*}\ \psi_\alpha{}^{1*})\gamma_0 = i(\psi_\alpha{}^{0*}\ \ -\psi_\alpha{}^{1*})$$

を定義する．* は複素共役を意味する．また

$$\partial\!\!\!/ = \sum_{\mu=0}^{1} \gamma_\mu \frac{\partial}{\partial x_\mu}, \qquad p\!\!\!/ = \sum_{\mu=0}^{1} \gamma_\mu p_\mu$$

とする．$p\!\!\!/$ は，すぐ後で使う．

7-2 補助場と Feynman グラフ

Feynman グラフによる Gross-Neveu 模型の計算は，ひとまず補助場 σ を導入してラグランジアン密度(7.1)を

$$\mathcal{L}_\sigma = \bar{\psi}(iZ_\rho \partial\!\!\!/ + m_\rho)\psi + \frac{1}{2}\sigma^2 + \sqrt{2}\, g\sigma\bar{\psi}\psi \tag{7.2}$$

に変えてから行なうのが便利である．こうしても，外線に σ が登場しない過

* その役割は 7-3 節の c 項で明らかになる．
** そこで，この章でも Euclid 空間のベクトルを太文字で書くことはせず x や p のように書く．

程の物理は$\mathscr{L}$によるものと変わらない．なぜなら，(7.2)からでる Euler-Lagrange 方程式

$$\sigma+\sqrt{2}\,g\bar{\psi}\psi = 0$$
$$(i\partial\!\!\!/+m)\psi+\sqrt{2}\,g\sigma\psi = 0$$

からσを消去すれば，ψに対して(7.1)があたえるのと同じ方程式が得られるからである．ただし，$\lambda_\rho=2g^2$として——．

どちらのラグランジアンにせよ，自由 Fermi 場の伝搬関数には(6.1)に従って正則化した

$$S_\rho(p) = \eta_\rho(p)\frac{Z_\rho p\!\!\!/+m_\rho}{Z_\rho{}^2p^2+m_\rho{}^2}\delta_{\alpha\alpha'} \qquad \left(係数\ \frac{1}{(2\pi)^2}\ は別にしておく\right) \tag{7.3}$$

をとる．ここでα,α'は色の添字である．正則化は，(6.2)で$r=1$とした

$$\eta_\rho(p^2) = \frac{(M^{2\rho}-Z_\rho{}^{-2})m_\rho{}^2}{p^2+m_\rho{}^2M^{2\rho}} \tag{7.4}$$

ですれば十分である．規格化(6.3)は$\eta_\rho(-m_\rho{}^2/Z_\rho^2)=1$とした．このとき

$$\eta_{\rho,k}(p^2) = \frac{(M^{2k}-Z_\rho{}^{-2})m_\rho{}^2}{p^2+m_\rho{}^2M^{2k}}$$

となるから，自由 Fermi 場の伝搬関数を(7.4)で正則化し(6.6)に従って分解すれば，指数kの内線に対する伝搬関数として

$$S_\rho{}^k(p) = \left(\frac{1}{p^2+B_{k-1}}-\frac{1}{p^2+B_k}\right)\frac{(Z_\rho p\!\!\!/+m_\rho)}{Z_\rho{}^2}\delta_{\alpha\alpha'} \qquad (k=0,\cdots,\rho) \tag{7.5}$$

を得る．

ただし，$B_k=m_\rho{}^2M^{2k}$とおいた．自由場の伝搬関数の極$p^2=-m_\rho{}^2$が消え，大きな質量の$-B_{k-1}$と$-B_k$にかわったことに注意．これはx空間を細胞に分けてクラスター展開するとき遠距離の相関を消してくれるのだが，本書ではそこまで立ち入る余裕がない．

Feynman グラフの規則は次のようになる．

ψ の伝搬，指数 k	$A \longrightarrow B$	$S_\rho{}^k(p)_{AB}$
σ の伝搬	- - - - - - - - - - -	1
ψ のループ		-1 をかける
頂　点	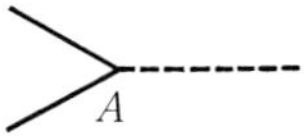	スピンと色の添字 A で総和
n 次のグラフには		$\dfrac{(2\lambda_\rho)^n}{[(2\pi)^2]^{n-1}}$ をかける

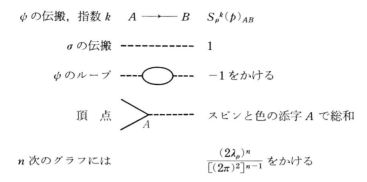

7-3　部分くりこみの実行

前節に述べた部分くりこみの処方によると，指数 l の 4 点関数 $\Gamma_l(p_i)$ から $\delta\lambda_l=\Gamma_l(0)$ を分離し λ_l にくりこんで指数が 1 だけ下の $\lambda_{l-1}=\lambda_l+\delta\lambda_l$ とし，自己エネルギー $\Sigma_l(p)$ からの $\delta m_l=-\Sigma_l(0)$ と $\delta Z_l=\gamma^\mu(\partial/\partial p^\mu)\Sigma_l(0)$ は伝搬関数にくりこんで $\tilde{S}^{l-1}(p)$ とする．このとき 1 つの頂点に集まる内線の指数の最大値がその頂点の有効結合定数の指数になっている．これが部分くりこみである*．こうして指数を下げてゆくときの結合定数などの動きが，くりこみ群でいう流れに対応する．以下の計算は摂動論によって行なう．

a）有効結合定数

これは λ_ρ の 3 次まで計算しよう．頂点関数の問題だが，さしあたり図 7-1 の Feynman グラフを考える．ほかにオタマジャクシ(tadpole)など内線に補正のついたグラフもある(p. 216 の図 7-3)．内線の補正は，“次数化け”(後の 7-3 節 d 項)という興味深い現象をとおして効いてくるので計算の過程で必要に応じて考慮する．

図 7-1 のグラフの番号を右肩につけて書けば，2 次までの寄与は：

$$\Gamma^{[0]} = 2\lambda_\rho\delta_{A_1A_2}\delta_{A_3A_4} \tag{7.6}$$

$$\Gamma^{[1]j_1j_2} = -(2\lambda_\rho)^2\Pi^{j_1j_2}(p_1-p_2)\delta_{A_1A_2}\delta_{A_3A_4} \tag{7.7}$$

* J. Feldman, J. Magnen, V. Rivaseau and R. Sénéor: Commun. Math. Phys. **103**(1986)67.

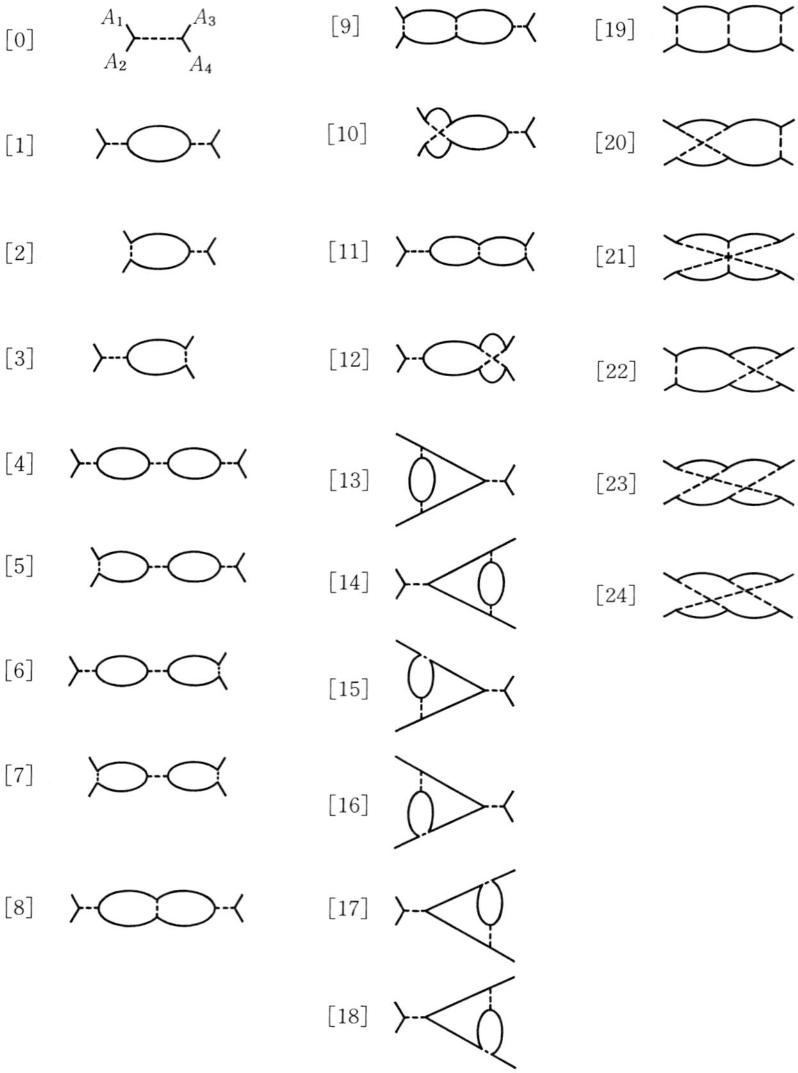

図 7-1 頂点関数 $\Gamma^{[s]}$ のグラフ．摂動の 3 次まで．各グラフの番号は $[s]$ のように示した．内線の指数は書き入れないが，(7.6)以下の表式から明らかであろう．

$$\Gamma^{[2]j_1j_2} = (2\lambda_\rho)^2 \Lambda^{j_1j_2}_{A_1A_2}(p_1-p_2)\delta_{A_3A_4}, \qquad \Gamma^{[3]j_1j_2} = (2\lambda_\rho)^2 \Lambda^{j_1j_2}_{A_3A_4}(p_1-p_2)\delta_{A_1A_2}$$

ここに$\Pi^{j_1j_2}$についた − 符号はフェルミオン・ループからきたのである．頂点関数と分極関数は，それぞれ

$$\Lambda^{ij}_{A_1A_2}(p) = \frac{1}{(2\pi)^2}\sum_C \int S_{AC}{}^i(q)S_{CB}{}^j(q+p)d^2q$$

$$\Pi^{ij}(p) = \frac{1}{(2\pi)^2}\int \mathrm{Tr}[S^i(q)S^j(q+p)]d^2q = \mathrm{Tr}[\Lambda^{ij}(p)] \tag{7.8}$$

で定義した．Tr はスピンと色の両方の添字に関してとる．$\mathrm{Tr}\,1=2N$ だから

$$\mathcal{T}_\Lambda \Lambda^{ij}_{AB}(p) = \Lambda^{ij}_{AB}(0) \equiv a^{ij}\delta_{AB}, \qquad \mathcal{T}_\Pi \Pi^{ij}(p) = \Pi^{ij}(0) \equiv b^{ij} \tag{7.9}$$

とおけば $b^{ij}=2Na^{ij}$ が成り立つ．$\lambda_\rho{}^2$ までの近似では(7.7)，(7.9)から

$$\delta\lambda_k = \lambda_\rho{}^2 \sum_{\min\{i,j\}=k}(2a^{ij}-b^{ij}) = 2(1-N)\lambda_\rho{}^2\sum_{\min\{i,j\}=k}a^{ij} \tag{7.10}$$

となる．この値をもとめるには頂点関数が必要である．伝搬関数に(7.5)を用いて

$$\Lambda^{ij}(p) = \frac{1}{(2\pi)^2 Z_\rho{}^4}\sum_{r,s}\epsilon^{rs}\int \frac{1}{q^2+B_r}\frac{1}{(q+p)^2+B_s}[Z_\rho \not{q}+m_\rho]\cdot[Z_\rho(\not{q}+\not{p})+m_\rho]d^2q$$

ただし，和は $r=i, i-1$ および $s=j, j-1$ にわたり，ϵ^{rs} は r, s がともに i, j または $i-1, j-1$ のとき 1，そうでないとき −1 である．以後，質量に比例する項は無視する．$\not{p}^2=-p^2$ だから，被積分関数の分母を Feynman のパラメタ積分で表わし，積分変数を $q'=q+(1-x)p$ に変え，これを改めて q と書けば

$$\Lambda^{ij}_{AB}(p) = \frac{1}{4\pi Z_\rho{}^2}\sum_{r,s}\epsilon^{rs}\int_0^1 dx\int_0^\infty d(q^2)\frac{-q^2+x(1-x)p^2}{[q^2+x(1-x)p^2+xB_r+(1-x)B_s]^2}\delta_{AB}$$

となる．積分でベクトル q に関して奇関数の部分が落ち，頂点関数はスピンと色に関してスカラーとなった．こうして

$$\Lambda^{ij}_{AB}(p) = \frac{1}{4\pi Z_\rho{}^2}[I^{ij}(p^2)-L^{ij}(p^2)] \tag{7.11}$$

が得られる．ここに

$$I^{ij}(u) = \int_0^1 ux(1-x)\left[\frac{1}{F_{i-1,j-1}(x,u)}+\frac{1}{F_{i,j}(x,u)}-\frac{1}{F_{i-1,j}(x,u)}-\frac{1}{F_{i,j-1}(x,u)}\right]dx$$

$$L^{ij}(u) = \int_0^1 \log\left[\frac{F_{i-1,j}(x,u)}{F_{i-1,j-1}(x,u)}\cdot\frac{F_{i,j-1}(x,u)}{F_{i,j}(x,u)}\right]dx \tag{7.12}$$

であって

$$F_{i,j}(x,u) \equiv ux(1-x)+B_i x+B_j(1-x) \tag{7.13}$$

特に $p=0$ とおけば x 積分が簡単にできて(7.9)の a^{ij} が得られる：

$$a^{ij} = \frac{1}{4\pi Z_\rho{}^2}[\{K(B_i,B_j)-K(B_i,B_{j-1})\}-\{K(B_{i-1},B_j)-K(B_{i-1},B_{j-1})\}] \tag{7.14}$$

ただし

$$K(B_i,B_j) = \begin{cases} \log B_i - 1 + \dfrac{B_j+Z_\rho{}^{-2}m_\rho{}^2}{B_i-B_j}\log\dfrac{B_i}{B_j} & (i\neq j) \\ \log B_i + \dfrac{m_\rho{}^2}{Z_\rho{}^2 B_i} & (i=j) \end{cases} \tag{7.15}$$

とおいた．B_i は次元をもつので，その log は奇妙に見えるが，(7.14)で差の形で使うのだから問題はない．(7.10)の和をとるには，まず

$$a_{\rho,k} = \sum_{i,j\geq k+1} a^{ij} \tag{7.16}$$

を計算して

$$\sum_{\min\{i,j\}=k} a^{ij} = a_{\rho,k-1}-a_{\rho,k} \tag{7.17}$$

とするのがよい．実際 $a_{\rho,k}$ は容易にもとめられ

$$\sum_{i,j\geq k+1} a^{ij} = \frac{1}{4\pi Z_\rho{}^2}[K(B_\rho,B_\rho)-K(B_\rho,B_k)-K(B_k,B_\rho)+K(B_k,B_k)]$$

から $\rho\to\infty$ で

$$a_{\rho,k} = -\frac{1}{4\pi Z_\rho{}^2}\left[\log\frac{B_\rho}{B_k}-2\right]+O\left(\frac{1}{B_\rho}\log\frac{B_k}{B_\rho}\right) \tag{7.18}$$

となる．これが(7.10),(7.16)により λ_ρ につき2次までの $\delta\lambda_k$ をあたえる．

次に λ_ρ につき3次の寄与を調べよう．図7-1のグラフ[4]～[24]のうち[8]までの寄与を表7-1に示した．たとえば ab としたのは $a^{i_1 i_2} b^{j_1 j_2}$ の意味である．

表7-1 $\delta\lambda_k$ への寄与

s	4	5	6	7	8
$\Gamma^{[s]i_1 i_2 j_1 j_2}(0)=(2\lambda_\rho)^2\times$	aa	$-ba$	$-ab$	bb	$-ab$

たとえば $\Gamma^{[5]}$ の寄与は，森公式(6.26)によって次のように計算される．まず，(7.8)により

$$\Gamma^{[5]} = -(2\lambda_\rho{}^2) \sum_{i_1, i_2, j_1, j_2=0}^{\rho} \Lambda^{i_1 i_2}_{A_3 A_4}(p)\Pi^{j_1 j_2}(p)\delta_{A_1 A_2} \qquad (p=p_1-p_2) \quad (7.19)$$

を書く．(6.62)の $\gamma\in \mathsf{H}_\mu{}^0$ として考えるべきものは，図7-2の記号でいって $\{\gamma_1\}, \{\gamma_2\}, \{\gamma_3\}=\{\Gamma^{[5]}\}$ だけあるが

$$\left.\begin{array}{ll}(\mathrm{a}) & \min\{i_1, i_2\} > \max\{j_1, j_2, r_1, r_2\} \\ (\mathrm{b}) & \min\{j_1, j_2\} > \max\{i_1, i_2, r_3, r_4\}\end{array}\right\} \text{ のとき } \mathsf{H}_\mu{}^0 = \begin{cases}\{\gamma_1\} \\ \{\gamma_2\}\end{cases} \qquad (7.20)$$

である．そこで，(a)型の指数配置の全体を M_a とし，(b)型のそれを M_b とすれば，(6.62)は，$\mathsf{H}_\mu{}^0=\phi$ の項も加え――添字の $\Gamma^{[5]}$ は Γ と略記して

$$\begin{aligned}\Gamma^{[5]} = \mathcal{R}'\Gamma^{[5]} &+ \sum_{\mu\in M_\mathrm{a}} \{\mathcal{T}_{\gamma_1}+\mathcal{T}_\Gamma(1-\mathcal{T}_{\gamma_1})\}\Gamma^{[5]}(\mu) \\ &+ \sum_{\mu\in M_\mathrm{b}} \{\mathcal{T}_{\gamma_2}+\mathcal{T}_\Gamma(1-\mathcal{T}_{\gamma_2})\}\Gamma^{[5]}(\mu) + \sum_{\mu\in M(\Gamma^{[5]})\setminus(M_\mathrm{a}\cup M_\mathrm{b})} \mathcal{T}_\Gamma \Gamma^{[5]}(\mu) \end{aligned} \quad (7.21)$$

となる．ここで $M(\Gamma^{[5]})$ は $\Gamma^{[5]}$ の指数配置の全体であり，また

$$\begin{aligned}\mathcal{T}_{\gamma_1}\Gamma^{[5]}(\mu) &= -(2\lambda_\rho)^2[\Lambda^{i_1 i_2}_{A_1 A_2}(0)]\Pi^{j_1 j_2}(p)\delta_{A_3 A_4} \\ \mathcal{T}_{\gamma_2}\Gamma^{[5]}(\mu) &= -(2\lambda_\rho)^2\Lambda^{i_1 i_2}_{A_1 A_2}(p)[\Pi^{j_1 j_2}(0)\delta_{A_3 A_4}]\end{aligned} \qquad (7.22)$$

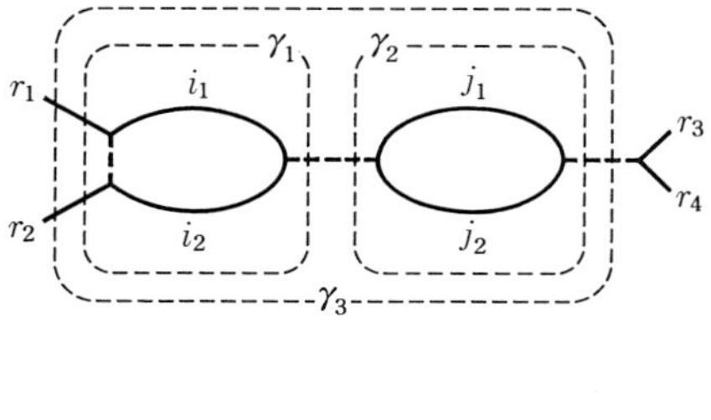

図7-2 森の例．内線の指数により危険になったり，安全になったりする．

であって,

$$(1-\mathcal{T}_{\gamma_1})\Gamma^{[5]}(\mu) = -(2\lambda_\rho)^2[\Lambda^{i_1 i_2}_{A_1 A_2}(p)-\Lambda^{i_1 i_2}_{A_1 A_2}(0)]\Pi^{i_3 i_4}(p)\delta_{A_3 A_4} \tag{7.23}$$

だから, $\mathcal{T}_\Gamma$ が外から $\Gamma^{[5]}$ に流れ込む運動量 p を 0 にすることを考えれば

$$\mathcal{T}_\Gamma(1-\mathcal{T}_{\gamma_1})\Gamma^{[5]}(\mu) = 0$$

となることがわかる. $\mathcal{T}_{\gamma_2}$ の対応する項も消えて

$$\begin{aligned}\Gamma^{[5]} = \mathcal{R}'\Gamma^{[5]} &+ \sum_{\mu\in M_{\rm a}}\mathcal{T}_{\gamma_1}\Gamma^{[5]}(\mu) + \sum_{\mu\in M_{\rm b}}\mathcal{T}_{\gamma_2}\Gamma^{[5]}(\mu)\\ &+ \sum_{\mu\in M(\Gamma^{[5]})\setminus(M_{\rm a}\cup M_{\rm b})}\mathcal{T}_\Gamma\Gamma^{[5]}(\mu)\end{aligned} \tag{7.24}$$

が得られる. $\delta\lambda_k$ への寄与は

$$\mathcal{T}_\Gamma\Gamma^{[5]} = \sum_{\mu\in M(\Gamma^{[5]})}\mathcal{T}_{\gamma_1}\mathcal{T}_{\gamma_2}\Gamma^{[5]}$$

の指数が $\geq k$ の部分, すなわち

$$\begin{aligned}\delta\lambda_k(\Gamma^{[5]}) &= -\sum_{\min\{i_1,\cdots,j_2\}=k}(2\lambda_\rho)^2\Lambda^{i_1 i_2}(0)\Pi^{j_1 j_2}(0)\\ &= -(2\lambda_\rho)^2\sum_{\min\{i_1,\cdots,j_2\}=k}a^{i_1 i_2}b^{j_1 j_2}\end{aligned} \tag{7.25}$$

となる. 表 7-1 の他の寄与[4], [6], …, [8]についても同様である.

次に, 図 7-1 の[9]と[10]のグラフおよび[11]と[12]のグラフは, 2 次元の 4 体 Fermi 相互作用の特質として和をつくると $M^\rho\to\infty$ とともに発散する項が一部相殺し(そのおかげで, この模型がくりこみ可能になるのだが)

$$\sum_{r=s}^{s+1}\Gamma^{[r]i_1 i_2 j_1 j_2}(0) = \frac{(2\lambda_\rho)^3}{4(2\pi)^2}(I^{i_1 i_2 j_1 j_2}-L_{\rm R}^{i_1 i_2 j_1 j_2}) \qquad (s=9,11) \tag{7.26}$$

となる. ここに

$$\begin{aligned}I^{ijrs} &= \frac{B_r B_s(1-M^{-2})^2}{Z_\rho{}^4}\int_0^\infty\frac{u}{(u+B_r)(u+B_{r-1})(u+B_s)(u+B_{s-1})}I^{ij}(u)du\\ L_{\rm R}^{ijrs} &= \frac{B_r B_s(1-M^{-2})^2}{Z_\rho{}^4}\int_0^\infty\frac{u}{(u+B_r)(u+B_{r-1})(u+B_s)(u+B_{s-1})}\\ &\quad\times[L^{ij}(u)-L^{ij}(0)]du\end{aligned} \tag{7.27}$$

である．I^{ij} は(7.12)に定義されている．

[13],[14]のグラフは分極関数型の部分グラフ γ をくりこみ

$$\Gamma^{[s]i_1i_2j_1j_2}(0) = (1-\mathcal{T}_\gamma)\Gamma^{[s]i_1i_2j_1j_2} - (2\lambda_\rho)^3 a^{i_1i_2} b^{j_1j_2} \qquad (s=13,14) \quad (7.28)$$

とする．ここに

$$(1-\mathcal{T}_\gamma)\Gamma^{[s]i_1i_2j_1j_2}(0) = \frac{(2\lambda_\rho)^3 N}{2(2\pi)^2}\left[I^{i_1i_2j_1j_2} - L_{\mathrm{R}}^{i_1i_2j_1j_2}\right]$$

である．同様に[15]～[18]のグラフに対しては，$s=15,\cdots,18$ として

$$\Gamma^{[s]i_1i_2j_1j_2} = (1-\mathcal{T}_\gamma)\Gamma^{[s]i_1i_2j_1j_2} + (2\lambda_\rho)^3 a^{i_1i_2} a^{j_1j_2}$$

$$(1-\mathcal{T}_\gamma)\Gamma^{[s]i_1i_2j_1j_2}(0) = -\frac{(2\lambda_\rho)^3}{4(2\pi)^2}\left[I^{i_1i_2j_1j_2} - L_{\mathrm{R}}^{i_1i_2j_1j_2}\right] \qquad (7.29)$$

$\delta\lambda_k$ への寄与を得るためには，(7.17)のための和(7.16)に相当するものをまず計算する．グラフ[9], …, [18]の寄与は，上に見たとおり(7.27)の I^{ijrs} と L_{R}^{ijrs} からなる．そして(7.16)にあたる和は

$$\sum_{i_1,i_2,j_1,j_2\geq k+1} I^{i_1i_2j_1j_2} = \frac{1}{Z_\rho^4}\int_0^1 dx\int_0^\infty x(1-x)\left(\frac{B_\rho}{u+B_\rho} - \frac{B_k}{u+B_k}\right)^2 \times\left[\frac{1}{F_{\rho,\rho}(x,u)} + \frac{1}{F_{k,k}(x,u)} - \frac{2}{F_{\rho,k}(x,u)}\right]du$$

は，いま $B_\rho \gg B_k$ とするので

$$\sum_{i_1,i_2,j_1,j_2\geq k+1} I^{i_1i_2j_1j_2} = \frac{1}{Z_\rho^4}\log\frac{B_\rho}{B_k} + O(1) \qquad (7.30)$$

となる．ただし，$O(1)$ は $\rho\to\infty$ に関していう．また

$$\sum_{i_1,i_2,j_1,j_2\geq k+1} L_{\mathrm{R}}^{i_1i_2j_1j_2} = \frac{1}{Z_\rho^4}\int_0^1 dx\int_0^\infty u\left(\frac{1}{(u+B_\rho)} - \frac{1}{(u+B_k)}\right)^2 \times\log\left[\frac{F_{\rho,k}(x,u)^2}{F_{\rho,\rho}(x,u)F_{k,k}(x,u)}\,\frac{F_{\rho,\rho}(x,0)F_{k,k}(x,0)}{F_{\rho,k}(x,0)^2}\right]du$$

は

$$\sum_{i_1,i_2,j_1,j_2\geq k+1} L_{\mathrm{R}}^{i_1i_2j_1j_2} = -2(2\pi)^2(a_{\rho,k})^2 + \frac{1}{Z_\rho^4}\log\frac{B_\rho}{B_k} + O(1) \qquad (7.31)$$

となる．

最後に，グラフ[19]〜[24]の寄与は強く発散する $[\log(B_\rho/B_k)]^2$ を含むが，それは補助場の線が交差するものがあるため相殺し，有効相を作用として現われるテンソル型の項も同時に消える．（これが，この模型をくりこみ可能にする！）

こうして，図 7-1 に示した頂点関数に対し次の結果が得られる．λ_ρ につき

2 次の[1]-[3]については　$\sum_s \sum_{i,j\ge k+1} \Gamma^{[s]ij}(0)$

3 次の[4]-[24]については　$\sum_s \sum_{i_1,i_2,j_1,j_2\ge k+1} \Gamma^{[s]i_1 i_2 j_1 j_2}(0)$

を書けば次のとおり：

[1]-[3]：　$(2\lambda_\rho)^2(2a_{\rho,k}-b_{\rho,k})$

[4]-[8]：　$(2\lambda_\rho)^3[(a_{\rho,k})^2-3a_{\rho,k}b_{\rho,k}+(b_{\rho,k})^2]$

[9]-[12]：　$(2\lambda_\rho)^3[(a_{\rho,k})^2+O(1)]$

[13]-[14]：　$-(2\lambda_\rho)^3[a_{\rho,k}b_{\rho,k}+O(1)]$

[15]-[18]：　$(2\lambda_\rho)^3[2(a_{\rho,k})^2+O(1)]$

[19]-[24]：　$(2\lambda_\rho)^3[c_{\rho,k}+O(1)]$　　$\left(c_{\rho,k}\equiv\dfrac{1}{8\pi^2 Z_\rho{}^4}\log\dfrac{B_\rho}{B_k}\right)$

この合計が，運動量空間の第 k 層にいたる補正を受けた有効結合定数

$$2\lambda_k = 2\lambda_\rho + \sum_{l=k+1}^{\rho} 2\delta\lambda_l$$

を λ_ρ につき 3 次までの近似であたえる：

$$2\lambda_k = 2\lambda_\rho+(2\lambda_\rho)^2(2a_{\rho,k}-b_{\rho,k})+(2\lambda_\rho)^3\{(2a_{\rho,k}-b_{\rho,k})^2+c_{\rho,k}\}+O(1) \tag{7.32}$$

以下，$O(1)$ は省略しよう．

(7.32)で $k\to 0$ にすると，運動量 0 での値を差し引く BPHZ のくりこみに帰着し，危険な森をとりだして部分くりこみをした効果が消える．これは，そうなるべきことである．部分くりこみの真の効用は，摂動展開の，いろいろの k の λ_k が入り交った(6.79)のような級数がよい性質をもつところにある．正

確には後の 7-4 節を参照.

さて,(7.32)を Callan-Symanzik 方程式の(5.137),あるいは Gell-Mann-Low の公式(5.115)に相当する形(RG 方程式)に書き直すことができる.まず,(7.32)を λ_ρ について解けば——当然 $\lambda_k\to 0$ のとき $\lambda_\rho\to 0$ となる解をとる——

$$\lambda_\rho = \lambda_k - 2\lambda_k{}^2(2a_{\rho,k}-b_{\rho,k}) + 4\lambda_k{}^3\{(2a_{\rho,k}-b_{\rho,k})^2 + c_{\rho,k}\} \qquad (7.33)$$

を得る.他方,(7.32)から $\delta\lambda_k = \lambda_{k-1}-\lambda_k$ は

$$\delta\lambda_k = 2\lambda_\rho{}^2 c_k + 4\lambda_\rho{}^3\left[2(2a_{\rho,k}-b_{\rho,k})d_k + d_k^2 + \frac{1}{\pi^2 Z_\rho{}^4}\log M\right] \qquad (7.34)$$

となる.ここで,$2a_{\rho,k}-b_{\rho,k} = 2(1-N)a_{\rho,k}$ だから

$$d_k = (2a_{\rho,k-1}-b_{\rho,k-1}) - (2a_{\rho,k}-b_{\rho,k}) = \frac{N-1}{\pi Z_\rho{}^2}\log M$$

である.(7.33)を用いて λ_ρ を λ_k に書きかえれば

$$\delta\lambda_k = -\frac{1}{Z_k{}^2}(\log M)\left[\beta_2\lambda_k{}^2 + \frac{1}{Z_\rho{}^2}(\gamma_3 - \beta_2{}^2\log M)\lambda_k{}^3\right] \qquad (7.35)$$

を得る.ただし

$$\beta_2 = -\frac{2(N-1)}{\pi}, \qquad \gamma_3 = -\frac{1}{\pi^2} \qquad (7.36)$$

とおいた.同時に Z_ρ を Z_k におきかえたが,これは図 7-1 の ψ の内線に自己エネルギーの補正をするとおこるはずのことだからである.後の(7.63)により*

$$Z_k = 1 + \frac{2N-1}{4\pi(N-1)}\lambda_k + O(\lambda_k{}^2)$$

であるから,グラフからは 2 次の補正と見えるものが 1 次で効いており(次数化け)

---

* 式を複雑にしないように $\rho\to\infty$ の結果を書く.この(7.63)を出すのに,実は,今これを用いて導く Z_k を(7.38),(7.41),(7.61)経由で用いているので,循環論法に見えるかも知れないが,いま必要なのは実は(7.61)の $1/(\lambda-\pi)$ を $1/(-\pi)$ にした式で,その導出には(7.38)の $\beta_2\lambda_k{}^2$ の項までしか使わず,それには $Z_k \doteqdot 1$ でよいから,心配は無用である.

$$\frac{1}{Z_k{}^2} = 1-\frac{2N-1}{2\pi(N-1)}\lambda_k+O(\lambda_k{}^2) = 1+\frac{2N-1}{\pi^2\beta_2}\lambda_k+O(\lambda_k{}^2) \qquad (7.37)$$

をもたらす．これを用いると(7.35)は

$$\delta\lambda_k = -(\log M)[\beta_2\lambda_k{}^2+(\beta_3-\beta_2{}^2\log M)\lambda_k{}^3+O(\lambda_k{}^4)] \qquad (7.38)$$

となる．ここに

$$\beta_3 = \gamma_3+\frac{2N-1}{\pi^2} = \frac{2(N-1)}{\pi^2} \qquad (7.39)$$

(7.38)は λ_k の Taylor 展開とみれば明快な解釈がつく．$x=k\log M$ を変数* にとり $\lambda_k=\bar{\lambda}(x)$ とすれば，$\delta\lambda_k=\lambda_{k-1}-\lambda_k$ であることを思いだして，第1近似において

$$\delta\lambda_k = \frac{d\bar{\lambda}(x)}{dx}\cdot(-\log M)$$

と見ることができ

$$\frac{d\bar{\lambda}(x)}{dx} = \beta_2\bar{\lambda}(x)^2 \qquad (7.40)$$

が得られる．これは

$$\frac{d^2\bar{\lambda}(x)}{dx^2} = 2\beta_2\bar{\lambda}\frac{d\bar{\lambda}}{dx} = 2\beta_2{}^2\bar{\lambda}^3$$

をもつ．(7.40)をとる近似では，Taylor 展開の公式は

$$\delta\lambda_k = \beta_2\lambda_k{}^2(-\log M)+\beta_2{}^2\lambda_k{}^3(-\log M)^2+O(\lambda_k{}^4)$$

をあたえ，(7.38)の $(\log M)^2$ の項はすっかり取り込んでいる．$\log M$ の項は $d\bar{\lambda}/dx$ に属すべきもので，(7.40)の次の近似は

$$\frac{d\bar{\lambda}(x)}{dx} = \beta_2\bar{\lambda}^2(x)+\beta_3\bar{\lambda}^3(x)+O(\bar{\lambda}^4) \qquad (7.41)$$

---

* このままでは $k=1,2,\cdots$ とするとき x は $\log M$ ずつ増えて，連続な変数とはいえない．むしろ，$\lambda_\rho k\log M$ をとり $\lambda_\rho\to 0$ を考えるとよい．しかし，それをあからさまに書くと煩雑になるので，書かずに頭に入れておくものとしよう．

であることが分かる．これが目標としたくりこみ群の方程式(RG 方程式)であって，著しいことに正則化のパラメタに——ρ にも M にも——よらない．したがって，正則化を除く極限 $\rho\to\infty$ でも，そのまま成り立つのである．

(7.41)の右辺が Gross-Neveu 模型の β 関数であって*

$$\beta(\lambda) = -\frac{2(N-1)}{\pi}\left[\lambda^2-\frac{1}{\pi}\lambda^3+O(\lambda^4)\right] \tag{7.42}$$

これが $N-1$ に比例することは，$N=1$ なら $\beta=0$ という厳密な結果**に合っている．こうなるために次数化けが一役かっていることは注目に値しよう．色の自由度が $N>1$ なら，原点 $\lambda=0$ での $\beta(\lambda)$ は負であるから，このとき Gross-Neveu 模型は $\lambda>0$ で漸近的自由性をもつことが結論される．

b) 有効質量

自己エネルギー部分(図 7-3)を摂動の 2 次まで計算しよう．相互作用による質量と波動関数の規格化の補正は，運動量空間の第 k 層からの寄与 $\delta m_k, \delta Z_k$ でいえば，指数 k の自己エネルギー $\Sigma_k(p)$ から

$$\Sigma_k(p) = -\delta m_k+\not p\delta Z_k+\mathcal{R}\Sigma_k(p) \tag{7.43}$$

のように展開係数として定められる．

図 7-3 のオタマジャクシ型グラフ[1],[2]の指数 j の寄与は

$$\frac{1}{(2\pi)^2}\int S_\rho{}^j(q)d^2q = \frac{m_\rho}{2\pi Z_\rho{}^2}\log M \equiv \sigma_\rho{}^j \tag{7.44}$$

を用いれば

$$\Sigma^{[1]j}+\Sigma^{[2]j} = 2\lambda_\rho(-2N+1)\sigma_\rho{}^j \tag{7.45}$$

となる．$\sigma_\rho{}^j$ は j によらない．“2N” はグラフ[1]のループがもたらす Tr によるもので，この項の出自を示す印でもある．さらに

$$\Sigma^{[3]ijl}+\cdots+\Sigma^{[6]ijl} = 4\lambda_\rho{}^2(2N-1)\sigma_\rho{}^i\{\Pi^{jl}(0)-\Lambda^{jl}(0)\} \tag{7.46}$$

の各項の出自も容易に読みとれよう．そして，最後に

---

* $\beta(\lambda)$ の計算は次の論文でもなされている．3 次まで：W. Wetzel: Phys. Lett. **153B**(1985) 297. つぎの 4 次まで：N. D. Tracas and N. D. Vlachos: Phys. Lett. **236B**(1990)333.

** M. Gomes and J. H. Lowenstein: Nucl. Phys. **B45**(1972)252.

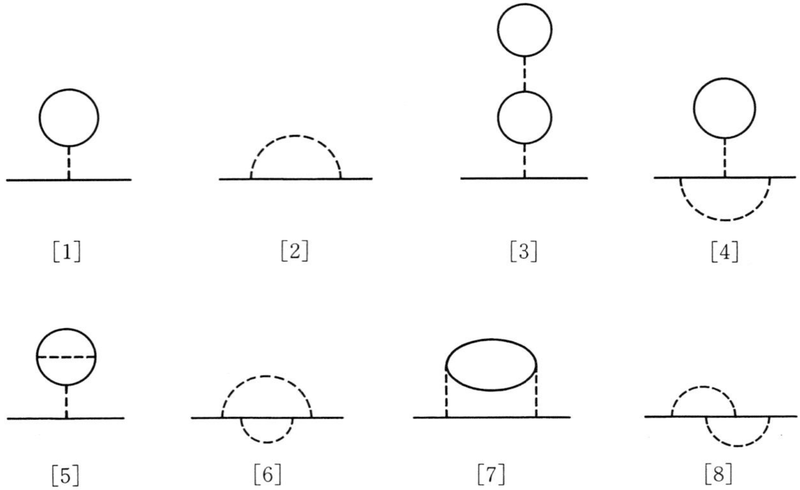

図 7-3 自己エネルギー部分のグラフ．摂動の 2 次まで．

$$\Sigma^{[7]ijl}(p)+\Sigma^{[8]ijl}(p) = \frac{\lambda_\rho{}^2}{\pi^2}\int\{-\Pi^{ij}(q)+\Lambda^{ij}(q)\}S_\rho{}^l(p+q)d^2q \quad (7.47)$$

運動量空間の第 k 層からの寄与は，まず第 k 層までの累積(7.16)を計算し(7.17)で取り出すという流儀でもとめるのがよい．(7.45)には，その手間はいらないが，例外はつくらないことにしよう：

$$\sum_{j\geq k+1}\{\Sigma^{[1]j}+\Sigma^{[2]j}\} = -m_\rho(2N-1)\frac{\lambda_\rho}{2\pi Z_\rho{}^2}\log\frac{B_\rho}{B_k} \quad (7.48)$$

(7.46)の和は Λ^{jl} に対する(7.18)を利用して $M^\rho\to\infty$ で

$$\sum_{i,j,l\geq k+1}\{\Sigma^{[3]ijl}+\cdots+\Sigma^{[6]ijl}\} = -m_\rho(2N-1)^2\left(\frac{\lambda_\rho}{2\pi Z_\rho{}^2}\log\frac{B_\rho}{B_k}\right)^2+O\left(\frac{1}{B_\rho}\log B_\rho\right) \quad (7.49)$$

そして，(7.47)は，$p=0$ では再び(7.18)が利用できて，$M^\rho\to\infty$ で

$$\sum_{i,j,l\geq k+1}\{\Sigma^{[7]ijl}(0)+\Sigma^{[8]ijl}(0)\} = m_\rho(2N-1)\left(\frac{\lambda_\rho}{2\pi Z_\rho{}^2}\right)^2\left\{\frac{1}{2}\left(\log\frac{B_\rho}{B_k}\right)^2 -\log\frac{B_\rho}{B_k}+O(1)\right\} \tag{7.50}$$

となるので，合計して

$$m_k = m_\rho\left\{1+(2N-1)(\rho-k)\frac{\lambda_\rho}{\pi Z_\rho{}^2}\log M \times\left[1+\frac{1}{2}\frac{\lambda_\rho}{\pi Z_\rho{}^2}\{1+(4N-3)(\rho-k)\log M\}\right]\right\} \tag{7.51}$$

これから運動量空間の第 k 層の寄与 $\delta m_k=m_{k-1}-m_k$ が得られる：

$$\delta m_k = (2N-1)m_\rho\frac{\lambda_\rho}{\pi Z_\rho{}^2}\log M\left[1+\frac{\lambda_\rho}{\pi Z_\rho{}^2}\left\{\frac{1}{2}+(4N-3)\left(\rho-k+\frac{1}{2}\right)\log M\right\}\right]$$

これを，(7.33)，(7.51)を用いて λ_k, m_k で表わせば

$$\delta m_k = m_k\frac{2N-1}{\pi}\frac{\lambda_k}{Z_k{}^2}\log M\left[1+\frac{\lambda_k}{2\pi Z_k{}^2}\{(4N-3)\log M+1\}+O(\lambda_k{}^2)\right]$$

となる．Z_ρ を Z_k で置き換えたのは(7.35)でしたのと同じく，図 7-3 の ψ の内線に対する自己エネルギーの補正を考慮したのである．ここでも(7.37)を用いれば

$$\delta m_k = m_k\frac{2N-1}{\pi}\lambda_k\log M\left[1+\frac{\lambda_k}{2\pi}\left\{(4N-3)\log M-\frac{N}{N-1}\right\}\right]+O(\lambda_k{}^3) \tag{7.52}$$

まえに有効結合定数の(7.38)に対してしたように，$x=k\log M$ を連続変数と見直し(7.52)から微分方程式を引き出そう．$m_k=\bar{m}(x)$ とおけば，$\bar{Z}$ は上に述べた理由から 1 として，第 1 近似は

$$\frac{d\bar{m}(x)}{dx} = \gamma_1\bar{\lambda}(x)\bar{m}(x) \qquad \left(\gamma_1\equiv-\frac{2N-1}{\pi}\right) \tag{7.53}$$

となり，

$$\frac{d^2\bar{m}}{dx^2} = \gamma_1 \frac{d\bar{\lambda}}{dx}\bar{m} + \gamma_1\bar{\lambda}\frac{d\bar{m}}{dx} = \gamma_1(\beta_2+\gamma_1)\bar{\lambda}^2\bar{m}$$

をあたえる．Taylor 展開は

$$\delta m_k = \gamma_1 m_k \lambda_k(-\log M) + \frac{1}{2}\gamma_1(\gamma_1+\beta_2)m_k\lambda_k{}^2(-\log M)^2 + O(\lambda_k{}^3)$$

となり，(7.52)の $(\log M)^2$ の項をすっかり取り込んでいる．残る $\log M$ の項は $d\bar{m}/dx$ に属すべきもので，(7.53)の次の近似

$$\frac{d\bar{m}(x)}{dx} = -\frac{2N-1}{\pi}\left\{\bar{\lambda}(x) + \frac{1}{2\pi}\bar{\lambda}^2(x)\right\}\bar{m}(x) \qquad (7.54)$$

が得られる．これが質量に対する RG 方程式である．やはり正則化のパラメタ ρ, M によらず，$\rho\to\infty$ の極限でもそのまま成り立つ．

c) 波動関数のスケール因子

図 7-3 のグラフのうち[1]-[6]は p によらないから，$\delta Z_k = -\gamma_0 \partial\Sigma_k/\partial p_0|_{p=0}$ に寄与するのは[7]と[8]である．(7.47)は

$$\Sigma^{[7]ijl}(p) + \Sigma^{[8]ijl}(p) = \int f(q^2)g(p+q)d^2q$$

の形だから，δZ_k をもとめるには，p_0 による微分を q_0 に移し部分積分して

$$-\gamma_0\frac{\partial}{\partial p_0}\int f(q^2)g(p+q)d^2q\bigg|_{p=0} = \gamma_0\int\frac{\partial f(q^2)}{\partial q_0}g(q)d^2q$$

とすればよい．再び(7.47)を参照し，ijl につき第 k 層まで総和して

$$Z_k = Z_\rho - \frac{(2N-1)\lambda_\rho{}^2}{\pi^2}\sum_{i,j,l\geq k+1}\gamma_0\int\frac{\partial\Lambda^{ij}(q)}{\partial q_0}S_\rho{}^l(q)d^2q$$

となるから，(7.5)，(7.11)により

$$Z_k = Z_\rho + \frac{(2N-1)\lambda_\rho{}^2}{4\pi^2 Z_\rho{}^3}\left[\log\frac{B_\rho}{B_k} + O(1)\right] \qquad (7.55)$$

が得られる．$\log(B_\rho/B_k) = 2(\rho-k)\log M$ だから，運動量空間の第 k 層からの寄与は

$$\delta Z_k = (2N-1)\frac{{\lambda_k}^2}{2\pi^2 {Z_k}^3}\log M$$

である．ここでも，(7.35)と同様，Z_ρ を Z_k でおきかえたが，いまの近似では $Z_k=1$ としてよい．また，λ_ρ は(7.33)により λ_k で表わした．その上で $x= k\log M$ を連続変数と見直し，$\bar{Z}(x)=Z_k$ および $\bar{\lambda}(x)=\lambda_k$ として微分方程式に直せば，波動関数のスケール因子に対する RG 方程式

$$\frac{d\bar{Z}(x)}{dx} = -(2N-1)\frac{\bar{\lambda}^2(x)}{2\pi^2\bar{Z}^3(x)} \tag{7.56}$$

が得られる．これも，もはや ρ にも M にもよらない．

d) RG 方程式の解

これからは $\bar{\lambda}$ 等の $\bar{}$ は省く．結合定数に対する RG 方程式(7.41)は，初期値を

$$x = x_1 \quad \text{のとき} \quad \lambda = \lambda_1$$

として，容易に解くことができる．これは，くりこみ点の条件に当たるもので，運動量 x_1 の実験で有効結合定数 λ_1 を得たと考えるのである．こうすれば，裸の結合定数に触れなくてすむ．解は

$$x = x_1 + \frac{\pi}{2(N-1)}\left\{\frac{1}{\lambda}-\frac{1}{\lambda_1}+\frac{1}{\pi}\log\left|\frac{\lambda_1}{\lambda}\,\frac{\lambda-\pi}{\lambda_1-\pi}\right|\right\} \tag{7.57}$$

であって，漸近的自由性をもつという点で興味のある $\lambda>0$ の場合には図 7-4 のように振舞う．グラフは，x_1 を変えても左右に平行移動するだけなので，$x_1=0$ として描いた．$\lambda=\pi$ が赤外固定点で，初期値 λ_1 がこれより大きいか，小さいかによって λ の変域が分かれる：

(1) $\lambda_1 < \pi$ なら $0 < \lambda < \pi$

(2) $\lambda_1 > \pi$ なら $\pi < \lambda$

そして，(2)の場合には漸近的自由性はなく，$x \to x_\infty$ で $\lambda \to \infty$ となる．ただし

$$x_\infty = \frac{\pi}{2(N-1)}\left\{-\frac{1}{\lambda_1}+\frac{1}{\pi}\log\left|\frac{\lambda_1}{\lambda_1-\pi}\right|\right\} \tag{7.58}$$

いま摂動計算を基礎にしているので(2)の場合は文字どおりには受けとれないが，こんな振舞いも起こり得るということを見ておくのも無駄ではあるまい．

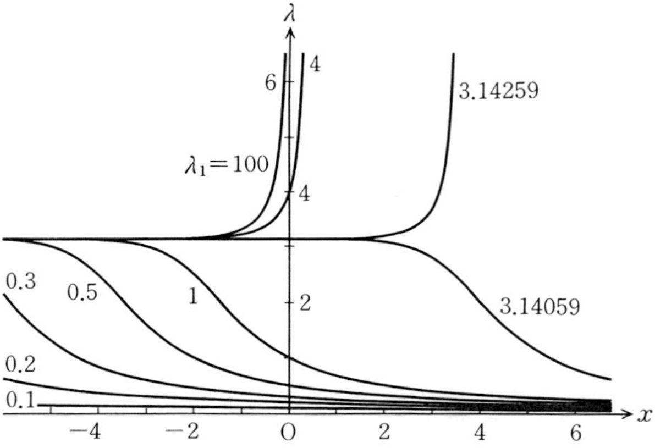

図 7-4 x に相当する運動量までくりこんだ有効結合定数．$x_1=0$ とした．各曲線に書き添えた数字は対応する λ_1 の値である．これは曲線が λ 軸を切る点の座標として読みとることもできる．$\lambda=\pi$ が赤外固定点，また $\lambda_1<\pi$ のとき，そのときに限って $\lambda=0$ が紫外固定点である(漸近的自由性)．

次に質量に対する RG 方程式(7.54)を解こう．(7.41)を用いて x を消去すれば

$$\frac{dm}{m} = -\frac{2N-1}{2\pi^2}\frac{2\pi+\lambda}{\lambda(\beta_2+\beta_3\lambda)}d\lambda \tag{7.59}$$

となり，これを初期条件

$$\lambda = \lambda_1 \quad のとき \quad m = m_1$$

のもとで解けば

$$\log\frac{m(\lambda)}{m_1} = \frac{2N-1}{2(N-1)}\left\{\log\frac{\lambda}{\lambda_1}-\frac{3}{2}\log\left|\frac{\lambda-\pi}{\lambda_1-\pi}\right|\right\} \tag{7.60}$$

が得られる(図 7-5)．

波動関数のスケール因子に対する RG 方程式(7.56)を解くには，(7.41)を用いて

$$Z^3dZ = -\frac{2N-1}{4(N-1)}\frac{1}{\lambda-\pi}d\lambda \tag{7.61}$$

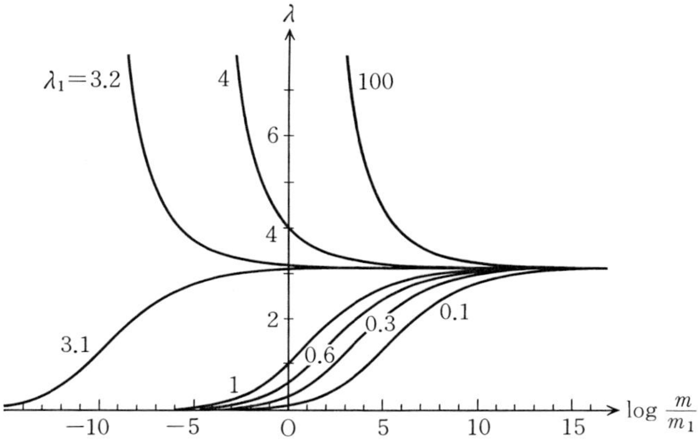

図 7-5 有効質量の変化．有効結合定数(縦軸)の関数として示す．$\lambda=\lambda_1$ で $x=x_1$ になるとした．各曲線に対応する λ_1 の値を書き添えた．

と変形する．初期条件，$\lambda=\lambda_1=\lambda(x_1)$ のとき $Z=Z_1$，の下で積分して

$$Z^4-Z_1{}^4 = -\frac{2N-1}{N-1}\log\left|\frac{\lambda-\pi}{\lambda_1-\pi}\right| \tag{7.62}$$

を得る．

いま，$0<\lambda_1\ll\pi$ で $Z_1\sim 1$ とすれば，$0<\lambda\ll\pi$ のとき

$$Z = Z_1+\frac{1}{4\pi}\frac{2N-1}{N-1}(\lambda-\lambda_1) \tag{7.63}$$

となる．図 7-3 のグラフ，あるいは RG 方程式(7.56)からは λ に関して 2 次の補正が期待されるのに，結果的に(7.63)では 1 次になっている．これが**次数化け**(order transmutation)とよんだ現象である．(7.63)は，また(7.56)の右辺で $Z\sim 1$ とし λ に(7.57)の log の項を一定値で近似した式を用いれば得られる．

7-4 模型の構成

本来のくりこみ理論では，くりこんだ量の値が実測値に合うように裸の量の値を正則化のパラメタ M^ρ の適当な関数として設定した上で，正則化を除く極限

$\rho\to\infty$ をとる．その極限が存在して模型が——摂動級数に意味がつくことも含めて——よく定義され，相対論的な場の模型に要求される諸性質を備えていることが示されたとき理論の構成が完了する．

こうして，本節では 7-3 節 d 項で RG 方程式を解く際の初期値とした λ_1, m_1 等は $x_1=\rho\to\infty$ で該当する量の裸の値となるべきもので，添字 1 は意味が変わるから，いっそ ρ に変えることにしよう．x_1 は x_ρ に，λ_1 は λ_ρ に，等とするのである．

a）正則化を除く極限

有効結合定数に対する RG 方程式の解(7.57)において x は $k\log M$ であったから，その初期値を

$$x_\rho = \rho\log M \tag{7.64}$$

にとり，対応する λ_ρ を適当に選んで $\rho\to\infty$ の極限がとれるようにしよう．(7.57)は

$$\frac{2(N-1)}{\pi}x-\frac{1}{\lambda}-\frac{1}{\pi}\log\left|1-\frac{\pi}{\lambda}\right| = \frac{2(N-1)}{\pi}x_\rho-\frac{1}{\lambda_\rho}-\frac{1}{\pi}\log\left|1-\frac{\pi}{\lambda_\rho}\right| \tag{7.65}$$

と書けるから，右辺が有限な定数 $-C'$ に等しくなるように x_ρ と λ_ρ の関係をきめる：

$$\frac{1}{\lambda_\rho} = \frac{2(N-1)}{\pi}x_\rho-\frac{1}{\pi}\log\left|1-\frac{\pi}{\lambda_\rho}\right|+C'$$

これを λ_ρ について解くのに，$\rho\to\infty$ が問題だから，log の項を省略した値

$$\frac{1}{\lambda_\rho} = \frac{2(N-1)}{\pi}x_\rho$$

を第 1 近似とし，これを log の項に代入して

$$\frac{1}{\lambda_\rho} = \frac{2(N-1)}{\pi}x_\rho-\frac{1}{\pi}\log\rho+C \tag{7.66}$$

を得る．ただし，$O(1/\rho)$ を省略し

$$C \equiv C'-\frac{1}{\pi}\log[2(N-1)\log M] \tag{7.67}$$

とおいた．$x=k\log M$ に対する λ は $k=\rho$ のとき(7.65)の λ_ρ に一致すべきだが，そこに限らず $2(N-1)k\log M \gg \log k, C$ であるかぎり上と同じ計算ができて*同じ形の式

$$\frac{1}{\lambda_k} = \frac{2(N-1)}{\pi}x_k - \frac{1}{\pi}\log k + C \qquad (x_k = k\log M) \tag{7.68}$$

が成り立つ．ただし，x と λ に添字 k をつけた．

この結果を用いれば，(7.60)から $m(\lambda_k)=m_k$ に対して

$$\log m_k = \log m_0 - \frac{2N-1}{2(N-1)}\log k \tag{7.69}$$

が得られる．ただし，任意定数 m_0 を導入して，裸の質量の Z_ρ 倍を

$$\log m_\rho = \log m_0 - \frac{2N-1}{2(N-1)}\log \rho \tag{7.70}$$

とした．

波動関数のスケール因子については，(7.62)から ρ に依存する部分を分離し，$\rho\to\infty$ で $Z_\rho\to 1$ となるべきことを考慮すれば――(7.66)により $\rho\to\infty$ で $\lambda_\rho\to 0$ だから――

$$Z_\rho{}^4 = 1-\frac{2N-1}{N-1}\log\left[1-\frac{\lambda_\rho}{\pi}\right] \tag{7.71}$$

ととるほかない**．したがって

$$Z_k{}^4 = 1-\frac{2N-1}{N-1}\log\left[1-\frac{\lambda_k}{\pi}\right] \tag{7.72}$$

となる．

b) 部分くりこみをした摂動展開

第6章では，Feynman グラフの部分グラフを危険なものと安全なものに分けて危険な方だけくりこむ“部分くりこみ”を説明した．それによれば，摂動展開は λ_k ($k=0,1,2,\cdots$) という無数の有効結合定数がベキに入り交じった形の

---

* M を大きくとればよい．ここにも M の役割がある．

** Z_ρ を任意に α 倍しても，m_ρ と λ_ρ をそれぞれ α 倍，α^2 倍すれば物理は変わらない．

ベキ級数になる．その例は(6.79)に示した．これを**部分くりこみ級数**(partially renormalized series)とよぶ．

しかし，この部分くりこみをした摂動展開を立ち入って検討することは，まだしていない．いま，それを始めるべき地点に到達したが，かなり大がかりな仕事になるので，本書では，そのための準備を整えたことで満足するほかない．

結論をいえば，Gross-Neveu 模型の Schwinger 関数について，部分くりこみ摂動級数は，項別に $\rho\to\infty$ の(正則化を除く)極限をもつばかりでなく，その和も収束する．

こうして得られた部分くりこみ Schwinger 関数は，後に説明する意味で普通のくりこみで得る形式的な(実は発散する)摂動級数と同定される．後者は，その Borel 和が Euclid 場に対する公理系をみたすことが確かめられているので，部分くりこみ Schwinger 関数の系もそれをみたすことがわかる．これは，その Schwinger 関数の系から解析接続によって Minkowski 空間で Wightman 関数の公理系をみたす場が得られることを意味し，こうして，Gross-Neveu 模型の構成問題が部分くりこみによって解かれたことになる．

部分くりこみ摂動級数が収束することは，BPHZ など普通のくりこみで得られる摂動級数が発散することと著しい対照をなす．

もう少し詳しく説明しよう．目標を，2次元 Euclid 空間 E^2 における Gross-Neveu 模型の Schwinger 関数 $S_{2p}(x_1,\cdots,x_{2p})$ $(x_i\in\mathsf{E}^2, p=1,2,\cdots)$ の計算におく．それは，次の手順で行なわれる*．

(1) E^2 の有限体積の部分 Λ をとって，模型をそこに制限し，かつパラメタ M^ρ の正則化をして，裸の結合定数 λ_ρ に関する摂動論で Schwinger 関数を計算する．得られる無限級数は複素 λ_ρ 平面の全体で絶対収束し，λ_ρ の整関数(entire function) $S_{2p;\Lambda,\rho}$ を定義する．

(2) $S_{2p;\Lambda,\rho}$ は，$\Lambda\to\mathsf{E}^2$ とするとき(熱力学極限，thermodynamic limit)複素 λ_ρ 平面上で原点を中心とするある半径 a の円盤 D_a の内部で一様に収束する．

---

* J. Feldman, J. Magnen, V. Rivasseau and R. Sénéor: Commun. Math. Phys. **103** (1986) 67.

その極限 $S_{2p;\rho}$ は λ_ρ に関するベキ級数として D_a 内で一様に収束する．この部分では，本書で説明できなかったクラスター展開の手法*が用いられる．

しかし，$\rho\to\infty$ とすれば級数の各項は発散して意味を失う．

(3) λ_ρ に関するベキ級数 $S_{2p;\rho}$ の各項は Feynman グラフで計算される．部分くりこみを施すと $\{\lambda_k^\rho\}_{k=0,1,2,\cdots}$ の入り交じった部分くりこみ級数になる．

これは，裸の定数を C を含んだ(7.66)と(7.70)，(7.71)のようにとるとき

(a) $C>0$ が十分に大きいなら絶対収束する．この収束は $\rho<\infty$ に関して一様である．その極限を $S_{2p;\rho}^{\mathrm{PR}}(C)$ としよう．

(b) $C>0$ が十分に大きいなら $\lim_{\rho\to\infty} S_{2p;\rho}^{\mathrm{PR}}(C)$ が存在する．これを $S_{2p}^{\mathrm{PR}}(C)$ と書く．

(c) ある $C_0>0$ が存在して，前項の $S_{2p}^{\mathrm{PR}}(C)$ は複素 C 平面上 $\mathrm{Re}\, C>C_0$ に解析接続される．

(d) 部分くりこみ級数は項別に $\rho\to\infty$ の極限をもち，その和は $S_{2p}^{\mathrm{PR}}(C)$ に一致する．これは，部分くりこみ級数の収束が ρ に関して一様であるという(a)の事実と(b)による．

こうして構成された部分くりこみ Schwinger 関数 $S_{2p}^{\mathrm{PR}}(C)$ は，次のようにして Pauli-Villars の正則化を用いて BPHZ くりこみをした普通の摂動論の結果および格子正則化による結果と同定される．

まず，$S_{2p}^{\mathrm{PR}}(C)$ から BPHZ の意味のくりこまれた結合定数 $\lambda_{\mathrm{ren}}(C)$ を，Feldman らに従って運動量ゼロをくりこみ点として定義する．これは，ある $C_0>0$ に対し複素 λ_{ren} 平面上に $\mathrm{Re}(1/\lambda_{\mathrm{ren}})>1/C_0$ で定まる円盤 D（図 7-6）に属する．そして，C_0 を十分に大きくとれば $C\mapsto\lambda_{\mathrm{ren}}$ は逆をもち，C は $\lambda_{\mathrm{ren}}\in\mathrm{D}$ の解析関数 $C(\lambda_{\mathrm{ren}})$ となる．

したがって，$S_{2p}^{\mathrm{PR}}(C)$ も λ_{ren} の解析関数と見直すことができる．これを——やや紛らわしいが——$S_{2p}^{\mathrm{PR}}(\lambda_{\mathrm{ren}})$ と書こう．

---

* D. Brydges: in *Critical Phenomena, Random Systems, Gauge Theories, Les Houches 1984* (North Holland, Amsterdam, 1986); D. Brydges and P. Federbush: J. Math. Phys. **19** (1978) 2064.

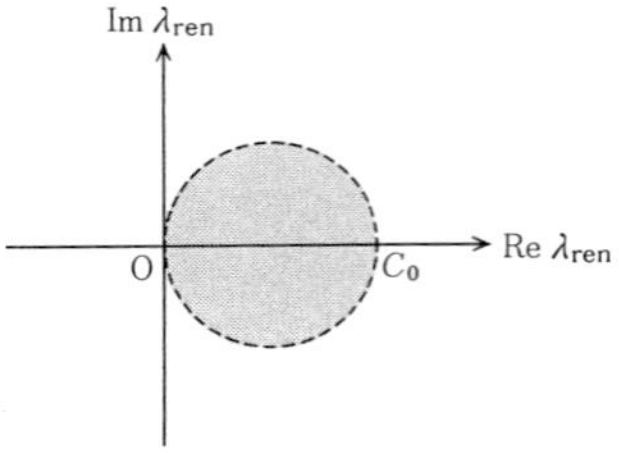

図 7-6 λ_{ren} 平面上で Schwinger 関数が解析的なことが証明されている領域．これは原点を内に含まない．Schwinger 関数を λ_{ren} のベキに展開した級数の収束半径は 0 か？

この $S_{2p}^{\text{PR}}(\lambda_{\text{ren}})$ を λ_{ren} について原点 $\lambda_{\text{ren}}=0$ のまわりで形式的に展開する：

$$S_{2p}^{\text{PR}}(\lambda_{\text{ren}}) = b_{2p,0}^{\text{PR}} + b_{2p,1}^{\text{PR}}\lambda_{\text{ren}} + \cdots + b_{2p,n}^{\text{PR}}\lambda_{\text{ren}}^n + \cdots \tag{7.73}$$

ここに

$$b_{2p,n}^{\text{PR}} = \frac{1}{n!}\frac{d^n}{d\lambda_{\text{ren}}^n} S_{2p}^{\text{PR}}(\lambda_{\text{ren}})\bigg|_{\lambda_{\text{ren}}=0} \tag{7.74}$$

であるが，これが普通の BPHZ くりこみによる摂動級数の係数に一致するのである．格子正則化による結果とも一致する．とはいっても，$\lambda_{\text{ren}}=0$ は $S_{2p}^{\text{PR}}(\lambda_{\text{ren}})$ の解析性が証明された領域 D の境界上にあるので，展開の収束は一般には期待できない．いまの場合，それは発散するから，(7.73)は形式的な展開にすぎない．

しかし，それは Borel 総和可能*であって，しかも Borel 和が展開前の関数を復元すること，すなわち

$$B-\sum_{n=0}^{\infty} b_{2p,n}^{\text{PR}}\lambda_{\text{ren}}^n = S_{2p}^{\text{PR}}(\lambda_{\text{ren}}) \tag{7.75}$$

となることが Watson の判定条件の Sokal による改良**を用いて証明される***.

---

* すぐ後で説明する．

** A. Sokal: J. Math. Phys. **21**(1980)261; F. Nevanlinna: Ann. Acad. Sci. Fenn. Ser. **A** **12**(1919)3.

*** 摂動級数が発散し，しかし Borel 総和可能であり，Borel 和が物理的にも意味をもつことは，かなり普遍的な現象である．しかし，4 次元の Euclid φ^4 模型の場合，(7.76)の下に記す条件(ii)に関し "リノーマロン" に代表される問題が残されている：C. de Callan and V. Rivasseau: Commun. Math. Phys. **82**(1981)69.

低い次元の空間における種々の模型については，J. Glimm and A. Jaffe: *Quantum Physics, A Functional Integral Point of View*, 2nd ed. (Springer, 1981)を参照.

よって，Gross-Neveu 模型の Schwinger 関数に対して，部分くりこみは，BPHZ くりこみ，格子正則化による級数を Borel 総和法で処理する構成と同じ結果をあたえる．ところが，後の 2 つで構成された Schwinger 関数系は Osterwalder-Schrader の公理系*をみたすことが証明されている．すなわち，Euclid 場に要請される基本的な性質を備えており，特に Minkowski 空間への解析接続ができて，Wightman の公理系**をみたす場の量子論をあたえる．こうして部分くりこみは，Gross-Neveu 模型の Schwinger 関数を正しくあたえることが確かめられた．この方法が級数の絶対収束という利点をもつことは前に述べた．

こうして Schwinger 関数が得られ，Minkowski 空間への解析接続がなされると，くりこまれた物理的の質量と結合定数，波動関数のくりこみ定数が定義から決定される．

Borel 和について説明を補っておこう．ベキ級数 $S=c_0+c_1\lambda+c_2\lambda^2+\cdots$ が Borel 総和可能であるとは，次の条件をみたすことをいう：

$$B(z)=c_0+\frac{c_1}{1!}z+\frac{c_2}{2!}z^2+\cdots \tag{7.76}$$

が(i)複素 z 平面上，原点を中心とする円内 $|z|<\delta$ で収束し，(ii)実軸の正の部分の近傍に解析接続をもち，(iii)積分

$$g(\lambda)=\frac{1}{\lambda}\int_0^\infty e^{-z/\lambda}B(z)dz \tag{7.77}$$

がある $\lambda\neq 0$ において収束する．

この $g(\lambda)$ を，もとのベキ級数 S の Borel 和という．その心は

$$\frac{1}{\lambda}\int_0^\infty z^n e^{-z/\lambda}dz=n!\lambda^n \qquad (\lambda>0) \tag{7.78}$$

にある．この $n!$ が(7.76)で追加した因子 $1/n!$ を消して形式上もとの級数を復

* K. Osterwalder and R. Schrader: Commun. Math. Phys. **31**(1973)83; **42**(1975)281. 参照：江沢洋・新井朝雄『場の量子論と統計力学』(日本評論社，1988).

** R. F. Streater and A. S. Wightman: *PCT, Spin and Statistics, and All That*, W. A. Benjamin(1964). 参照：江沢・新井：前掲.

活させるのである．もちろん，この追加と消去とが正当化できる場合，すなわちベキ級数 S が自身で収束している場合にはその Borel 和はもとの和に一致する．1つの例は，$S=1-\lambda+\lambda^2+\cdots$ である．収束はしないが Borel 総和可能ではあるベキ級数の典型的な例としては

$$S = 1-1!\,\lambda+2!\,\lambda^2-3!\,\lambda^3+\cdots \tag{7.79}$$

をあげよう．その Borel 和は

$$g(\lambda) = \int_0^\infty \frac{1}{1+z}e^{-z/\lambda}dz \qquad (\lambda>0) \tag{7.80}$$

である．

この関数は，積分路を z 平面の虚軸上に移すことにより，複素 λ 平面上，負の実軸を除いた全域に解析接続される．

補章 I

Whiteの密度行列くりこみ群の方法

Wilson のくりこみ群の方法では，第 2 章の(2.53)式で説明したとおり，密度行列を通して有効ハミルトニアンを定義し，それに対するくりこみ変換群 $\boldsymbol{R}_b$ を(2.37)のように作り，その固定点 $\boldsymbol{R}_b\mathcal{H}^*=\mathcal{H}^*$ から臨界点を求め，固定点への近づき方から臨界指数を求める．

量子系の場合でも同様の議論が原理的にはできるはずであるが，部分ハミルトニアンが互いに非可換であるため，e^{A+B} のような因子を簡単に e^A と e^B の積のような形に分割してくりこむのは，近似が粗過ぎるように思われる．(定性的には対称性を保持しているため，便利な方法である．本講座 4『統計力学』3-9 節 c 項を参照．なお，指数演算子の分解の最近の発展とその応用については，本講座 12『経路積分の方法』第 6 章を参照.)

ここで紹介する White* の密度行列くりこみ群(DMRG)の方法は，上記の解析的な方法と比較して趣きが全く異なり，最初から数値計算に適した，エネルギーギャップのある量子系に有効な方法である．

特に，最近話題になっている 1 次元反強磁性体の基底状態や低エネルギーの

* S. R. White: Phys. Rev. Lett. **69**(1992)2863; Phys. Rev. **B48**(1993)10345.

励起状態を数値的に高精度で研究するのに適している．

まず，DMRG のアイディアを簡単に述べると，次のようになる．量子系の波動関数は，Schrödinger 方程式の固有値問題を解けばよいわけであるが，多体系の場合には密度行列を用いると便利である．なぜなら，密度行列は任意の部分系に対して構成できるからである．

ハミルトニアン $\mathcal{H}_A$ とスピン s'_A とから成る部分系の密度行列 ρ を，全系の低エネルギーの部分の波動関数を用いて構成する．このように，高いエネルギー部分を無視することによって，密度行列の大きさを実際に計算可能な次元数に制限し，くりこむ．右側についても同様である．1 回この操作を行なった後に図 AI-1 で $\mathcal{H}_A$ の代りに，こうして作られた新しい密度行列に対応するハミルトニアン $\mathcal{H}'_A$ を改めて用いることによって，逐次操作が定義される．一般に，このような方法を**密度行列くりこみ群**(DMRG; density matrix renormalization group)**の方法**という．

次にもうすこし詳しく DMRG を説明しよう．図 AI-1 の右半分の部分系の基底関数を $\{|i\rangle_R\}$ ($i=1,2,\cdots,md$；ただし d はスピンの状態数で，パラメタ m は計算可能な限り大きくとる)として，同様に左側の基底関数を $\{|j\rangle_L\}$ と書く．一方，図 AI-1 の全系の基底状態を Lanczös 法などによって数値的に求めておく．このとき，その系全体の基底状態を

$$|\psi\rangle = \sum_{i,j} C_{ji}|j\rangle_L|i\rangle_R \qquad \text{(AI. 1)}$$

のように表わすと，問題の左側部分系の密度行列 ρ は次のように，$\{C_{ji}\}$ の積の部分トレースをとることで定義される：

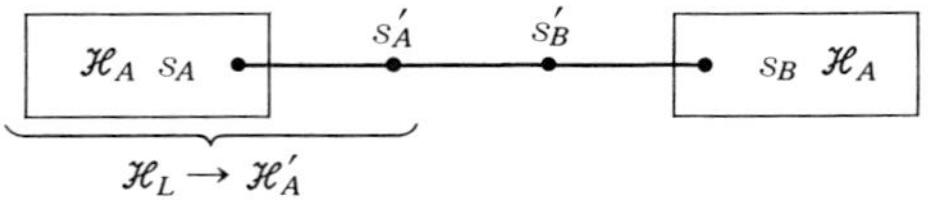

図 AI-1　DMRG の模式図

$$\rho_{jk} = \sum_i C_{ji}^* C_{ki} \tag{AI.2}$$

この ρ を対角化する固有ベクトル $\{u_j^\alpha\}$，すなわち，

$$\sum_k \rho_{jk} u_k^\alpha = w_\alpha u_j^\alpha \tag{AI.3}$$

の解のうち，w_α の大きいものから順に m 個の固有ベクトル $\{u_k^\alpha;\ \alpha=1,2,\cdots,m\}$ を用いて行列 $\mathcal{R}=(\mathcal{R}_{\alpha j})\equiv(u_j^\alpha)$ を作り，この行列によって，図AI-1の左側の部分系のハミルトニアン $\mathcal{H}_L$ に対して

$$\mathcal{H}'_A = \mathcal{R}\mathcal{H}_L\mathcal{R}^\dagger$$

という操作を施し，くりこまれたハミルトニアン $\mathcal{H}'_A$ を作る．右側も同様である．

上に述べたDMRGの妥当性や具体的な計算方法に関しては，西野ら(巻末文献[38],[39],[40])，Östlund-Rommer[41]，Gehringら[42]によっていろいろな改良や詳しい解説が行なわれているので，それらを参照して欲しい．

上の説明からもわかるとおり，この方法は特に1次元量子系の研究に適している．最近は，梯子模型などにも応用されている．このDMRGは臨界現象のRGとは大分趣きを異にしており，むしろ，Haldane問題のようにエネルギーギャップのある系の研究に対して有効である．

補章 II

厳密なくりこみ群をめぐって

AII-1 いくつかの話題

厳密であるかそうでないかは問わず，くりこみ群に関連した本質的な進歩はほとんど見られない．逆に，くりこみ群を完成された手法とみなし，半ば形式的にいろいろな問題にあてはめようとする傾向が強まっているように思われる*．くりこみ群の名を冠した計算法が少なからず現われてはいるが，（われわれが考える無限のスケールに及ぶゆらぎを取り扱う理論的な視点としての）くりこみ群とは無縁なものも少なくない**．

本文でも強調したように，くりこみ群の美しい哲学と方法論のもつ可能性は，未だに汲み尽くされてはいないはずだ．物理学が対象とする領域が広がり，われわれがより多くの魅力的で困難な問題に直面しているのならば，新しいタイプのくりこみ群的な解析が必要とされる場面は数多いはずである．そういう方

---

* これらの点については，参考文献[45]冒頭の大野，田崎，東島の記事を参照．

** たとえば，量子多体系の分野で用いられるようになった「密度行列くりこみ群」は，計算機のための極めて能率的で有用な近似的計算法のようだが，（少なくとも今のところは）われわれの考えるくりこみ群ではない．（補章 I を参照．）

向に向けた真摯な理論的模索があまり見られないのは，残念なことである*.

具体的な問題での(厳密な，あるいは厳密なものを目指した)くりこみ群の発展では，固体物理学に関連するものが目に付く．非相対論的な多電子系の量子力学をくりこみ群の言葉で，整備，発展させようという試み**の結果，Fermi 液体，朝永-Luttinger 液体，超伝導状態などについてのくりこみ群的な描像は極めて精密なものになってきた***．より特殊な問題だが，1次元の準周期ポテンシャル中の Schrödinger 方程式の問題は，準結晶の物理との関連で重要なだけではなく，くりこみ群を介して固体物理が非線形問題と接するという意味でも興味深い****.

本文でも簡単に触れたが，くりこみ群の方法論は常微分方程式や偏微分方程式における漸近解析に応用できることが明らかになってきた．これによって，従来は各論的な技巧に頼っていた漸近解析を，統一的に見通しよく展開することが可能になりつつある*****.

AII-2　非摂動的なくりこみ群を目指す試み

非線形性が強く摂動論が使えない系についての信頼できるくりこみ群の開発は重要な課題だが，道は険しく本質的な進歩はない．ただ，解析の出発点とみなせる部分についていくつかの知見が得られているので，簡単に紹介しよう．

典型的な例として，2次元の強磁性 Ising 模型での代表値ブロックスピン変換について述べる．2-4節の例の2次元版である．Λ および Λ' を，それぞれ1辺の長さが N と $N/2$ の周期的境界条件を課した正方格子とする．$x\in\Lambda$ には

---

* いくつかの分野で，計算機実験が「理論物理」の主流になってしまったことが，思考停止を生んでいるという危機感を感じる．

** 入門的なレビューとしては，R. Shankar: Rev. Mod. Phys. **66**(1994)129 があるが，論理の厳密さには(物理の基準からしても)問題がある．

*** 93ページの脚注7，参考文献[43]および J. Feldman, M. Salmhofer and E. Trubowitz: J. Stat. Phys. **84**(1996)1209 を参照．

**** M. Kohmoto: Int. J. Mod. Phys. **B1**(1987)31.

***** L.-Y. Chen, N. Goldenfeld and Y. Oono: Phys. Rev. **E54**(1996)376 とその中の文献，また，93ページの脚注3を参照．

Ising 型のスピン変数 $\sigma_x=\pm 1$ を，$y\in\Lambda'$ には Ising 型の(ブロック)スピン変数 $\sigma'_y=\pm 1$ を対応させる．もとの系を標準的な最近接の相互作用の強磁性 Ising 模型として，ブロックスピン変換後のハミルトニアン $\mathcal{H}'$ を

$$\exp[-\mathcal{H}'[(\sigma'_y)_{y\in\Lambda'}]]=\sum_{\substack{\sigma_x=\pm 1\\(x\in\Lambda)}}\left(\prod_{y\in\Lambda'}\delta_{\sigma'_y,\sigma_{2y}}\right)\exp\left[\beta\sum_{\langle w,z\rangle}\sigma_w\sigma_z\right] \quad (\text{AⅡ}.1)$$

と定義する．ここで $\langle w,z\rangle$ は Λ 上の隣り合う格子点の組すべてについて足す．変換(AⅡ.1)は，Λ で座標の値が縦横ともに偶数の格子点のスピンを固定して，残りのスピンについての和を取ることを表わしている．

N が有限のときに(AⅡ.1)によって $\mathcal{H}'$ が定義されていることは簡単にわかる*．問題は，$N\to\infty$ の極限でも $\mathcal{H}'$ がきちんと定義できているかどうかである．

58 ページ脚注 2 の文献では，Ising 模型が秩序相にある $\beta>1.73\beta_c$ (β_c は臨界点)では $\mathcal{H}'$ の $N\to\infty$ の極限は存在しないことが証明された．この事実がどこまで本質的かについては疑問が残るが，いずれにせよ「くりこみ変換では短距離のゆらぎだけが積分されるので，結果としては短距離の相互作用だけをもったハミルトニアン $\mathcal{H}'$ が得られる」という素朴な議論を簡単に信じてはいけないことは確かだろう．

最近になって，臨界点を含んだ $\beta<1.36\beta_c$ の領域では，$N\to\infty$ でも $\mathcal{H}'$ が存在することが証明された．もちろん $\mathcal{H}'$ は長距離，多スピンの相互作用を多く含むことになるが，それらは遠方に行くにつれ十分早く減衰し，$N\to\infty$ の極限が意味をもつのである**．くりこみ群による解析がもっとも必要とされるのは臨界点付近の系だから，これは望ましい結果といえる．しかし，(本当に重要な)くりこみ変換を繰り返し行なった場合についての結果は今のところ皆無である***．

---

* たとえば，Th. Niemeijer and J. M. J. van Leeuwen: in *Phase Transitions and Critical Phenomena Vol. 6*, C. Domb and M. S. Green, eds. (Academic Press, 1976)を見よ．これは，Ising 模型の(厳密ではない)くりこみ群の標準的な解説である．

** 正確な意味については，原論文 K. Haller and T. Kennedy: J. Stat. Phys. **85**(1996)607 を参照．

*** 代表値ブロック･スピン変換には臨界点を表わす固定点はないので，文字どおりこの変換を繰り返すことを想定しているわけではない．Haller-Kennedy の論文では，Kadanoff 変換と呼ばれるより実用的な(と期待される)変換についても，同様の肯定的な結果が得られている．

補章 III
Polchinskiの定理

AIII-1　視点

かつては場の量子論のラグランジアンはくりこみ可能性を指導原理に選ばれ，量子電磁力学から標準理論へと成功が続いてきたが，本書でも各所で触れてきたように見方が変わっている．

それらのラグランジアンは基本的なものではなく，基本は高いエネルギー Λ_0 において，そこから問題にするエネルギーの近傍 Λ にいたる場の高エネルギー成分を——汎関数積分で Schwinger 関数をつくる意味で——積分してしまったときに低エネルギー成分を支配するものとして残る“有効”ラグランジアン $L(\Lambda)$ であると見るのである(巻末文献[46])．

こうした見方の転換は，重力相互作用をくりこみ可能な形に定式化する望みが薄いことを動機の1つとしているという．その歴史については巻末文献[47]を参照．なお，大統一理論がエネルギースケールによる相互作用の分化という考えをもたらしたが，これも同じ思想圏にある．それは，超高温の宇宙初期に完全な対称性をもっていた相互作用から温度 T の低下にしたがって重力，強い相互作用，弱・電磁相互作用が順に分離したと主張する(巻末文献[48])．

この見方の中で，Polchinski の“定理”[49]が注目されている．それは，Λ_0 においてくりこみ可能な型のラグランジアン $L(\Lambda_0)$（質量や結合定数などのパラメタを $R_1(\Lambda_0), \cdots, R_n(\Lambda_0)$ とする）から出発して Λ を下げてゆくと有効ラグランジアン $L(\Lambda)$ にはくりこみ不可能に見える相互作用項も現われるが，$\Lambda/\Lambda_0 \to 0$ ではそのすべてのパラメタがくりこみ可能な部分の n 個，$R_1(\Lambda), \cdots, R_n(\Lambda)$ のみの関数になると主張する．

以下に，その簡単な説明をし，最近の動きに触れたい．

AIII-2　有効ラグランジアンとその動き

有効ラグランジアン*は，Schwinger 関数を汎関数積分でつくるものとして，場 ϕ の高エネルギー成分 $\phi(p)$（$p^2 \in (\Lambda^2, \Lambda_0{}^2)$）に関する積分を行なってしまうことによって定義する．この操作は，$\Lambda_3 < \Lambda_2 < \Lambda_1$ とするとき，$(\Lambda_2{}^2, \Lambda_1{}^2)$ にわたる積分をしてから $(\Lambda_3{}^2, \Lambda_2{}^2)$ にわたる積分をすることは $(\Lambda_3{}^2, \Lambda_1{}^2)$ にわたる積分をすることと同じであるという意味で半群をなす．これがくりこみ群であって，Λ を変化させてゆくときの有効ラグランジアンの動きが**くりこみ群の流れ**(renormalization group flow)である．

関連する説明は第 3，第 4 章にも与えられているが，ここでは Euclid 的スカラー場 $\phi(x)$ を例にとって別の角度から考えてみよう．

いま，相互作用ラグランジアン(くりこみの引算項を含む)を一般的に $L_{\mathrm{int}}(\Lambda)$ とし，Schwinger 関数の母関数を汎関数積分の形に書く：

$$Z[J, L_{\mathrm{int}}; \Lambda] = \int \mathscr{D}\phi \exp\left[S[\phi, \Lambda] + \int \frac{d^4p}{(2\pi)^4} J(p)\phi(-p)\right] \quad (\mathrm{AIII}.1)$$

ここに，$J(p)$ は外場で，これに関する汎関数微分によって Schwinger 関数が生成される．作用積分は

* Euclid 場を考えるのでハミルトニアンといった方がよいのだが，慣例にしたがう．

$$S[\phi,\Lambda]=\int\frac{d^4p}{(2\pi)^4}\left\{-\frac{1}{2}\phi(p)\Delta(p,\Lambda)^{-1}\phi(-p)\right\}+S_{\text{int}}[\phi,\Lambda]$$

で与えられる．S_{int} が相互作用の寄与である．Λ は切断運動量で，ϕ の伝搬関数 $\Delta(p)=1/(p^2+m^2)$ に

$$\Delta(p,\Lambda)=\Delta(p)K_\varepsilon\left(\frac{p^2}{\Lambda^2}\right)\qquad\left(K_\varepsilon\left(\frac{p^2}{\Lambda^2}\right)\equiv K\left(\frac{p^2}{\Lambda^2}\right)+\varepsilon\right)$$

の形で入れておく．$K(\xi)$ は $\xi<1$ なら 1 で，$\xi>1$ では急速かつ滑らかに 0 にゆくものとする．そうすると(AⅢ.1)の $\phi(p)$ $(p^2>\Lambda^2)$ に関する積分が発散するので，ひとまず $\varepsilon>0$ を入れておき積分の後で $\varepsilon\to0$ とする．この極限で当の範囲の $\phi(p)$ は確率 1 で 0 となる．この処方は次ページで必要になる．

くりこみ群の流れは $Z[J,L_{\text{int}};\Lambda]$ において場の高運動量成分 $\{\phi(p):\Lambda^2<p^2<\Lambda_0{}^2\}$ に関する積分をしてしまうことで生成される．

Λ を下げて Λ_{R} まできたとき，それ以下の物理を調べる場合には

$$J(p)=0\qquad(p^2>\Lambda_{\text{R}}{}^2)\tag{AⅢ.2}$$

としておくのである．物理は $\{\phi(p):p^2<\Lambda_{\text{R}}{}^2\}$ に関する積分を遂行して調べることになる．ここでは，先にも述べたとおり発散はでない．

さて，$Z[J,L_{\text{int}}(\Lambda);\Lambda]$ の高運動量の $\phi(p)$ に関する積分をすることは

$$Z[J,L_{\text{int}}(\Lambda-d\Lambda);\Lambda-d\Lambda]=Z[J,L_{\text{int}}(\Lambda);\Lambda]$$

となるように $L_{\text{int}}(\Lambda)$ から $L_{\text{int}}(\Lambda-d\Lambda)$ を構成することであるとして言い表わすことができる．汎関数積分は，左辺では $\{\phi(p):p^2<(\Lambda-d\Lambda)^2\}$ に限られており，右辺で $\{\phi(p):p^2<\Lambda^2\}$ に対して行なわれていた積分のうち $\{\phi(p):(\Lambda-d\Lambda)^2<p^2<\Lambda^2\}$ に関する部分がすんでいる．その代わりに相互作用ラグランジアンが $L_{\text{int}}(\Lambda-d\Lambda)$ に変わったのである．

実際に，このように相互作用が定められることを説明しよう．まず，相互作用は変えないで切断運動量だけ少し変えたときの Z の変化は

$$\Lambda\frac{dZ}{d\Lambda}=\int\mathcal{D}\phi\left[\int\frac{d^4p}{(2\pi)^4}\left\{-\frac{1}{2}\phi(p)\Delta(p)^{-1}\phi(-p)\Lambda\frac{\partial K_\varepsilon(p^2/\Lambda^2)^{-1}}{\partial\Lambda}\right\}\right.$$

$$+\Lambda\frac{\partial}{\partial\Lambda}S_{\rm int}[\phi,\Lambda]\Big]e^{S[\phi,\Lambda]}$$

から定まる．ここで，汎関数積分は半径 Λ の薄い球殻に属する p の $\phi(p)$ からの寄与のみを拾う．なぜなら

$$\frac{\partial K_\varepsilon(p^2/\Lambda^2)^{-1}}{\partial\Lambda}=-\frac{1}{[K(p^2/\Lambda^2)+\varepsilon]^2}\frac{\partial K(p^2/\Lambda^2)}{\partial\Lambda}$$

は p が球殻の外にあれば 0 だからである．

つぎに，$S_{\rm int}$ を

$$\Lambda\frac{dS_{\rm int}}{d\Lambda}=-\frac{1}{2}\int\frac{d^4p}{(2\pi)^4}\Delta(p)\Lambda\frac{\partial K(p^2/\Lambda^2)}{\partial\Lambda}\left\{\frac{\delta S_{\rm int}}{\delta\phi(-p)}\frac{\delta S_{\rm int}}{\delta\phi(p)}+\frac{\delta^2 S_{\rm int}}{\delta\phi(p)\delta\phi(-p)}\right\}\tag{AⅢ.3}$$

をみたすように変化させる．こうすれば(AⅢ.2)により $\Lambda dZ/d\Lambda=aZ$ となることが証明される．a は J に無関係な定数であって，これは Z が定数倍しか変わらないことを意味する．Schwinger 関数は Z の J に関する対数微分で与えられるので，定数倍は問題にならない．したがって，汎関数積分(AⅢ.1)を一部分遂行して切断運動量を Λ から少し減らすことは相互作用の作用積分 $S_{\rm int}[\phi,\Lambda]$ を(さかのぼれば相互作用ラグランジアン $L_{\rm int}[\phi,\Lambda_0]$ を)少し変えることになる．これをくりかえして $L_{\rm int}[\phi,\Lambda]$ の Λ を少しずつ下げてゆくことができる．

そこで

$$S_{\rm int}[\phi,\Lambda]=\sum_{\nu=0}^{\infty}\frac{1}{(2\nu)!}\int\frac{d^4p_1\cdots d^4p_{2\nu}}{(2\pi)^{8\nu-4}}S_{2\nu}(p_1,\cdots,p_{2\nu};\Lambda)\delta^{(4)}\Big(\sum_{i=1}^{2\nu}p_i\Big)\phi(p_1)\cdots\phi(p_{2\nu})\tag{AⅢ.4}$$

とおけば，(AⅢ.3)は展開係数 $S_{2\nu}$ に対する漸化式を与える．ここで，初項 S_0 は定数で(AⅢ.1)における意味はないが，漸化式からは必要となる．

ここでは $S_{\rm int}[\phi,\Lambda]$ は大きい $\Lambda=\Lambda_0$ で裸のラグランジアン密度から出発するので

$$L_{\mathrm{int}}[\phi, \Lambda_0] = -\frac{1}{2}\delta m^2\phi^2 - \frac{1}{2}(Z-1)p^2\phi^2 - \frac{1}{4!}\lambda_0\phi^4$$

となり

$$S_2(p;\Lambda_0) = -\delta m^2 - (Z-1)p^2, \qquad S_4(p_1,\cdots,p_4;\Lambda_0) = -\lambda_0$$

$$S_{2\nu}(p_1,\cdots,p_{2\nu};\Lambda_0) = 0 \qquad (\nu \geqq 3)$$

が与えられた初期値である．漸化式は，ここから小さい Λ に向かって解いてゆく．$\Lambda=0$ までゆけば，$S_{2\nu}$ は相互作用によって完全に補正された Schwinger 関数を与える．

AⅢ-3 Polchinski の定理

表題の定理は Λ を変えたときの $L(\Lambda)$ ないし $S_{\mathrm{int}}[\phi, \Lambda]$ の変化に関するものだが，その説明は与えられたスペースに収まらないので，S_{int} の変化(AⅢ.3)がパラメタ

$$\rho_1(\Lambda) = -S_2(0,0;\Lambda)$$

$$\rho_2(\Lambda) = -\frac{\partial^2}{\partial p^2}S_2(p,-p;\Lambda)\Big|_{p=0}$$

$$\rho_3(\Lambda) = -S_4(0,0,0,0;\Lambda)$$

等々の変化で代表されるものとした簡略版を述べよう．これらを座標とする点が Λ の変化につれて動き，無限次元の“相互作用空間”にくりこみ群の流れが定まる．

いま，$\Lambda=\Lambda_0$ で中性スカラー場 ϕ のくりこみ可能な相互作用をとれば

$$\rho_1(\Lambda_0) = \delta m^2,\ \ \rho_2(\Lambda_0) = Z-1,\ \ \rho_3(\Lambda_0) = \lambda_0,\ \ \rho_{\nu'} = 0\ \ (\nu' \geqq 4) \qquad (\text{AⅢ}.5)$$

これを初期値にして出発し流線を Λ の減少する方向に(下流に)たどってゆくと $\Lambda \ll \Lambda_0$ では漸近的に $\rho_1(\Lambda), \rho_2(\Lambda), \rho_3(\Lambda), \cdots$ で定まる形になることが，十分に小さい結合定数 λ_0 に対してではあるが，次のようにして示される．これが **Polchinski の定理**(巻末文献[49])の簡略版[50]である．

その意味は，$\rho_1, \rho_2, \rho_3, \cdots$ を軸とする相互作用パラメタの空間で，くりこみ

群の流線叢が $\Lambda/\Lambda_0\to 0$ では $\rho_4,\cdots$ 超平面上で 1 点——$\rho_1(\Lambda),\rho_2(\Lambda),\rho_3(\Lambda)$ に引かれて動く 1 点——に縮退してゆくということである．これは，くりこみ可能な理論では，すべての（相互作用で補正された）Schwinger 関数がくりこまれた質量や結合定数などで定まってしまうのと同じことで驚くにはあたらない．くりこみ群の理論では，パラメタ ρ_1,ρ_2,ρ_3 は**有用**(relevant)である，$\rho_4,\cdots$ は**無用**(irrelevant)であるという．

さて，一般に $\rho_\nu(\Lambda)$ のエネルギー次元を Δ_ν として，無次元の

$$R_\nu(\Lambda)\equiv\Lambda^{-\Delta_\nu}\rho_\nu(\Lambda)\qquad(\nu=1,2,\cdots)\tag{AIII.6}$$

を定義しよう．$\nu=4,5,\cdots$ はくりこみ不可能な型の項に対応する．(AIII.6)の 1 組で Λ における有効ラグランジアン $L(\Lambda)$ が定まるのだから，$\{\phi(p):p^2\in(\Lambda'^2,\Lambda^2)\}$ に関する積分をして得られる有効ラグランジアン $L(\Lambda')$ は $R_1(\Lambda)$, $R_2(\Lambda),\cdots$ と Λ,Λ' で決定されるはずである．したがって，次元解析から

$$R_\mu(\Lambda')=F_\mu\left(R(\Lambda),\frac{\Lambda'}{\Lambda}\right)\qquad(\mu=1,2,\cdots)$$

が成り立つ．R は R_μ $(\mu=1,2,\cdots)$ を成分とするベクトルを表わす．これを Λ' で微分して $\Lambda'=\Lambda$ とおけば

$$\Lambda\frac{d}{d\Lambda}R_\mu(\Lambda)=\beta_\mu(R(\Lambda))\qquad\left(\beta_\mu(R)\equiv\frac{\partial}{\partial z}F_\mu(R,z)\bigg|_{z=1}\right)\tag{AIII.7}$$

が得られる．

いま，この連立方程式が(AIII.5)に対応する初期値

$$R_a(\Lambda_0)=R_a{}^0\quad(a=1,2,3),\qquad R_\kappa(\Lambda_0)=0\quad(\kappa\geqq 4)\tag{AIII.8}$$

に対して解けたとしよう：

$$R_\mu=R_\mu(\Lambda;\Lambda_0,R^0)\qquad(\mu=1,2,\cdots)\tag{AIII.9}$$

ここに R^0 は $R_a{}^0$ $(a=1,2,3)$ を成分とするベクトルを表わす．以下，当分の間 Λ_0 は固定するので，書くのは省略する．

R^0 を微小変化させると $R(\Lambda;R^0)$ も微小変化する*：

---

* アルファベットの添字 a などが 1 項に 2 度くりかえして現われる場合，1 から 3 までの和をとる．ギリシア文字の添字 μ などについては 1 から ∞ まで，プライムつきの μ' は 4, … を走る．

$$\delta R_\mu(\Lambda; R^0) = K_{\mu a}\delta R_a{}^0 \qquad \left(K_{\mu a} \equiv \frac{\partial R_\mu}{\partial R_a{}^0}\right) \tag{AⅢ.10}$$

この変化分に対して(AⅢ.7)から

$$\Lambda\frac{d}{d\Lambda}\delta R_\mu(\Lambda; R^0) = M_{\mu\nu}(R(\Lambda))\delta R_\nu(\Lambda; R^0) \qquad \left(M_{\mu\nu}(R) \equiv \frac{\partial}{\partial R_\nu}\beta_\mu(R)\right) \tag{AⅢ.11}$$

が得られる．そこで

$$\xi_\mu = \delta R_\mu - K_{\mu a}(\hat{K}^{-1})_{ab}\delta R_b \tag{AⅢ.12}$$

を定義しよう．ここに

$$\hat{K} = (\hat{K}_{ab}) \equiv (K_{ab}) \qquad (a, b = 1, 2, 3)$$

は矩形行列 K から切り取った 3×3 行列である．ξ_μ は $\mu=1,2,3$ なら 0 である．もし，$\mu=4,\cdots$ に対しても $\Lambda \ll \Lambda_0$ で漸近的に 0 となるなら

$$\delta R_\mu(\Lambda) \sim K_{\mu a}(\hat{K}^{-1})_{ab}\delta R_b(\Lambda) \qquad \left(\frac{\Lambda}{\Lambda_0}\to 0\right) \tag{AⅢ.13}$$

がでて，くりこみ不可能成分の $R_\mu(\Lambda)$ $(\mu \geqq 4)$ は，遂には同じ Λ のくりこみ可能成分 $R_b(\Lambda)$ $(b=1,2,3)$ から定まってしまうことになる．これが証明したいことである．

そこで，(AⅢ.12)が $\Lambda/\Lambda_0\to 0$ で 0 になることを示そう．それには，(AⅢ.12)を Λ で微分して ξ_μ に対する微分方程式をつくる．(AⅢ.7)でした定義から

$$\Lambda\frac{d}{d\Lambda}K_{\mu a} = \frac{\partial}{\partial R_a{}^0}\beta_\mu(R(\Lambda; R^0)) = \frac{\partial \beta_\mu}{\partial R_\kappa}\frac{\partial R_\kappa}{\partial R_a{}^0}$$

すなわち

$$\Lambda\frac{d}{d\Lambda}K_{\mu a} = M_{\mu\nu}K_{\nu a} \tag{AⅢ.14}$$

また

$$\Lambda\frac{d}{d\Lambda}(\hat{K}^{-1})_{ab} = -(\hat{K}^{-1})_{ac}M_{c\nu}K_{\nu d}(\hat{K}^{-1})_{db} \tag{AⅢ.15}$$

したがって，ξ の発展方程式は

$$\Lambda \frac{d}{d\Lambda}\xi_\mu = N_{\mu\nu}\xi_\nu \qquad (N_{\mu\nu} \equiv M_{\mu\nu} - K_{\mu a}(\hat{K}^{-1})_{ac}M_{c\nu}) \qquad (\text{AⅢ}.16)$$

という単純な形にまとまってしまう．

この方程式について，いまは結合定数 λ_0 が十分に小さいとして次のことで満足しておこう（巻末文献[50]）．結合定数が小さいから（AⅢ.6）で

$$R_\mu(\Lambda) \approx \Lambda^{-\Delta_\mu} g_\mu \qquad (g_\mu \text{ は } \Lambda \text{ によらない定数}) \qquad (\text{AⅢ}.17)$$

とおくことが許されよう．このとき，$\beta_\mu(\Lambda) \approx -\Delta_\mu R_\mu(\Lambda)$ となり

$$M_{\mu\nu} \approx -\Delta_\mu \delta_{\mu\nu}$$

したがって，くりこみ可能成分か否かによって

$$N_{ab} \approx 0 \quad (a, b = 1, 2, 3), \qquad N_{\mu'\nu'} \approx -\Delta_{\mu'}\delta_{\mu'\nu'} \quad (\mu', \nu' \geqq 4)$$

となる．ところが，後者に対しては $\Delta_{\mu'} < 0$ だから

$$\xi(\Lambda)_{\mu'} \propto \left(\frac{\Lambda}{\Lambda_0}\right)^{-\Delta_{\mu'}} \qquad (\text{AⅢ}.18)$$

となり，$\Lambda/\Lambda_0 \to 0$ にともなって 0 となる．よって，（AⅢ.17）のような近似が許されれば（AⅢ.13）が成り立ち Polchinski の定理の簡略版は証明されたことになる．

本来の $S_{\text{int}}[\phi, \Lambda]$ に対する Polchinski の定理は，（AⅢ.3）を（AⅢ.7）の代わりに用い摂動論でその次数ごとに証明されている（巻末文献[49]）．

AⅢ-4 くりこみ可能性の証明

有効ラグランジアンの考えはくりこみ可能性の証明にも使われている．Λ_0 における裸のパラメタを上に述べたようにして Λ_{R} まで補正し，そこでの値を観測質量や電荷に等しいとおいて，今度はこれらを固定して $Z[J, L_{\text{int}}; \Lambda_{\text{R}}]$ の $\Lambda_0 \to \infty$ の極限の存在を示せばモデルがくりこみ可能であることの証明になる．

再び簡略版で説明しよう．（AⅢ.10）では $\Lambda = \Lambda_0$ における初期値 R^0 を変えたときの（AⅢ.9）の変化を考えたが，Λ_0 の変化に応ずる

$$\delta_{L_0} R_\mu(\Lambda;\Lambda_0,R^0) = \frac{\partial R_\mu}{\partial \Lambda_0}\delta\Lambda_0 \tag{AⅢ.19}$$

を考えても

$$\eta_\mu \equiv \delta_{L_0} R_\mu(\Lambda;\Lambda_0,R^0) - \frac{\partial R_\mu}{\partial {R_b}^0}(\hat{K}^{-1})_{ab}\delta_{L_0} R_a(\Lambda;\Lambda_0,R^0) \tag{AⅢ.20}$$

に対して(AⅢ.7)から(AⅢ.16)と同じ方程式が成り立つ：

$$\Lambda\frac{d}{d\Lambda}\eta_\mu = N_{\mu\nu}\eta_\nu \qquad (N_{\mu\nu} \equiv M_{\mu\nu} - K_{\mu a}(\hat{K}^{-1})_{ac} M_{c\nu}) \tag{AⅢ.21}$$

これを用いて，4次元のφ^4模型について$R(\Lambda;\Lambda_0,R^0)$の$\Lambda_0 \to \infty$に関するCauchyの収束条件を証明することができる．上に注意したように，これがくりこみ可能性の証明になる．

Polchinskiは同じく4次元時空のφ^4理論の場合に$S_{\rm int}[\phi,\Lambda]$の$\Lambda_0$依存性を摂動論で調べて$\Lambda_0 \to \infty$における極限の存在を証明した(巻末文献[49])．

その証明はHurd[51]，そして特にKellerら[52]によって数学的に整備された．Keller-Kopper[53]は時空4次元の量子電磁力学に対してくりこみ可能性の証明を与えている．いわゆるBogoliubov-Parasiuk-Hepp-Zimmermannの証明とちがって，グラフの解析が不要で見通しがよく簡単であると主張している．

その他，[54]はφ^4理論の摂動級数がBorel総和可能なことをくりこみ群の微分方程式から証明する試みだが，まだ完結しているとはいえない．

参考書・文献

第1-2章

［1］ K. G. Wilson and J. Kogut: Renormalization group and ε-expansion, Phys. Repts. **C12**(1974)75

［2］ H. E. Stanley: *Introduction to Phase Transition and Critical Phenomena*(Oxford Univ. Press, 1973)

［3］ S. K. Ma: *Modern Theory of Critical Phenomena*(W. A. Benjamin, 1976)

［4］ D. J. Amit: *Field Theory, the Renormalization Group, and Critical Phenomena*(McGraw-Hill, 1974 ; 2nd ed., World Scientific, 1984)

［5］ C. Domb and M. S. Green, ed.: *Phase Transitions and Critical Phenomena*, vols. 1-6(Academic Press, 1972-76); C. Domb and J. L. Lebowitz, ed.: vol. 7-(1983-)

［6］ 鈴木増雄：『統計力学の進歩』，第7章　相転移の統計力学，久保亮五教授還暦記念会編(裳華房，1981)

［7］ 中野藤生，木村初男：『相転移の統計熱力学』(朝倉書店，1988)

［8］ 鈴木増雄：『統計力学』，本講座4(岩波書店，1994)

［9］ D. I. Uzunov: *Introduction to the Theory of Critical Phenomena——Mean-Field, Fluctuations and Renormalization*(World Scientific, 1993)

［10］ P. Pfeuty and G. Toulouse: *Introduction to the Renormalization Group and Critical Phenomena*(Wiley, 1975)

［11］ M. E. Fisher: The theory of equilibrium critical phenomena, Rept. Prog. Phys. **30**(1968)615

［12］ J.W. Burkhardt and J.M.J. van Leeuwen: *Real-Space Renormalization* (Springer, 1982)

平均場理論とスケーリング則を組み合わせた，臨界現象の一般的な研究方法については

［13］ 鈴木増雄：『相転移の超有効場理論とコヒーレント異常法』，物理学最前線 **29**（共立出版，1992）

第3-4章

［1］ K.G. Wilson and J. Kogut: 前掲

Wilson 自身による解説．決して読みやすいとはいえないが，随所から重要な発想が読みとれる．

［14］ N. Goldenfeld: *Lectures on Phase Transitions and the Renormalization Group*（Addison-Wesley, 1992）

現代的な視点から書かれた新しいタイプの入門書．論理の正確さにはやや問題があるが，相転移に関わる基本的な概念を嚙み砕いて解説しているのが魅力．関連する諸問題の文献が豊富にあげられているので，専門家にも一読の価値がある．

［15］ M. Le Bellac: *Quantum and Statistical Field Theory*, tr. by G. Barton（Oxford Univ. Press, 1991）

場の量子論と臨界現象との 2 つの分野への入門書．両者の関連についての掘り下げには不満が残るが，幅広い分野を見通しよくカバーした労作である．

第5章

［16］ 九後汰一郎：『ゲージ場の量子論 I, II』（培風館，1989）

［17］ N.N. Bogoliubov and D.V. Shirkov: *Introduction to the Theory of Quantized Fields*, 3rd. ed., tr. ed. by S. Chomet（Wiley, 1976）

［18］ J. Collins: *Renormalization*, Cambridge Monographs on Mathematical Physics（Cambridge Univ. Press, 1984）

［19］ G. Leibbrandt: Introduction to the techniques of dimensional regularization, Rev. Mod. Phys. **47**（1975）849

［20］ S. Pokolski: *Gauge Field Theories*, Cambridge Monographs on Mathematical Physics（Cambridge Univ. Press, 1987）

［21］ D.V. Shirkov, D.I. Kazakov and A.A. Vladimirov: *Renormalization Group, 26-29, August 1986, Dubna, USSR*（World Scientific, 1988）

［22］ D.V. Shirkov and V.B. Priezzhev, ed.: *Renormalization Group '91, Second International Conference, 3-6 Sept. 1991, Dubna, USSR*（World Scientific, 1992）

［23］ C. Itzykson and J.-M. Drouffe: *Statistical Field Theory*（Cambridge Univ. Press, 1989）

［15］ M. Le Bellac：前掲

［24］ K. G. Wilson：The renormalization group and critical phenomena, Rev. Mod. Phys. **55**(1983)583

［25］ J. Zinn-Justin：*Quantum Field Theory and Critical Phenomena*, 2nd ed. (Oxford Univ. Press, 1993)

高エネルギー物理への応用については

［26］ D. J. Gross：Application of the renormalization group to high-energy physics, in R. Balian and Jean Zinn-Justin, ed.：*Methods in Field Theory, Les Houches 1975*(North-Holland, 1976)

［27］ T. Muta：*Foundations of Quantum Chromodynamics*(World Scientific, 1987)

第6章

［28］ W. Zimmermann, Local operator products and renormalization in quantum field theory, in S. Deser *et al.*, ed.：*Lectures on Elementary Particles and Quantum Field Theory 1*(MIT Press, 1970)

［29］ V. Rivasseau：*From Perturbative to Constructive Renormalization*, Princeton Series in Physics(Princeton Univ. Press, 1991)

第7章

［30］ P. Mitter and P. Weiz：Asymptotic scale invariance in a massive Thirring model with $U(n)$ symmetry, Phys. Rev. **D8**(1973)4410

［31］ D. Gross and A. Neveu：Dynamical symmetry breaking in asymptotically free field theories, Phys. Rev. **D10**(1974)3235

［32］ N. Andrei and J. Lowenstein：Diagonalization of the chiral invariant Gross-Neveu Hamiltonian, Phys. Rev. **D43**(1979)1698

［33］ J. Feldman, J. Magnen, V. Rivasseau and R. Sénéor：Massive Gross-Neveu model, a rigorous perturbative construction, Phys. Rev. Lett. **54**(1985)1479

［34］ K. Gawędzki and A. Kupiainen：Gross-Neveu model through convergent perturbation expansions, Commun. Math. Phys. **102**(1985)1

［35］ E. Abdalla, M. C. B. Abdalla and K. D. Rothe：*Non-Perturbative Methods in 2 Dimensional Quantum Field Theory*(World Scientific, 1991)

Gross-Neveu 模型の β 関数の計算は

［36］ W. Wetzel：Two-loop β-function for the Gross-Neveu model, Phys. Lett. **153B**(1985)297

[37]　N. D. Tracas and N. D. Vlachos: Three-loop calculation of the β-function for the Gross-Neveu model, Phys. Lett. **236B**(1990)333

補章 I

[38]　T. Nishino: J. Phys. Soc. Jpn. **64**(1995)3598

[39]　T. Nishino and K. Okunishi: J. Phys. Soc. Jpn. **65**(1996)891

[40]　西野友年，柴田尚和：固体物理 **32**, No. 1(1997)12

[41]　S. Östlund and S. Rommer: Phys. Rev. Lett. **75**(1995)3537

[42]　G. A. Gehring, R. J. Bursill and T. Xiang: Acta Physica Polonica **A91**(1997)105

この文献には，方法論から応用まで詳しい解説が行なわれている.

補章 II

[43]　G. Benfatto and G. Gallavotti: *Renormalization Group*(Princeton Univ. Press, 1995)

厳密なくりこみ群の開拓者ともいえる著者らが，幅広い話題を解説している.

[44]　J. Cardy: *Scaling and Renormalization in Statistical Physics*(Cambridge Univ. Press, 1996)

多くのモデルを効率よく扱った魅力的な本だが，計算して答えがでればいいという姿勢が多少鼻につく.

[45]　数理科学 97 年 4 月号，特集「くりこみ理論の地平」(サイエンス社)

くりこみ群に関連した入門的な記事や最近の話題の解説だけでなく，くりこみ群と普遍性を軸にした科学観についての記事も収められている.

補章 III

[46]　G. Gallavotti: Rev. Mod. Phys. **57**(1985)471-562

[47]　L. M. Brown ed.: *Renormalization——From Lorentz to Landau (and Beyond)*(Springer, 1993)

[48]　H. Georgi, H. Quinn and S. Weinberg: Phys. Rev. Lett. **33**(1974)451-454

[49]　J. Polchinski: Nucl. Phys. **B231**(1984)269-295

[50]　S. Weinberg: *The Quantum Theory of Fields, Vol. I: Foundation*(Cambridge Univ. Press, 1995)

[51]　T. R. Hurd: Commun. Math. Phys. **124**(1989)153-168

[52]　G. Keller, C. Kopper and M. Salmhoffer: Helv. Phys. Acta **65**(1992)32-52

[53]　G. Keller and C. Kopper: Commun. Math. Phys. **176**(1996)193

[54]　G. Keller: Commun. Math. Phys. **161**(1994)311-322

第2次刊行に際して

この版では，初版の執筆分担にしたがい3部からなる補章を加えた．しかし，これでも「くりこみ群の方法」を述べつくしたとはいえない．補章IIの文献にあるBenfattoとGallavottiの講義録も「くりこみ群の概念にはきっちりした定義がない」という宣言で始まっているが，そのとおりで，くりこみ群の方法は多方面で使われ多彩である．それらを一言で要約すれば繰り返し接近法とでもなろうか．

本書2-4節には，統計力学の簡単な例があげてある．これはIsing模型で，くりこみ変換しても同じIsing型に見える．しかし，φ^4模型のような場合には，そうはいかない．ところが，近年まで，あたかも模型の型が変わらないかのような扱いが少なくなかった．

くりこみ変換を繰り返すにつれて模型も変わってゆくのだ，ということを受け入れたとき，くりこみ群は新段階に入った．模型のハミルトニアン，ないしラグランジアンの形まで変わり“有効相互作用”の項数も相互作用定数も限りなく多くなってゆくのだが，収拾のつかない事態にはならなかったとK. WilsonはNobel賞の受賞講演(1982)で感慨深げに語っている．補章IIIは，その一例に触れている．

くりこみ変換についても，非線形性の弱い領域に限れば，多彩な中に1つの筋が浮き出してきたように見える．多くの問題が，大略

$$d\rho[\phi] = N \exp\left[-\int\{(\nabla\phi(x))^2+\mu^2\phi(x)^2\} d^d x\right]\mathcal{D}\phi$$

といったGauss型の測度（Nは規格化定数）を重みにして汎関数$F[\phi]$の平均

$$\langle F\rangle = \int F[\phi] d\rho[\phi]$$

を計算するという形をしている．Gauss型測度は，いま平均$\langle\phi(x)\rangle$を0とすれば，相関関数$C(x, y) \equiv \langle\phi(x)\phi(y)\rangle$で特徴づけられる．相関関数には必須の性質がある．分解

$$C(x, y) = \sum_{n=1}^{\infty} C_n(x, y)$$

の各項がそれらの性質をもてば，それぞれに測度がきまり，確率変数$\phi(x)$も$\sum\phi_n(x)$のように独立な確率変数の和に分解されるから，汎関数積分を$\phi_1(x), \phi_2(x), \cdots$に関する多重積分の形に書くことができる．それを逐次に行なうことが，くりこみ群の適用になる．このような分解の一例は(6.2)に見られるが，問題にあった適当な分解を選ぶことが腕の振るいどころとなる．

補章Iの執筆に当たり西山由弘氏から貴重なコメントをいただいた．

1997年4月

著　者

索引

L, M

N

O, P

R

T

U, W

Y

Z

■岩波オンデマンドブックス■

現代物理学叢書
くりこみ群の方法

2000年7月14日　第1刷発行
2012年6月22日　第3刷発行
2016年5月10日　オンデマンド版発行

著者　江沢洋（えざわひろし）　渡辺敬二（わたなべけいじ）
鈴木増雄（すずきますお）　田崎晴明（たざきはるあき）

発行者　岡本厚

発行所　株式会社 岩波書店
〒101-8002 東京都千代田区一ツ橋 2-5-5
電話案内 03-5210-4000
http://www.iwanami.co.jp/

印刷／製本・法令印刷

ISBN 978-4-00-730413-2　Printed in Japan